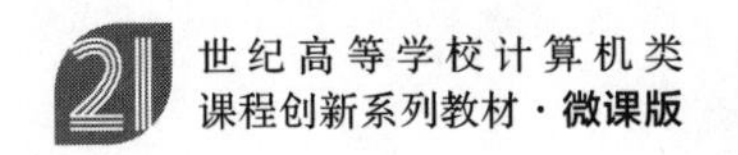

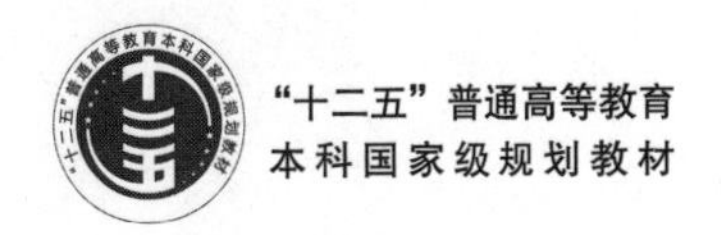

数据结构习题与实训教程

（C语言描述）微课视频版

齐景嘉 王梦菊 / 主编

清华大学出版社
北京

内 容 简 介

本书分为上、下两篇。上篇为习题部分，共分为10章。每章又分为“基本知识提要”“典型题解析”“知识拓展”“测试习题与参考答案”4部分。“基本知识提要”部分给出了本章的思维导图，并对易于混淆、难以理解或需要深入探讨的问题进行了整理。“典型题解析”部分选取了与本章知识点相关的经典题型进行分析，给出了详细的解题步骤。“知识拓展”部分对本章涉及的知识进行延展，对在更深入应用知识时可能遇到的疑惑进行解析。“测试习题与参考答案”部分从研究生入学考试及各类计算机专业考试中选取了大量试题，并给出了参考答案，可作为读者自测或教学考试的参考题目。下篇为实验指导部分，精选了各章实训内容，并给出了完整的C语言程序供学生上机实践参考。全书将习题与实验指导相结合，更加方便读者课后复习和上机实验时使用。

本书精选700多道习题及实训题目，内容丰富，结构清楚，讲解透彻，便于自学。本书与王梦菊、齐景嘉主编的教材《数据结构(C语言描述)(第3版)慕课·微课视频版》相配套，可作为普通高等院校计算机及相关专业“数据结构”课程的教学参考书和实验指导教材，同时适合参加计算机专业研究生入学考试、各类计算机专业等级考试的考生复习使用，还可供计算机应用技术人员参考使用。

图书在版编目(CIP)数据

数据结构习题与实训教程：C语言描述：微课视频版/齐景嘉，王梦菊主编. —北京：清华大学出版社，2023.8
21世纪高等学校计算机类课程创新系列教材：微课版
ISBN 978-7-302-64234-3

Ⅰ. ①数…　Ⅱ. ①齐…　②王…　Ⅲ. ①数据结构－高等学校－教材　②C语言－程序设计－高等学校－教材　Ⅳ. ①TP311.12　②TP312.8

中国国家版本馆CIP数据核字(2023)第136007号

责任编辑：付弘宇　张爱华
封面设计：刘　键
责任校对：韩天竹
责任印制：丛怀宇

出版发行：清华大学出版社
　　网　　址：http://www.tup.com.cn，http://www.wqbook.com
　　地　　址：北京清华大学学研大厦A座　　**邮　　编**：100084
　　社 总 机：010-83470000　　**邮　　购**：010-62786544
　　投稿与读者服务：010-62776969，c-service@tup.tsinghua.edu.cn
　　质量反馈：010-62772015，zhiliang@tup.tsinghua.edu.cn
　　课件下载：http://www.tup.com.cn，010-83470236
印 装 者：三河市科茂嘉荣印务有限公司
经　　销：全国新华书店
开　　本：185mm×260mm　　**印　张**：14　　**字　　数**：344千字
版　　次：2023年8月第1版　　**印　　次**：2023年8月第1次印刷
印　　数：1～1500
定　　价：49.00元

产品编号：100418-01

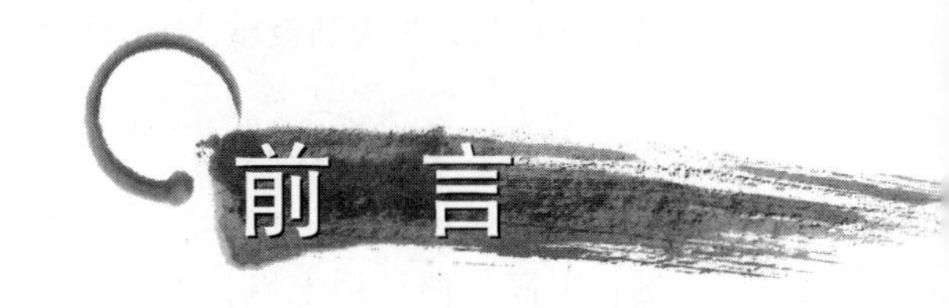

前言

新一轮科技革命和产业变革带动了传统产业的升级改造。党的二十大报告强调“必须坚持科技是第一生产力、人才是第一资源、创新是第一动力,深入实施科教兴国战略、人才强国战略、创新驱动发展战略,开辟发展新领域新赛道,不断塑造发展新动能新优势”。建设高质量高等教育体系是摆在高等教育面前的重大历史使命和政治责任。高等教育要坚持国家战略引领,聚焦重大需求布局,推进新工科、新医科、新农科、新文科建设,加快培养紧缺型人才。

“数据结构”是计算机专业的核心课程,是设计和实现系统软件及大型应用软件的重要理论技术基础。这是一门较为复杂和难以理解的课程,因此,通过对概念和习题的讲解与分析,对重点知识的整理与归纳,可以帮助读者加深理解所学知识的本质,从而更好地掌握数据结构的原理和算法。同时,将各种数据结构和算法应用于复杂程序设计,并通过上机实验对算法进行验证,可以有效地提高学习效果。

本书为《数据结构(C语言描述)(第3版)慕课・微课视频版》(ISBN 978-7-302-64233-6)的配套实训教材,是2022年度黑龙江省高等教育教学改革研究重点委托项目“‘四新’背景下应用型本科教育教学‘新基建’实践路径研究(No. SJGZ20220164)”的部分成果。本书在延承第2版的描述方式和讲解风格的基础上,根据读者的使用效果和反馈意见,以及计算机学科的新发展,结合当前教学中使用的新媒体、新技术与编者在教学中的新认识,制定了本书的编写方案,旨在帮助读者更方便地学习或教师更有效地进行教学。本次改版主要进行了以下修改和增补。

(1) 每章开始增加了“思维导图”部分,方便读者对本章知识点进行梳理,掌握各章的知识脉络。

(2) 对“典型题解析”部分的题目进行修正和增补,并为该部分的大多数习题录制了微课视频,读者先扫描封底的“文泉云盘防盗码”绑定微信账号,再扫描书中例题旁的二维码即可观看,解决了复杂算法的求解过程不易理解的问题。

(3) 参照近年来的研究生入学联考真题、编者在教学中编写的习题及学科发展,对部分习题进行了替换和增补,以便更符合读者的学习需求。

(4) 进一步统一了全书算法描述风格、数据类型名称和专业术语的使用,与《数据结构(C语言描述)(第3版)慕课・微课视频版》相一致,方便读者对照学习。

(5) 为实训部分的答案添加了详细注释,帮助读者更好地理解算法含义,也有助于教师组织实验教学。

以上更新使本书更便于教学组织和实践;增加的微课视频既便于教师教学,又便于学生自学。

本书共10章，其中实训部分建议安排30学时。第1章介绍数据结构的一般概念和算法分析的初步知识；第2～5章分别讲解线性表、栈和队列、串、数组和广义表等逻辑结构及其在不同存储结构上操作的实现算法；第6、7章讲解树和图两种重要的非线性逻辑结构、存储方法及重要的应用；第8、9章讲解各种查找表及查找方法、各种排序算法及其应用。第10章介绍文件的基本概念和相关算法。

本书由齐景嘉、王梦菊任主编，李蕾、郝春梅任副主编，侯菡萏任主审。各章编写分工如下：第1～3章及下篇实训部分由哈尔滨金融学院的齐景嘉编写；第5～7章及附录A由哈尔滨金融学院的王梦菊编写；第8、9章由哈尔滨金融学院的李蕾编写；第4、10章由哈尔滨金融学院的郝春梅编写。全书由哈尔滨金融的齐景嘉统一编排定稿。

本书编者都是多年从事"数据结构"课程教学的一线教师，但由于编者水平有限，不妥与疏漏之处在所难免，敬请广大读者指正。

本书配套的实验大纲、程序源代码等相关资源可以从清华大学出版社网站 www.tup.com.cn 下载。关于本书或资源使用中的任何问题，请联系 404905510@qq.com。

编　者

2023年4月

上篇　数据结构习题与解答

下篇 数据结构实验

上　篇
数据结构习题与解答

概 述

1.1 基本知识提要

1.1.1 本章思维导图

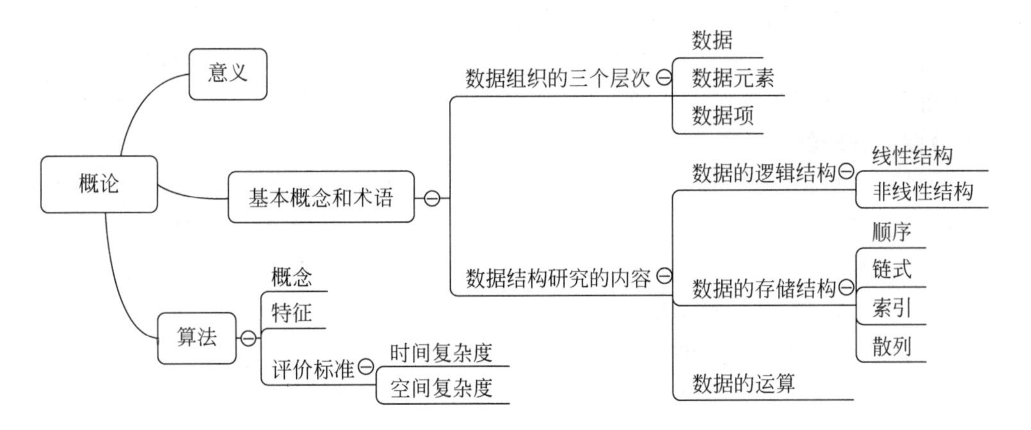

1.1.2 常用术语解析

结构：指的是数据元素之间存在的关系。

数据结构：有一个特性相同的数据元素的集合，如果在数据元素之间存在一种或多种特定的关系，则称为一个数据结构。数据结构是相互之间存在着某种逻辑关系的数据元素的集合。

二元组：数据结构是一个二元组 Data_Structures＝(D,S)。其中 D 是数据元素的有限集，S 是 D 上关系的有限集。

数据类型：一个值的集合和定义在此集合上的一组操作的总称。

抽象数据类型(ADT)：一个数学模型以及定义在此数学模型上的一组操作。

算法：为了解决某类问题而规定的一个有限长的操作序列。

时间复杂度：随着问题规模 n 的增长，算法执行时间的增长率和 f(n)的增长率相同，则可记作：T(n)＝O(f(n))，称 T(n)为算法的(渐进)时间复杂度。一般地，以原操作在算法中重复执行的次数作为算法运行时间的衡量准则。

1.1.3 重点知识整理

1．学习数据结构的意义

著名的瑞士计算机科学家沃思教授曾提出：算法＋数据结构＝程序。这里的数据结构是指数据的逻辑结构和存储结构，而算法则是对数据运算的描述。由此可见，程序设计的实质是对实际问题选择一种好的数据结构，加之设计一个好的算法，而好的算法在很大程度上取决于描述实际问题的数据结构。因此，解决问题的一个关键步骤是选取合适的数据结构表示该问题，然后才能写出有效的算法。

2．数据、数据元素和数据项

数据是指所有能输入计算机中并能被计算机加工、处理的符号的集合。它是信息的载体，其含义极其广泛，诸如数、符号、字体、图形、声音等都可以看作数据。因此，在概念上不同于平常理解的“数”的概念。

数据元素是数据的基本单位。有时一个数据元素包括若干数据项。

数据项是数据不可再分割的最小标识单位。

综合起来看，数据、数据元素和数据项反映了数据组织的三个层次，即数据可以由若干数据元素组成，数据元素又由若干数据项组成。

3．数据的逻辑结构

数据的逻辑结构实际上就是数据的组织形式，它反映的是数据元素之间的一种关联方式或称为“邻接关系”。可分为四种基本类型：集合、线性结构、树状结构和图状结构。

关于数据的逻辑结构，要特别注意以下几点：

(1) 逻辑结构与数据元素本身的形式、内容无关；

(2) 逻辑结构与数据元素的相对位置无关；

(3) 逻辑结构与所含数据元素的个数无关；

(4) 逻辑结构与数据的存储无关，它是独立于计算机的。

4．数据的存储结构

数据的存储结构是指数据在计算机内的表示，它涉及数据元素的表示及元素之间关系的表示两方面。数据的存储方式有四种，分别是顺序存储结构、链式存储结构、索引存储结构和哈希存储结构。

5．运算的概念

数据的运算就是指对数据施加的操作。最常用的运算有检索、插入、删除、更新、排序等。这些运算实际上是在抽象的数据上所施加的抽象操作。因此在这里，我们只关心这些操作是“做什么”的，而无须考虑“怎么做”。

有一点需要明确，数据的运算是定义在数据的逻辑结构上的，因此每一种逻辑结构对应着一个运算的集合。

6．算法的时间复杂度和空间复杂度的概念、计算方法、数量级表示

一个算法的时间复杂度 $T(n)$是该算法的时间耗费，它是该算法所求解问题规模 n 的函数。

一个算法的空间复杂度 $S(n)$是该算法所耗费的存储空间，它也是问题规模 n 的函数。算法的时间复杂度和空间复杂度合称为算法的复杂度。

时间复杂度从好到坏的级别依次是：常量阶 $O(1)$、对数阶 $O(\log_2 n)$、线性阶 $O(n)$、线

性对数阶 $O(n\log_2 n)$、平方阶 $O(n^2)$、指数阶 $O(2^n)$。

在很多算法中，其时间复杂度还与所处理数据的分布状态有关。有时会根据各种可能出现的数据分布状态中最好、最坏的情况来估计算法的最好、最坏时间复杂度；有时也会对数据分布做出某种假设(如等概率)，然后估计算法的平均时间复杂度。

7. 数据分析

关于数据分析涉及五方面，后续章节中对每一种数据结构的讨论，也是按以下五方面(步骤)来展开的：

(1) 数据逻辑结构上的特点；

(2) 定义在逻辑结构上的基本运算；

(3) 数据在计算机内的表示(即存储结构)；

(4) 在具体存储结构上的运算实现；

(5) 对算法的时间性能、空间性能进行评价。

每种数据结构在上述五方面都是密切相关的，而不同数据结构的对应方面也有着相互联系。所以在学习过程中，要善于进行比较，找出彼此间的相同点和不同点，这样有助于加深理解并逐渐在头脑中形成一个完整的体系。

1.2 典型题解析

例 1.1 分析下列程序段的时间复杂度。

例 1.1

```
int i=1;
while(i<=n)
i=i*2;
```

例题解析：

对时间复杂度的分析主要是看循环体里面的语句执行的次数。循环体里面是 i=i*2，即每循环 1 次 i 值增加 1 倍，所以执行次数与 n 之间是以 2 为底的对数关系，故时间复杂度为 $O(\log_2 n)$。

例 1.2 分析下列查找函数的最坏时间复杂度。

例 1.2

```
int locate(int a[],int n,int k)
{int i;
i=n;
while(i>=1&&a[i]!=k)
i--;
return i;
}
```

例题解析：

当查找不成功时，总是比较 n+1 次，所以最坏时间复杂度为 n+1，其数量级 $T(n)=O(n)$。

例 1.3 分析下列函数的时间复杂度。

例 1.3

```
int max;
void function(int a[],int n)
{int i,k;
max=a[0];
```

```
for(i=1;i<n;i++)
if(a[i]> max)
{max=a[i];
k=i;}
}
```

例题解析：

循环体内必须经过 n－1 次循环比较，所以时间复杂度为 n－1，其数量级 T(n)＝O(n)。

例 1.4

例 1.4 分析下列程序段的时间复杂度。

```
int i,j,s=0;
 for(i=1;i<n;i++)
  for(j=i+1;j<=n;j++)
      s++;
```

例题解析：

用渐近时间复杂度 T(n)＝O(f(n))来度量，其中 f(n)是程序段中频度最大的语句的频度。本例为 s++语句的频度。

$$f(n)=\sum_{i=1}^{n}(n-i)=n(n-1)/2$$

所以

$$T(n)=O(n^2/2-n/2)=O(n^2/2)=O(n^2)$$

1.3 知识拓展

程序设计、算法和数据结构的关系是怎样的？

程序设计是为计算机处理问题编制一组指令集。

算法是处理问题的策略。

数据结构是问题（非数值计算）的数学模型，是一门讨论“描述现实世界实体的数学模型（非数值计算）及其上的操作在计算机中如何表示和实现”的学科。

数值计算的程序设计需要先将其转换为数学公式（模型），再选择程序设计语言编写程序。例如以下数值计算问题的数学模型为：

结构静力分析计算——线性代数方程组；

全球天气预报——环流模式方程（球面坐标系）。

以下为非数值计算问题的算法和模型举例。

旅馆客房的管理：

算法：先进后出。

模型：队列。

铺设城市的煤气管道：

算法：如何规划使得总投资花费最少。

模型：图。

1.4 测试习题与参考答案

测试习题

一、填空题

1. 数据的逻辑结构在计算机存储器内的表示,称为数据的(　　)。

2. 数据的逻辑结构可以分为(　　)结构和(　　)结构两大类。

3. 顺序存储结构是把逻辑上相邻的结点存储在物理上(　　)的存储单元中,结点之间的逻辑关系由存储单元位置的邻接关系来体现。

4. 链式存储结构是把逻辑上相邻的结点存储在物理上(　　)的存储单元中,结点之间的逻辑关系由附加的指针域来体现。

5. 算法分析的两个主要方面是(　　)复杂度和(　　)复杂度。

6. 数据的存储结构可用 4 种基本的存储方法表示,它们分别是(　　)、(　　)、(　　)和(　　)。

7. 线性结构反映结点间的逻辑关系是(　　)的,非线性结构反映结点间的逻辑关系是(　　)的。

8. 在图状结构中,每个结点的前驱结点数和后继结点数可以(　　)。

9. 数据结构包括(　　)、(　　)和(　　)三方面的内容。

10. 在树状结构中,元素之间存在(　　)关系。

11. 衡量算法好坏的标准是(　　)、(　　)、(　　)、(　　)、(　　)。

12. 组成数据的基本单位是(　　)。

13. 计算机识别、存储和处理的对象统称为(　　)。

14. 算法与程序的主要区别在于算法的(　　)。

15. (　　)是数据的最小单位。

二、选择题

1. 研究数据结构就是研究(　　)。
   A. 数据的逻辑结构
   B. 数据的存储结构
   C. 数据的逻辑结构和存储结构
   D. 数据的逻辑结构、存储结构及数据在运算上的实现

2. 数据结构被形式化定义为(K,R),其中 K 是数据元素的有限集合,R 是 K 上的(　　)有限集合。
   A. 操作　　B. 映像　　C. 存储　　D. 关系

3. 在数据结构中,从逻辑上可以将数据结构分成(　　)。
   A. 动态结构和静态结构　　B. 内部结构和外部结构
   C. 线性结构和非线性结构　　D. 紧凑结构和非紧凑结构

4. 计算机算法指的是(　　)。
   A. 计算方法　　B. 调度方法

C. 解决问题的有穷指令序列　　D. 处理问题的任何程序

5. 算法分析的主要目的是(　　)。

A. 分析数据结构的合理性　　B. 分析数据结构的复杂性

C. 分析算法的时空效率以求改进　　D. 分析算法的有穷性和确定性

6. 下列所列举的几个特征中,不属于算法的主要特征的是(　　)。

A. 有穷性　　B. 可行性　　C. 确定性　　D. 简单性

7. 数据结构是指(　　)。

A. 数据元素的组织形式　　B. 数据类型

C. 数据存储结构　　D. 数据定义

8. 数据在计算机内有顺序和链式两种存储方式,在存储空间使用的灵活性上,链式存储比顺序存储要(　　)。

A. 低　　B. 高　　C. 相同　　D. 不好说

9. 数据结构只是研究数据的逻辑结构和物理结构,这种观点(　　)。

A. 正确　　B. 错误

C. 前半句正确,后半句错误　　D. 前半句错误,后半句正确

10. 数据在计算机存储器内表示时,物理地址与逻辑地址不相同,称为(　　)。

A. 存储结构　　B. 逻辑结构

C. 链式存储结构　　D. 顺序存储结构

11. 与数据元素本身的形式、内容、相对位置和个数无关的是数据的(　　)。

A. 存储结构　　B. 存储实现　　C. 逻辑结构　　D. 运算实现

12. 算法的时间复杂度取决于(　　)。

A. 问题的规模　　B. 待处理数据的初态

C. 计算机的配置　　D. A 和 B

13. 对一个算法的评价不包括(　　)。

A. 健壮性和可读性　　B. 正确性

C. 时间复杂度和空间复杂度　　D. 并行性

14. (　　)不是数据的逻辑结构。

A. 线性结构　　B. 树状结构　　C. 哈希结构　　D. 图状结构

15. 算法的空间复杂度是指(　　)。

A. 算法中输入数据所占用存储空间的大小

B. 算法本身所占用存储空间的大小

C. 算法中占用的所有存储空间的大小

D. 算法中需要的临时变量所占用存储空间的大小

三、判断题

1. 顺序存储方式只能用于存储线性结构。(　　)

2. 链式存储方式只能用于存储非线性结构。(　　)

3. 树状结构是一种非线性结构,因此只能用顺序存储方式。(　　)

4. 数据结构的逻辑结构只有三大类:线性结构、树状结构和图状结构。(　　)

5. 时间复杂度和空间复杂度是衡量一个算法优劣的重要依据。(　　)

6. 一个算法通常都有 5 个特征：有穷性、确定性、可行性、输入和输出。（ ）

7. 程序由有限的语句构成，为了完成一个特定的任务，它是一个算法。（ ）

8. 线性表的逻辑顺序与存储顺序总是一致的。（ ）

9. 线性表的唯一存储形式是数组。（ ）

10. 数据元素是数据的基本单位。（ ）

四、简答题

1. 下列是某种数据结构的二元组表示，试画出其图形表示，并指出属于何种数据结构类型。

(1)

A=(K,R)

K={1,2,3,4,5,6}

R={<1,2>,<1,3>,<2,4>,<3,5>,<3,6>}

(2)

B=(K,R)

K={a,b,c,d,e,f,g,h}

R={<a,b>,<a,d>,<a,f>,<b,c>,<b,d>,<d,e>}

2. 对于如下的一元多项式：

$$P(x) = a_n x^n + a_{n-1} x^{n-1} + \cdots + a_1 x + a_0$$

请写出求其值的两种不同的算法，然后分析这两种算法的时间复杂度，并指出哪一个算法更好。

3. 计算下列程序段的渐进时间复杂度，用数量级 O()表示，问题的输入规模都为 n。

(1)

```
int i=0,k=0;
do{
k=k+10*i;
i++;
}while(i<n);
```

(2)

```
int i=1,j=0;
while(i+j<=n){
if(i<j) j++;
else i++;
  }
```

(3)

```
int a, i,j;
for (i=1;i<n;i++) {
   a++;
 for(j=1;j<=i;j++)
   a=a*j;
   }
```

(4)

```
int i,j,s=0;
```

```
for(i=1;i<=n;i++)
for(j=1;j<=n-i;j++)
  s++;
```

(5)

```
x=1;
for(i=1; i<=n; i++)
  for(j=1; j<=i; j++)
    for(k=1; k<=j; k++)
      x++;
```

(6)

```
void sort(int a[], int n)
{
int i, j, t;
swap=1;
for(i=0; i<=n-1&&swap; i++)
{
  swap=0;
  for(j=0; j<n-1-i; j++)
    if(a[j]> a[j+1])
    {
      t= a[j]; a[j]= a[j+1]; a[j+1]=t;
      swap=1;
    }
  }
  }
```

参考答案

一、填空题

1. 存储结构
2. 线性　非线性
3. 连续
4. 任意
5. 时间　空间
6. 顺序　链式　索引　哈希
7. 一对一　一对多或多对多
8. 有多个
9. 数据的逻辑结构　数据的存储结构　数据的运算
10. 一对多
11. 正确性　简明性　健壮性　运行时间少　占用空间小
12. 数据元素
13. 数据
14. 有穷性
15. 数据项

二、选择题

1. D　2. D　3. C　4. C　5. C　6. D　7. A　8. B　9. B　10. C
11. C　12. D　13. D　14. C　15. C

三、判断题

1. ×　2. ×　3. ×　4. ×　5. √　6. √　7. ×　8. ×　9. ×　10. √

四、简答题

1.

(1)

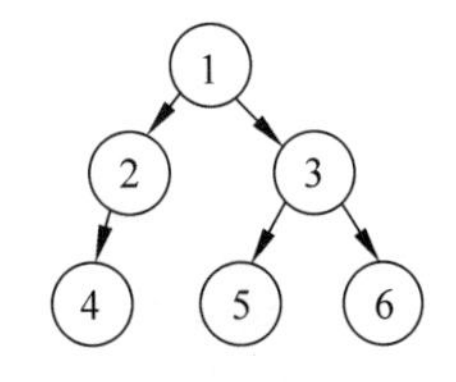

(2)

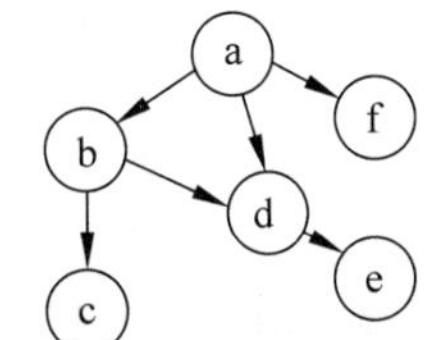

2.

算法 1：

```
int fun1(int n,int x)
{
int i,j,s,p,a[n+1];
for(i=0;i<=n;i++)
  scanf("%d",&a[i]);
s=a[0];
for(i=1;i<=n;i++){
  p=1;
  for(j=1;j<=i;j++)
    p= p * x;
  s=s+a[i] * p;
  }
}
```

算法 2：

```
int fun1(int n,int x)
{
int i,s,p,a[n+1];
for(i=0;i<=n;i++)
  scanf("%d",&a[i]);
s=a[0];
p=1;
for(i=1;i<=n;i++)
{   p= p * x;
    s=s+a[i] * p;
  }
}
```

因为算法 1 的时间复杂度为 $O(n^2)$，算法 2 的时间复杂度为 $O(n)$，所以算法 2 比算法 1 更好。

3.

(1) $O(n)$　(2) $O(n)$　(3) $O(n^2)$　(4) $O(n^2)$　(5) $O(n^3)$　(6) $O(n^2)$

线 性 表

2.1 基本知识提要

2.1.1 本章思维导图

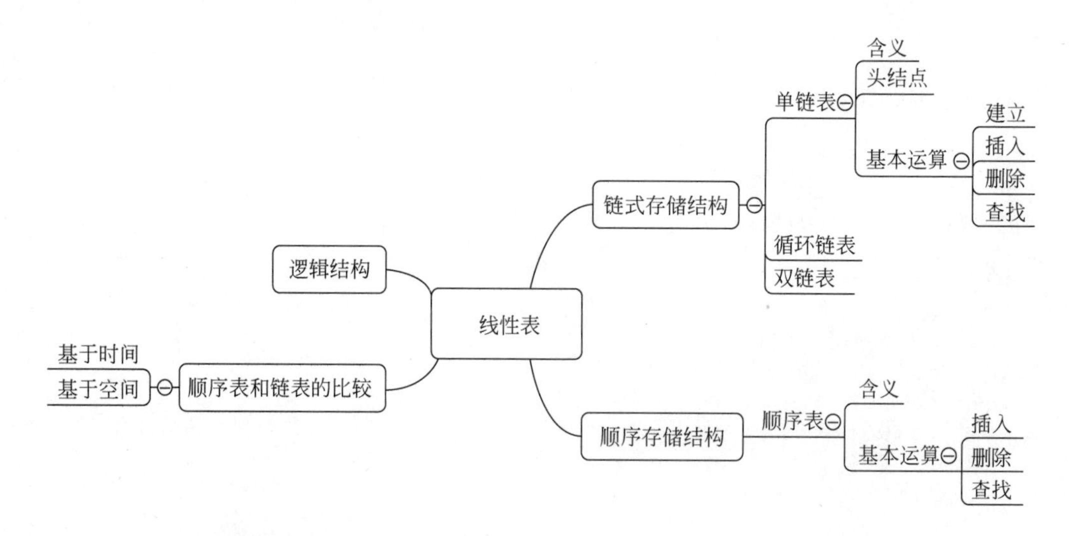

2.1.2 常用术语解析

线性表：一个数据元素的有序(次序)集。对于非空的线性表,集合中必存在唯一的一个"第一元素",集合中必存在唯一的一个"最后元素"。除最后元素之外,均有唯一的后继;除第一元素之外,均有唯一的前驱。

表长：表中的元素个数。

位序：数据元素在线性表中的位置序号。

基地址：线性表的起始地址。

初始化操作：生成一个空表。如果是顺序表,则置表长为空;如果是链表,则生成头指针和头结点。

定位：查找线性表中的某个数据元素,返回该元素的序号或指针。

数据域：存储数据元素信息的域。

指针域：存储结点存储位置的域。

指针(链)：指针域中存储的信息(即地址)。

2.1.3 重点知识整理

1. 线性表的逻辑结构

线性表是一种典型的线性结构，结点间的关系是一对一的。

2. 线性表的顺序存储结构

把线性表的结点按逻辑次序依次存放在一组地址连续的存储单元中，这种方法存储的线性表称为顺序表。

顺序表上实现的基本运算有插入、删除、查找等，应该注意的是插入运算要完成以下三件事：

(1) 判别插入位置 i 是否有效，即要求 $1 \leqslant i \leqslant n+1$；

(2) 是否有空间插入；

(3) 从第 n 到第 i 个结点，每个结点均向后移动一个位置，空出第 i 个位置，在这个位置上插入新元素，并使表的长度加 1。

此算法的平均时间复杂度为 O(n)，移动结点的平均次数为表长的一半。

与插入运算不同，删除运算要完成以下两件事：

(1) 判别删除位置 i 是否有效，即要求 $1 \leqslant i \leqslant n$；

(2) 从第 i+1 到第 n 个结点，每个结点均向前移动一个位置，然后表的长度减 1。

此算法的平均时间复杂度为 O(n)，移动结点的平均次数接近表长的一半。

3. 线性表的链式存储结构

链表：用链接方式存储的线性表。这时，链表中结点的逻辑次序和物理次序不一定相同，用附加的指针表示结点间的逻辑关系。

单链表：每个结点上都有一个指针域，用来指向该结点的直接后继。单链表上有建立单链表(头插法、尾插法)、查找运算(按序号查找、按值查找)、插入运算和删除运算等基本运算，要能分析其时间复杂度。

循环链表：与单链表基本相同，每个结点也包括一个数据域和一个指针域。但最后一个结点的指针域不空，指向表头结点。注意采用尾指针表示循环链表的好处：当表的插入和删除主要发生在表的首尾两端时，则采用尾指针表示的循环链表为宜。

双链表：为了方便涉及前驱的操作，在单链表的基础上再添加一个前驱指针，这样就构成了双链表。在双链表中，找一个结点的直接前驱的时间为 O(1)，而在单链表中，要从开始结点找起，其时间为 O(n)。

4. 链表中头结点的定义及所带来的优点

在链表的开始结点(首结点)之前附加一个结点，并称它为头结点，那么会有以下两个优点：

(1) 由于开始结点的位置被存放在头结点的指针域中，因此在链表的第一个位置上的操作就和在表的其他位置上操作一致，无须进行特殊处理；

(2) 无论链表是否为空，其头指针指向头结点的非空指针(空表中头结点的指针域空)，因此空表和非空表的处理也就统一了。

5. 顺序表和链表的比较

顺序表和链表各有长短，应根据应用中的实际情况选定用哪种存储结构。通常从时间和空间两方面来考虑。

(1) 基于时间的考虑。

顺序表：用向量实现；一种随机存取结构，即对表中任一结点都可在O(1)时间内直接地存取；适合于静态查找；要进行插入和删除操作时，则需移动大量结点。

链表：在链表中要查找某个结点，需从头指针开始沿链扫描才能取得，所以不宜做查找；对于插入和删除操作，都只需修改指针（但对在单链表的某个结点之前插入或删除某个结点，仍需从头指针开始找到它的直接前驱）。所以链表宜做这种动态的插入和删除操作。

(2) 基于空间的考虑。

存储密度＝结点数据本身所占的存储量/结点结构所占的存储总量

顺序表：静态存储分配的，其存储密度为1。

链表：动态存储分配的，其存储密度小于1。

当线性表的长度n变化较大时，宜采用链表。

2.2 典型题解析

例2.1 已知一个顺序表LA，现将LA中的数据元素逆置。

例2.1～例2.3

例如：LA＝(1,4,3,6,5,2,13)

则逆置后：LA＝(13,2,5,6,3,4,1)

例题解析：

算法实现的思路：逆置运算是将某顺序表中的元素(a_1, a_2, …, a_{n-1}, a_n)置换成(a_n, a_{n-1}, …, a_2, a_1)。也就是将a_1与a_n互换，a_2与a_{n-1}互换，…，如图2.1所示。

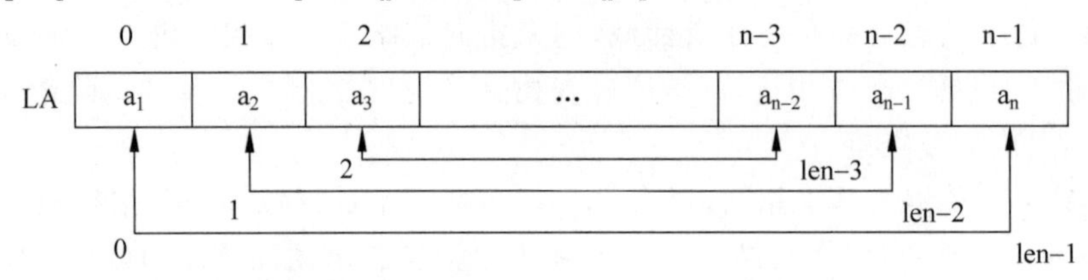

图2.1 顺序表上逆置元素运算示意图

由图2.1可知，第i号单元的元素与第len－i－1号单元的元素互换。算法实现如下：

```
void invert( SEQUENLIST  * LA)
{
        int i;
        DATATYPE1 temp;
        for( i=0;i<LA->len/2;i++)
        {temp=LA->data[i];
            LA->data[i]=LA->data[LA->len-i-1];
            LA->data[LA->len-i-1]=temp;
        }
}
```

例2.2 设有一个顺序表q，其中的元素按值非递减有序排列。试编写一个算法，使得插入一个元素x后，仍保持顺序表的有序性。

例题解析：

非递减有序序列是一个按值从小到大进行排序的序列，而且该序列中可能存在值相同的元素。本题的算法思想：从顺序表的最后一个元素开始，依次向前查找适当的插入位置，每查找一步，元素就向后移一位。最后将待插入元素 x 插入适当的位置。

```
void insert(SEQUENLIST *q,DATATYPE1 x)
{int i;
for(i=q->len-1;q->data[i]>=x&&i>=0;i--)
q->data[i+1]=q->data[i];
q->data[i+1]=x;
q->len++;
}
```

例 2.3 已知一个顺序表中的元素按值非递增有序排列，试编写一个算法，删除表中值相同的多余元素。

例题解析：

由于顺序表中的元素按值非递增有序排序，值相同的元素一定排列在一起，因此可以依次比较相邻的元素，若值相等则删除其中的一个，并使其后面的元素依次向前移动一位；若值不相等，则继续向后查找。

```
void delete(SEQUENLIST *q)
{
  int i,j,k;
  for(i=0;i<q->len-1;i++)
  if(q->data[i]==q->data[i+1])
     { for(k=i+1;k<q->len-1;k++)
          q->data[k]=q->data[k+1];
      q->len--;
      i--;}
}
```

例 2.4 已知一个顺序表 LA，现在要求复制一个 LA 的副本 LB。

例题解析：

这个算法实现的思路：定义两个等长度的顺序表，将 LB 初始化为空表，然后依次从 LA 中取数据元素，插入顺序表 LB 中对应的位置上。

```
void COPYLIST( SEQUENLIST *LA,SEQUENLIST *LB)
{
        int k,n;
        DATATYPE1 x;
        INITIATE( LB);
        n=LENGTH( LA);
        if( n!=0)
            for( k=1;k<=n;k++)
            {   x=GET( LA,k);
                INSERT( LB,k,x);
            }
        else
            printf( "List is empty");
}
```

例 2.5 判断单链表 head 中的结点是否递增有序。

例题解析：

依次扫描单链表中的相邻结点，在扫描过程中若发现前一个结点的值大于后一个结点的值，说明单链表不是递增有序的，则返回 0；否则继续这一过程，直到所有结点都扫描完，说明单链表是递增有序的，返回 1。

```
int panding(LINKLIST *head)
{LINKLIST *p;
p=head->next;
while(p&&p->next)
{if(p->data>p->next->data)
return 0;
else
p=p->next;
}
return 1;
}
```

例 2.6 已知 L1 和 L2 分别指向两个单链表的头结点，且已知长度分别为 m 和 n，试编写一个算法将这两个链表连接在一起，请分析算法的时间复杂度。

例题解析：

首先找到单链表 L1 的终端结点的位置，然后将单链表 L2 的开始结点连接到 L1 的尾部，回收 L2 的头结点空间，最后返回头指针 L1。

```
LINKLIST * lianjie(LINKLIST *L1, LINKLIST *L2,int m,int n)
{LINKLIST *p=L1;
while(m>0)
{p=p->next; m--;}
p->next=L2->next;
free(L2);
return L1;
}
```

算法的时间复杂度为 O(m)，m 是单链表 L1 的长度。

例 2.7 对于给定的单链表 head，试编写一个删除 head 中值为 x 的结点的直接前驱结点的算法。

例题解析：

该算法中只找到值为 x 的结点 *p 和它的直接前驱结点 *q，要删除 q 所指结点，只需把 p 所指结点中的值 x 放到 q 所指结点的值域中，再删除结点 *p 即可。

```
void deleteq(LINKLIST *head,DATATYPE2 x)
{LINKLIST *p, *q;
q=head;
p=head->next;
while(p&&p->data!=x)
{q=p;
p=p->next;
}
if(p==NULL)
printf("x not in head");
else if(q==head)
printf("x is the first node,it has no prior node");
```

```
else {q-> data=x;
q-> next=p-> next;
free(p);}
}
```

例 2.8　有一个单链表 head,其中不同结点的数据域值可能相同,试编写一个算法计算数据域为 x 的结点个数。

例题解析:

依次扫描该链表中的每个结点,每遇到一个值为 x 的结点,则结点个数加 1,结点个数存储在变量 n 中。

```
int count(LINKLIST  * head)
{LINKLIST  * p;
int n=0;
p=head-> next;
while(p)
{if(p-> data==x)
n++;
p=p-> next;
}
return n;
}
```

例 2.9　试编写一个算法,计算一个循环链表中结点的个数。

例题解析:

依次扫描该循环链表中的每个结点,注意循环链表中最后一个结点的 next 中存放的是头结点的地址。

```
int count(LINKLIST  * head)
{LINKLIST  * p;
int n=0;
p=head;
while(p-> next!=head)
{p=p-> next;
n++;
}
return n;
}
```

例 2.10　已知一个顺序表,表中记录按学号递增有序,要求在表中增加一个学生的记录,该学生的学号、姓名、英语成绩、高数成绩、计算机成绩从键盘输入,增加记录后,表仍递增有序。

例题解析:

这里顺序表中数据元素的类型为结构体类型,因此首先定义该结构体类型,再定义顺序表类型。另外,顺序表中的记录是按照学号递增有序的,所以,在建立顺序表时,要注意将顺序表建成一个递增有序的表。插入数据的过程与前面顺序表上的基本操作中插入数据元素的过程类似,只是多了一个在有序表中寻找插入位置的过程,因此,函数的参数只有一个有序表 L,而没有位置 i 和数据元素 b,数据元素 b 是在函数中从键盘输入的,位置 i 是通过一条循环语句查找到的。下列程序给出了建立有序表、插入数据元素以及输出有序表的过程。

```
#define MAXSIZE 100
typedef struct
{
        long id;
        char name[10];
        int English;
        int maths;
        int computer;
}student;                                          //结构体类型表示学生的情况
typedef struct
{
        student data[MAXSIZE];
        int len;
}SEQUENLIST;                                       //定义线性表
void creat_stu( SEQUENLIST *L)                     //创建有序表
{
        long a;
        int c,d,e,i,j;
        char b[10];
    printf( "输入学生的学号、姓名、英语成绩、高数成绩、计算机成绩,学号为-99时结束!\n");
        L->len=0;
        printf( "输入学生的学号: \n");
        scanf(" %ld",&a);
        while( a!= -99)
        {   printf( "输入学生的姓名及英语成绩、高数成绩、计算机成绩: \n");
            scanf( "%s%d%d%d",b,&c,&d,&e);
            i=L->len;
            while( i>=1&&a<L->data[i-1].id)        //寻找插入单元i
                i--;
            for( j=L->len;j>i;j--)                 //i单元后的所有元素向后移动一个单元
            {   L->data[j].id=L->data[j-1].id;
                strcpy( L->data[j].name,L->data[j-1].name);
                L->data[j].English=L->data[j-1].English;
                L->data[j].maths=L->data[j-1].maths;
                L->data[j].computer=L->data[j-1].computer;
            }
            L->data[i].id=a;                       //在i单元插入新输入的数据元素
            strcpy( L->data[i].name,b);
            L->data[i].English=c;
            L->data[i].maths=d;
            L->data[i].computer=e;
            L->len++;
            printf( "输入学生的学号: \n");
            scanf( "%ld",&a);
        }
    }
void insert_stu( SEQUENLIST *L)                    //插入一个学生的记录
{
        long a;
        int c,d,e,i,j;
        char b[10];
```

```
        printf( "输入学生的学号、姓名、英语成绩、高数成绩、计算机成绩\n");
        scanf( "%ld%s%d%d%d", &a, b, &c, &d, &e);
        i=L->len;
        while( i>=1&&a<L->data[i-1].id)
            i--;
        for( j=L->len;j>i;j--)
        {   L->data[j].id=L->data[j-1].id;
            strcpy( L->data[j].name, L->data[j-1].name);
            L->data[j].English=L->data[j-1].English;
            L->data[j].maths=L->data[j-1].maths;
            L->data[j].computer=L->data[j-1].computer;
        }
        L->data[i].id=a;
        strcpy(L->data[i].name, b);
        L->data[i].English=c;
        L->data[i].maths=d;
        L->data[i].computer=e;
        L->len++;
}
void print(SEQUENLIST L)                          //显示所有学生记录
{
        int i;
        printf( "学号   姓名   英语成绩   高数成绩   计算机成绩\n");
        for( i=1;i<=L.len;i++)
        printf( "%-8ld%-8s%-8d%-8d%-8d\n", L.data[i-1].id,
                L.data[i-1].name, L.data[i-1].English, L.data[i-1].maths,
                L.data[i-1].computer);
}
```

2.3　知识拓展

链表是最简单的基于指针的数据结构，它支持用户在分散的位置存储变量，链表是任意类型指针数据结构的构件块。图 2.2 为依据指针数目对链表进行分类。

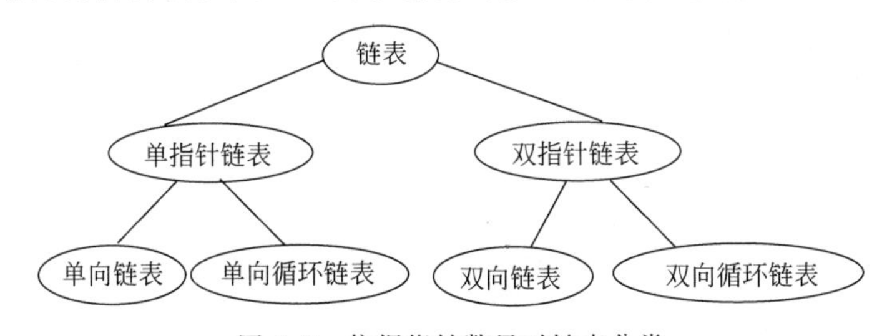

图 2.2　依据指针数目对链表分类

有一种说法是在单向链表中也有可能向后遍历，但是这样做应该吗？

答案是"不"。不应该为了向读者展示某些指针技巧而牺牲程序的可读性。应该牢记，在多开发者的环境中，代码的可读性十分重要，不能仅仅为了展示晦涩的指针而牺牲可读性。因此，经验法则是：当需要单行线时，选择单向链表。另外，双行道使用双向链表才能最佳地表达。如果在访问了链表的最后一个结点之后需要返回到起点，那么应该使用循环版本的单向或双向链表。

2.4 测试习题与参考答案

测试习题

一、填空题

1. 一线性表表示如下：(a_1,a_2,…,a_n)，其中每个 a_i 代表一个(　　)。a_1 称为(　　)结点，a_n 称为(　　)结点，i 称为 a_i 在线性表中的(　　)。对任意一对相邻结点 a_i、a_{i+1}($1\leqslant i\leqslant n$)，a_i 称为 a_{i+1} 的直接(　　)，a_{i+1} 称为 a_i 的直接(　　)。

2. 线性表 a 的元素长度为 4，在顺序存储结构下 LOC(a_1)=1000，则 LOC(a_3)=(　　)。

3. 线性表 L=(a,b,c,d,e)，经 DELETE(L,3)运算后，L=(　　)，再经过 INSERT(L,2,w)运算后，L=(　　)。调用函数 GET(L,3)的结果为(　　)。

4. 在一个长度为 n 的顺序表中，向第 i 个元素($1\leqslant i\leqslant n$)之前插入一个新元素时，需向后移动(　　)个元素。

5. 在单链表中除首结点外，任意结点的存储位置都由(　　)结点中的指针指示。

6. 循环链表最大的优点是(　　)。

7. 设 rear 是指向非空、带头结点的循环单链表的尾指针，则该链表首结点的存储位置是(　　)。

8. 在带有头结点的单链表 L 中，若要删除第一个结点，则需要执行下列三条语句："(　　)；L->next=U->next;free(U);"。

9. 顺序表中逻辑上相邻的元素在物理位置上(　　)相连。

10. 在 n 个结点的顺序表中插入一个结点要平均移动(　　)个结点，具体的移动次数取决于(　　)。

11. 在顺序表中访问任意一个结点的时间复杂度均为(　　)，因此，顺序表也称为(　　)的数据结构。

12. 顺序表相对于链表的优点有(　　)和(　　)。

13. 链表相对于顺序表的优点有(　　)和(　　)操作方便。

14. 在循环链表中，可根据任一结点的地址遍历整个链表，而单链表中需知道(　　)才能遍历整个链表。

15. 在 n 个结点的单链表中要删除已知结点 *p，需要找到(　　)，其时间复杂度为(　　)。

二、选择题

1. 顺序表的一个存储结点仅仅存储线性表的一个(　　)。

　A. 数据元素　　B. 数据项　　C. 数据　　D. 数据结构

2. 对于顺序表，以下说法错误的是(　　)。

　A. 顺序表是用一维数组实现的线性表，数组的下标可以看成元素的绝对地址
　B. 顺序表的所有存储结点按相应数据元素间的逻辑关系决定的次序依次排列
　C. 顺序表的特点是：逻辑结构中相邻的结点在存储结构中仍相邻

D. 顺序表的特点是：逻辑上相邻的元素，存储在物理位置也相邻的单元中

3. L是顺序表，已知LENGTH(L)的值是5，经DELETE(L,2)运算后LENGTH(L)的值是(　　)。

A. 5　　B. 0　　C. 4　　D. 6

4. 带头结点的单链表head为空的判断条件是(　　)。

A. head＝NULL　　B. head－>next＝NULL

C. head－>next＝head　　D. head!＝NULL

5. 若某线性表最常用的操作是取第i个元素和找第i个元素的前驱元素，则采取(　　)存储方式最节省时间。

A. 单链表　　B. 双链表

C. 单向循环链表　　D. 顺序表

6. 链表不具有的特点是(　　)。

A. 随机访问　　B. 不必事先估计存储空间

C. 插入、删除时不需移动元素　　D. 所需的空间与线性表成正比

7. 在一个单链表中，已知q所指结点是p所指结点的直接前驱，若在p、q之间插入s结点，则执行(　　)操作。

A. s－>next＝p－>next;p－>next＝s;　　B. q－>next＝s;s－>next＝p;

C. p－>next＝s－>next;s－>next＝p;　　D. p－>next＝s;s－>next＝q;

8. 线性表采用链式存储时，结点的存储地址(　　)。

A. 必须是不连续的　　B. 连续与否均可

C. 必须是连续的　　D. 和头结点的存储地址相连续

9. 将长度为n的单链表链接在长度为m的单链表之后的算法的时间复杂度为(　　)。

A. O(1)　　B. O(n)　　C. O(m)　　D. O(m＋n)

10. 单链表的存储空间利用率(　　)。

A. 大于1　　B. 等于1

C. 小于1　　D. 不能确定

11. 在一个单链表中，若删除p所指结点的后续结点，则执行(　　)。

A. p－>next＝p－>next－>next;

B. p＝p－>next;p－>next＝p－>next－>next;

C. p－>next＝p;

D. p＝p－>next－>next;

12. 从一个具有n个结点的单链表中查找其值等于x的结点时，在查找成功的情况下，需平均比较(　　)个结点。

A. n　　B. n/2　　C. (n－1)/2　　D. (n＋1)/2

13. 非空的循环链表head的尾结点(由指针p所指)满足(　　)。

A. p－>next＝NULL;　　B. p＝NULL;

C. p－>next＝head;　　D. p＝head;

14. 设rear是指向非空带头结点的循环链表的尾指针，则删除首结点的操作表示为(　　)。

A. s＝rear;rear＝rear－>next;free(s);

B. rear=rear-> next;free(rear);

C. rear=rear-> next-> next;free(rear);free(s);

D. s=rear-> next-> next;rear-> next-> next=s-> next;free(s); free(s);

15. 若某线性表中最常用的操作是在最后一个元素之后插入一个元素和删除最后一个元素，则采用(　　)存储方式最节省运算时间。

A. 单链表　　B. 双链表

C. 带头结点的循环链表　　D. 容量足够大的顺序表

16. 线性表是(　　)。

A. 一个有限序列，可以为空　　B. 一个有限序列，不可以为空

C. 一个无限序列，可以为空　　D. 一个无限序列，不可以为空

17. 对一个具有 n 个元素的线性表，建立其单链表的时间复杂度为(　　)。

A. O(1)　　B. O(n)　　C. $O(n^2)$　　D. $O(\log_2 n)$

18. 在一个具有 n 个结点的有序单链表中插入一个新结点并仍然保持有序的时间复杂度是(　　)。

A. O(n)　　B. $O(n^2)$　　C. O(1)　　D. $O(n\log_2 n)$

19. 单链表中，增加一个头结点的目的是(　　)。

A. 使单链表至少有一个结点　　B. 标识表结点中首结点的位置

C. 方便运算的实现　　D. 说明单链表是线性表的链式存储

三、判断题

1. 顺序表可以方便地随机存取表中的任一元素。(　　)
2. 顺序表上插入一个数据元素的操作的时间复杂度为 O(1)。(　　)
3. 顺序表中进行删除操作时不需移动大量数据元素。(　　)
4. 关于线性表的链式存储结构，表中元素的逻辑顺序与物理顺序一定相同。(　　)
5. 对双向链表来说，结点 *p 的存储位置既存放在其前驱结点的后继指针域中，又存放在它的后继结点的前驱指针域中。(　　)
6. 在顺序表和单链表上实现读表元素运算的平均时间复杂度均为 O(1)。(　　)
7. 在线性表中插入一个数据元素的时间复杂度为 O(n)。(　　)
8. 存储空间利用率高是顺序存储线性表的唯一优点。(　　)
9. 线性表的唯一存储形式是数组。(　　)
10. 线性表中结点间的关系是一对一的。(　　)

四、应用题

1. 试述顺序表的优缺点。

2. 对以下单链表分别执行下列各程序段，画出结果示意图。

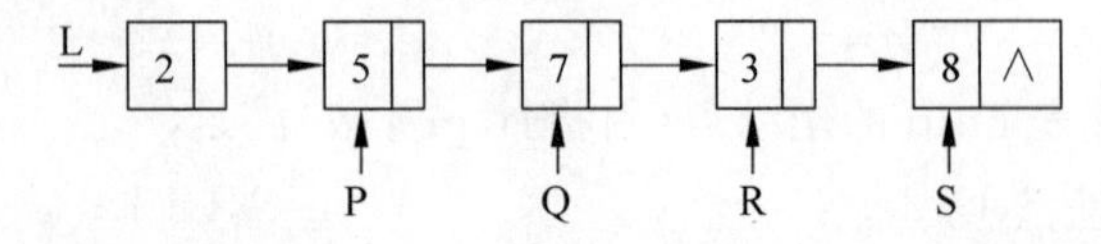

(1) Q=P-> next;

(2) L=P-> next;

(3) R-> data=P-> data;

(4) R-> data=P-> next-> data;

(5) P-> next-> next-> next-> data=P-> data;

(6) T=P;
    while(T!=NULL){T-> data=T-> data * 2;T=T-> next;}

(7) T=P;
    while(T-> next!=NULL){T-> data=T-> data * 2;T=T-> next;}

3. 已知带表头结点的非空单链表L,指针P指向L链表中的一个结点(非首结点、非尾结点),试从下列提供的答案中选择合适的语句序列。

(1) 删除P结点的直接后继结点的语句是____________________;

(2) 删除P结点的直接前驱结点的语句序列是____________________;

(3) 删除P结点的语句序列是____________________;

(4) 删除首结点的语句序列是____________________;

(5) 删除尾结点的语句序列是____________________。

① P=P-> next;

② P-> next=P;

③ P-> next=P-> next-> next;

④ P=P-> next-> next;

⑤ while(P!=NULL) P=P-> next;

⑥ while(Q-> next!=NULL) {P=Q;Q=Q-> next;}

⑦ while(P-> next!=Q) P=P-> next;

⑧ while(P-> next-> next!=Q) P=P-> next;

⑨ while(P-> next-> next!=NULL) P=P-> next;

⑩ Q=P;

⑪ Q=P-> next;

⑫ P=L;

⑬ L=L-> next;

⑭ free(Q);

五、算法设计题

1. 一个一年定期储蓄客户表如表2.1所示,编写一算法实现客户的查找。要求输入账号,能够输出客户的所有信息。

表2.1　一年定期储蓄客户表

账号	姓名	金额/元
23001	李明	5000
23008	贾燕	6000
23190	王昭	2100
23451	谢永丰	4500

2. 设L为带头结点的单链表,且其数据元素值无序,编写一个算法,删除表中值相同的多余元素。

3. 编写一个算法,建立有序递增单链表。

参考答案

一、填空题

1. 数据元素(或结点)　起始　终端　位置　前驱　后继
2. 1008
3. (a,b,d,e)　(a,w,b,d,e)　b
4. n－i＋1
5. 直接前驱
6. 从链表中任一结点出发都可以访问到表中的每一个元素
7. rear－>next－>next
8. U＝L－>next
9. 一定
10. n/2　表长 n 和插入位置 i
11. O(1)　随机存取
12. 随机存取　空间利用率高
13. 插入　删除
14. 头指针
15. 它的直接前驱结点的地址　O(n)

二、选择题

1. A　2. A　3. C　4. B　5. D　6. A　7. B　8. B　9. C
10. C　11. A　12. D　13. C　14. D　15. D　16. A　17. B
18. A　19. C

三、判断题

1. √　2. ×　3. ×　4. ×　5. √　6. ×　7. ×　8. ×　9. ×　10. √

四、简答题

1. 顺序表的优点：便于随机存取；存储空间连续，不必增加额外的存储空间。
顺序表的缺点：插入和删除操作要移动大量数据元素，存储单元的分配要预先进行。

2.

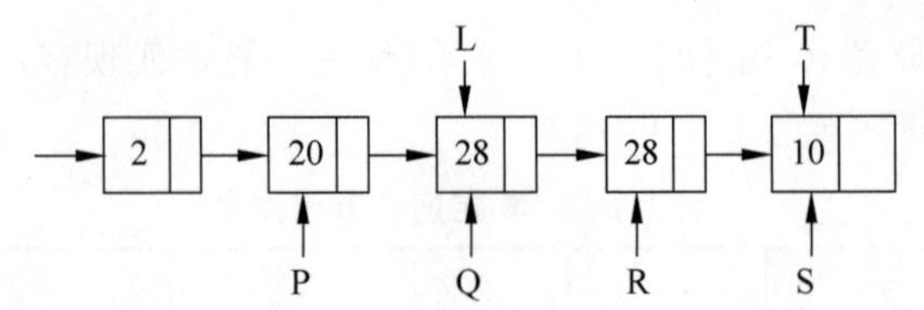

3. (1) ⑪,③,⑭
(2) ⑩,⑫,⑧,⑪,③,⑭
(3) ⑩,⑫,⑦,③,⑭
(4) ⑫,⑪,③,⑭
(5) ⑨,⑪,③,⑭

五、算法设计题

1.

```
#define MAXSIZE 100
typedef struct
{
    int id;
    char name[10];
    int deposit;
}customer;
typedef struct
{
    customer data[MAXSIZE];
    int len;
}SEQUENLIST;
void display(SEQUENLIST *L)
{
    int i,m;
    printf("输入要查找的客户账号: \n");
    scanf("%d",&m);
    i=0;
    while(i<L->len&&L->data[i]->id!=m)
        i++;
    if(i<L->len)
    {
        printf("查找成功!\n");
        printf("账号        姓名        金额\n");
        printf("%8d%8s%8d",L->data[i]->id,L->data[i]->name,L->data[i]->
deposit);
    }
    else
        printf("查找失败\n");
}
```

2.

```
void wuxudele(LINKLIST *L)
{LINKLIST *p,*q,*r;
p=L->next;
while(p&&p->next)
{ r=p;
  q=p->next;
  while (q)
   if(p->data==q->data)
     {r->next=q->next;
      free(q);
      q=r->next;
     }
  else
  {r=q;q=q->next;}
  p=p->next;
```

```
    }
}
```

3.

```
LINKLIST * creat_order( )
{
    LINKLIST * head, * t, * p, * q;
    char ch;
    t=(LINKLIST * )malloc(sizeof(LINKLIST));
    head=t;
    t-> next=NULL;
    while((ch=getchar())!='$')
    {
        t=(LINKLIST * )malloc(sizeof(LINKLIST));
        t-> data=ch;
        q=head;
        p=head-> next;
        while(p!=NULL&&p-> data < ch)
        {
            q=p;
            p=p-> next;
        }
        q-> next=t;
        t-> next=p;
    }
  return(head);
}
```

栈和队列

3.1 基本知识提要

栈和队列是编程中最简单、最常用的数据结构之一，本章重点阐述栈和队列的概念、具体实现以及与栈和队列有关的应用。

3.1.1 本章思维导图

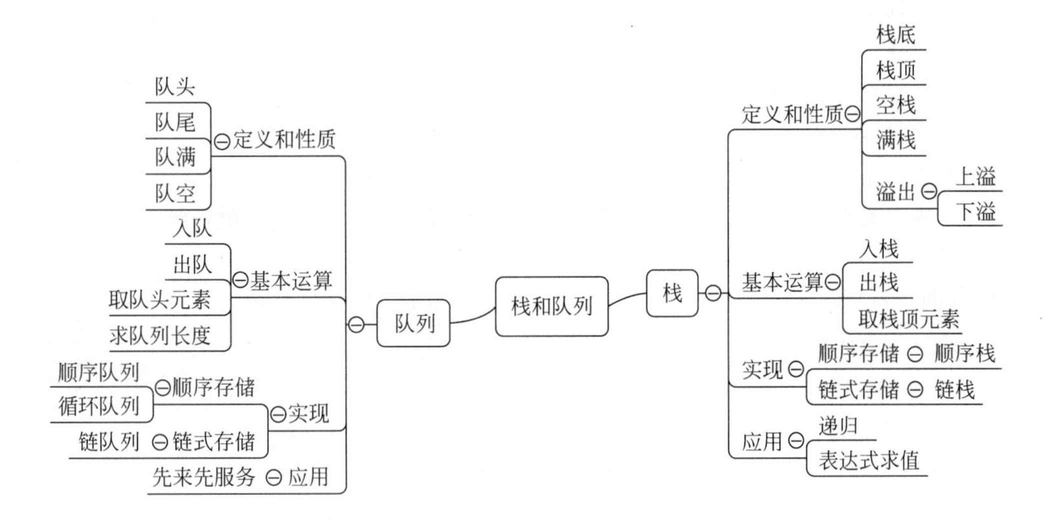

3.1.2 常用术语解析

栈：限定在表的一端进行插入和删除操作的线性表。

栈顶：通常把插入、删除的一端称为栈顶。

栈底：最先进栈的数据元素所在的位置为栈底。

空栈：不含任何数据元素的栈称为空栈。

满栈：栈中所有的空间上都有数据元素，不能再进行入栈操作。

队列：限定只能在表的一端进行插入和在另一端进行删除操作的线性表。

队头：允许删除的一端称为队头。

队尾：通常把允许插入的一端称为队尾。

空队列：没有任何数据元素的队列称为空队列。

满队列：队列中每个位置都有数据元素，不能再进行入队操作。

3.1.3 重点知识整理

1. 栈和队列的基本概念

栈和队列是两种操作受限的线性表。

栈(Stack)是限定在表的一端进行插入和删除操作的线性表，栈按照后进先出(Last In First Out，LIFO)的原则进行操作，假设栈 $S=(a_1,a_2,\cdots,a_n)$，若栈中元素按 $a_1,a_2,\cdots,a_n$ 的次序进栈，其中 a_1 是栈底元素，a_n 为栈顶元素，则出栈顺序为 $a_n,a_{n-1},\cdots,a_1$。

队列(Queue)是限定只能在表的一端进行插入和在另一端进行删除操作的线性表。通常把允许插入的一端称为队尾(Rear)，允许删除的另一端称为队头(Front)。队列按照先进先出(First In First Out，FIFO)的原则进行操作。若在空队列中插入元素 $a_1,a_2,\cdots,a_n$，其中 a_1 是队头元素，a_n 为队尾元素，则出队顺序为 $a_1,a_2,\cdots,a_n$。

2. 栈和队列的基本逻辑运算

(1) 栈的基本逻辑运算。

栈的基本运算有以下 6 种。

① 置空栈 Init_Stack(s)：将已有的栈 s 置空。

② 判断栈是否为空 Empty(s)：返回栈 s 是否为空栈。

③ 判断栈是否满 Full(s)：返回栈 s 是否为满栈。

④ 入栈 Push_Stack(s,x)：在栈不满的情况下，将元素 x 压入栈 s 中。

⑤ 出栈 Pop_Stack(s)：在栈不空的情况下，将栈顶元素弹出栈 s。

⑥ 读栈顶元素 Top_Stack(s)：返回栈顶元素的值，但是不改变栈顶指针。

(2) 队列的基本逻辑运算。

队列的运算同栈的运算类似，不同的是插入运算在队列的尾部进行。

① 置空队 Init_Queue(q)：将已有的队列 q 置空。

② 判断队列是否为空 Empty_Queue(q)：返回队列 q 是否为空队列。

③ 判断队列是否满 Full_Queue(q)：返回队列 q 是否为满队列。

④ 入队 Push(q,x)：在队列不满的情况下，将元素 x 压入队列 q 中。

⑤ 出队 Pop(q)：在队列不空的情况下，将队头元素弹出队列 q。

⑥ 读队头元素 Front_Queue(q)：返回队头元素的值，但是不改变队头指针。

3. 栈和队列的存储结构

显然，以上栈和队列的基本逻辑运算是人为规定的运算定义，只是为了在程序中能更好地应用栈和队列这类数据结构。计算机中用来实现定义、存储栈和队列的方式有两种——顺序表实现和链表实现。

(1) 顺序栈。

栈是操作受限的线性表，由栈的定义可知，栈底的位置是不变的，只有栈顶的位置随着进栈和出栈的操作变化，只需要用一个整型变量指示栈顶的位置就可以。因此，顺序栈的定义如下：

```
#define datatype char
#define MAXSIZE 100
```

```
typedef struct
{datatype data[MAXSIZE];
 int top;
}SEQSTACK ;
```

定义一个指向顺序栈的指针：

```
SEQSTACK   * s;
```

s 是 SEQSTACK 类型的顺序栈，s-> data[0]是栈底元素，s-> data[top]是栈顶元素，栈是正向增长的，进栈时需将 s-> top 加 1，出栈时需将 s-> top 减 1，s-> top<0 表示空栈，s-> top=MAXSIZE-1 表示栈满。当栈满时再做进栈操作将产生空间溢出，简称“上溢”；当栈空时再进行出栈操作，则产生“下溢”。

（2）链栈。

为了克服由顺序存储分配固定空间所产生的溢出和空间浪费，可以采用链式存储结构来存储栈，这样的栈称为链栈。链栈的类型定义如下：

```
#define datatype char
typedef struct stacknode
{
 datatype data;
 struct stacknode * next;
}LINKSTACK;
LINKSTACK * top;
```

链栈的操作和链表类似，只需要保证进栈和出栈操作放在链表的头部。

（3）循环队列。

队列的顺序存储结构称为顺序队列。随着入队出队操作的进行，整个队列整体向后移动，系统作为队列用的存储区还没有满，但队列却发生了溢出，把这种现象称为“假溢出”。解决这一问题的常用方法是采用循环队列，将队列存储空间的最后一个位置绕到第一个位置，即将 q-> data[0]接在 q-> data[MAXSIZE-1]之后，形成逻辑上的环状空间，存储在其中的队列称为循环队列(Circular Queue)。

```
#define MAXSIZE 10
#define datatype char
typedef struct
{
  datatype data[MAXSIZE];
  int front, rear;
}SEQUEUE;
SEQUEUE * q;
```

对一个循环队列而言，由于入队时队尾指针 q-> rear 向前追赶队头指针 q-> front，出队时队头指针追赶队尾指针，因此队列无论是空还是满，都满足 q-> front==q-> rear 条件。为解决无法判断队空或者队满的问题，常用的有三种方法：一是设立一个标识位以区别队列是空还是满。二是设置一个计数器记录队列中元素的个数。三是少用一个元素空间，即尾指针 q-> rear 所指向的单元始终为空，约定入队前，测试一下队尾指针是否等于队头指针，若相等则队满；出队时测试队头指针是否等于队尾指针，若相等则认为队空。

（4）链队列。

队列的链式存储结构简称为链队列，是一个仅在表头删除和表尾插入的单链表。为了操作方便分别用两个指针表示队列头和队列尾，将队列头和队列尾指针封装在一起。具体链队列的定义如下：

```
typedef struct Queuenode
 { datatype data;
   struct Queuenode * next;
 } Linknode;                              /* 链队列结点的类型 */
typedef struct
 { Linknode * front, * rear;
 }LINKQUEUE;                              /* 将头尾指针封装在一起的链队列 */
```

定义一个指向链队列的指针：

```
LINKQUEUE * q;
```

对于链队列的操作和链表类似，只需要保证入队操作在链表的尾部进行、出队操作在链表的头部进行。

3.2 典型题解析

例 3.1 一个栈的入栈序列为 1、2、3、4，则下列序列中不可能是该栈的出栈序列的是（　　）。

例 3.1

A. 1、2、3、4　　B. 2、1、3、4
C. 1、4、3、2　　D. 4、3、1、2

例题解析：对于此类题目，需要根据栈的后进先出的性质，逐一选项验证是否为正确的出栈序列。根据栈的定义可知，对于栈 $S=(a_1,a_2,\cdots,a_n)$，若栈中元素按 $a_1,a_2,\cdots,a_n$ 的次序进栈，则出栈顺序为 $a_n,a_{n-1},\cdots,a_1$。

对于 A 选项，在 1、2、3、4 入栈的时刻立刻出栈，这样出栈顺序即为 1、2、3、4，故 A 正确。对于 B 选项，先让 1、2 入栈，然后 2 出栈、1 出栈，再让 3 入栈、出栈，4 入栈、出栈，这样得到的出栈序列即为 2、1、3、4，故 B 正确。对于 C 选项，先让 1 入栈、出栈，然后 2、3、4 全部入栈，再全部出栈，即可得到 1、4、3、2 的出栈顺序，故 C 正确。

对于 D 选项，若想让 4 最先出栈，则必须让 1、2、3、4 全部入栈。此时，只能按照 4、3、2、1 的顺序出栈，而选项 D 中在 4、3 出栈后，栈顶元素为 2，不为 1，故根据栈的特点选项 D 这种出栈序列不可能出现，故本题答案为 D。

例 3.2 设单链表中存放 n 个字符，试编写一个算法，判断该字符串是否为中心对称关系。例如，xyyx 和 xyzyx 都是中心对称的字符串。

例题解析：先将长度为 n 的字符串的前半部分入栈，然后用后半部分的字符依次与出栈的字符相比较，如果不相等则返回 0；如果比较完毕时栈为空，则字符串是中心对称的。

```
int pan(LINKLIST * head)
{
  int i;
  char a;
  LINKLIST * p=head;
```

```
    SEQSTACK q, * s;
    s=&q;
    s-> top=-1;
    for(i=0;i<n/2;i++)
  {
    push(s,p-> data);
    p=p-> next;
  }
  if(n%2==1)
    p=p-> next;
  while(p)
  {
    a=pop(s);
    if(a==p-> data)
      p=p-> next;
    else
      return 0;
  }
    return 1;
  }
```

例 3.3　实现简单算术表达式的求值问题,能够进行加、减、乘、除和乘方运算。表达式采用后缀输入法,例如,若要计算 3+5 则输入 3 5 +。乘方运算符用^表示；每次运算在上一次运算结果的基础上进行。

例题解析：表达式求值是程序设计语言编译中最基本的问题之一。它的实现方法是栈的一个典型的应用实例。在计算机中,任何一个表达式都是由操作数(Operand)、运算符(Operator)和界限符(Delimiter)组成的。其中,操作数可以是常数,也可以是变量或常量的标识符；运算符可以是算术运算符、关系运算符或逻辑运算符；界限符为左右括号和标识表达式结束的结束符。

算法的主要思路：每当遇到操作数时,便入栈；遇到操作符时,便连续弹出两个操作数并执行运算,然后将运算结果压入栈顶。输入 c 时,清空操作数栈；输入 l 时,显示当前栈顶值；输入 q 时,结束程序。下面只介绍用顺序栈实现的算法,还可以采用链栈实现,这种方法作为实验内容,请读者自行设计。

```
#define datatype   int
#define MAXSIZE   100
typedef   struct
{ datatype   data[MAXSIZE];
int top;
}SEQSTACK ;
#include "stdio.h"
#include "stdlib.h"
#include "math.h"
#include "string.h"
void Init_Stack(SEQSTACK  * s);
int Stack_Empty(SEQSTACK  * s);
void Push_Stack(SEQSTACK  * s,datatype x);
datatype Pop_Stack(SEQSTACK  * s);
datatype Gettop_Stack(SEQSTACK  * s)
void Clear_Stack(SEQSTACK  * s);
```

```
main()
{
    SEQSTACK   *s,stack;
    int resu,a,b;
    char c[20];
s=&stack;
Init_Stack(s);                  /* 创建一个空栈 */
    printf(" A simple expressin caculation\n");
    do{
        printf(" : ");
        gets(c);
        switch(*c)
        {
case '+': a=Pop_Stack(s);
                b=Pop_Stack(s);
                printf(" %d\n",a+b);
                Push_Stack(s,a+b);
                break;
case '-': if(strlen(c)>1) /* 遇到符号 - 时需要判断是减号还是负号 */
                Push_Stack(s,atoi(c));
else { a=Pop_Stack(s);
                b=Pop_Stack(s);
                printf("%d\n",b-a);
                Push_Stack(s,b-a);}
                break;
case '*': a=Pop_Stack(s);
                b=Pop_Stack(s);
                printf(" %d\n",a*b);
                Push_Stack(s,a*b);
                break;
case '/': a=Pop_Stack(s);
                b=Pop_Stack(s);
                if(a==0) {printf(" Devide by 0!\n");       /* 检查除数是否为 0 */
                    Clear_Stack(s);}
else { printf(" %d\n",b/a);
                    Push_Stack(s,b/a);}
                break;
case '^': a=Pop_Stack(s);
                b=Pop_Stack(s);
                printf(" %d\n",pow(b,a));
                Push_Stack(s,pow (b,a));
break;
        case 'c': Clear_Stack(s);
break;
        case 'l': a=Gettop_Stack(s);
                printf(" Current value on top of stack is :%d\n",a);
                break;
        default: Push_Stack(s,atoi(c));        /* 若读入的是操作数,则转换为整型后压入栈 */
            break;
}
    }while(*c!= 'q');
    free(s);
}
```

程序运行实例如下：

```
A simple expressin caculation
:10 < cr >
:20 < cr >
:+< cr >
30
:15 < cr >
:/< cr >
2
:l< cr >
Current value on top of stack is:2
:c < cr >
:16 < cr >
:2 < cr >
:^< cr >
256
:q < cr >
```

例 3.4　编写一个简单的事件处理表。用户可以输入和保存一系列事件，当一个事件处理完毕后，它就会从事件处理表中被删除；还可以查询事件处理表中剩余的事件。

例题解析：被处理事件的数目限定在 100 以内，并用宏 MAX 表示。函数 enter 用来输入事件，调用函数 Add_Queue 将事件字符串指针保存到事件队列中；函数 review 用来显示还没有处理的事件；函数 delete 将处理完毕的事件从事件队列中删除，并释放事件内容的存储空间，其中删除事件的操作调用函数 Del_Queue 来实现。下面只介绍用循环队列实现的算法，还可以采用链队列实现，后者作为实验内容，请读者自行设计。

```
#define  datatype  char *
#define  MAXSIZE  100                       /* 队列的最大容量 */
typedef  struct
{ datatype   data[MAXSIZE];                 /* 队列的存储空间 */
  int rear,front;                           /* 队头、队尾指针 */
}SEQUEUE;
#include "stdlib.h"
#include "stdio.h"
#include "string.h"
#include "ctype.h"
SEQUEUE  *q;
void Add_Queue(SEQUEUE  *q,datatype x);
datatype Del_Queue(SEQUEUE  *q);
void Init_Queue(SEQUEUE   *q);
int Queue_Empty(SEQUEUE   *q);
void enter()
{
 char s[64], *p;
 int len;
while(1)
{
 printf(" enter event %d: ",q->rear+1);
    gets(s);
    len= strlen(s);
    if(len= =0)break;                       /* 没有事件 */
    p=malloc(len+1);
    if(!p){ printf(" memory not available.\n");
```

```
            return;}
        strcpy(p,s);
        Add_Queue(q,p);
        if((q->rear+1)%MAXSIZE==q->front)
            break;
    };
}
void review()
{
    int i=0,pos=q->front;
    while(i!=QueueLength(q))
        {
        pos=(pos+1) % MAXSIZE;
        printf(" %d.%s\n",i+1,q->data[pos]);
        i++;
    };
}
void delete()
{
    char *p;
    p=Del_Queue(q);
    if(p){ printf(" %s\n",p);
        free(p);}
}

main()
{
    char ch;
    Init_Queue(q);                              /* 创建一个空队列 */
    do{
printf(" 1--Enter,2--List,3--Remove,4--Quit:");
ch=getchar ();
getchar();
switch(ch)
{
        case  '1':enter();break;
        case  '2':review();break;
        case  '3':delete();break;
}
}while(ch!= '4');
}
```

程序运行实例如下：

```
1--Enter,2--List,3--Remove,4--Quit:1
enter event 1:Marry have a math at 8:00.
enter event 2:Marry will learn dancing at 1:00 pm.
enter event 3:Marry will watch TV at 6:30 pm.
enter event 4:<cr>
1--Enter,2--List,3--Remove,4--Quit:2
1.Marry have a math at 8:00.
2.Marry will learn dancing at 1:00 pm.
3.Marry will watch TV at 6:30 pm.
1--Enter,2--List,3--Remove,4--Quit:3
Marry have a math at 8:00.
```

```
1--Enter,2--List,3--Remove,4--Quit:2
1.Marry will learn dancing at 1:00 pm.
2.Marry will watch TV at 6:30 pm.
1--Enter,2--List,3--Remove,4--Quit:4
```

例 3.5 设计一个算法,判断一个表达式中括号"("与")""["与"]""{"与"}"是否匹配。若匹配,则返回 1,否则返回 0。

例题解析:设计一个栈 S,用 i(初值为 0)扫描表达式 exps,当遇到"(""[""{"时,将其入栈;当遇到")""]""}"时,判断栈顶元素是否为与其相匹配的括号,若不匹配,则表明表达式有误;若表达式扫描结束后栈 S 为空,则表明表达式括号匹配。

```
int Pan(SEQSTACK *S, char *exps)
{int i=0; nomatch=0;
char x;
S->top=-1;                                  /*初始化空栈*/
While(!nomatch&&exps[i]!='\0')
{switch(exps[i])
  {case'(':                                 /*当前字符为"("时,将其入栈*/
   case'[':                                 /*当前字符为"["时,将其入栈*/
   case'{':  push(S, exps[i]);break;        /*当前字符为"{"时,将其入栈*/
   case')': x=top(S);
         if(x=='(')   x=pop(S);
            else nomatch=1;
            Break;                          /*判断栈顶元素是否为与其相匹配的括号"("*/
      case']': x=top(S);
         if(x=='[')   x=pop(S);
            else nomatch=1;
            Break;                          /*判断栈顶元素是否为与其相匹配的括号"["*/
      case'}': x=top(S);
         if(x=='{')   x=pop(S);
            else nomatch=1;}                /*判断栈顶元素是否为与其相匹配的括号"{"*/
  i++;}
  if(Empty_Stack(S)&&!nomatch)
    return 1;                               /*栈为空且符号匹配,则返回1*/
else return 0;                              /*否则返回0*/
}
```

3.3 知识拓展

什么是双向顺序栈?

双向顺序栈 s 是指在同一向量空间内实现的两个单向顺序栈,它们的栈底分别设在该向量空间的两端。假设以顺序存储结构实现一个双向栈,即在一维数组的存储空间中存在着两个栈,它们的栈底分别设在数组的两个端点。

什么是顺序队列中的溢出现象?

(1)"下溢"现象:当队列为空时,做出队运算产生的溢出现象。"下溢"是正常现象,常用作程序控制转移的条件。

(2)"真上溢"现象:当队列满时,做入队运算产生空间溢出的现象。"真上溢"是一种出错状态,应设法避免。

(3)"假上溢"现象：由于入队和出队操作中，头尾指针只增加不减小，致使被删元素的空间永远无法重新利用。当队列中实际的元素个数远远小于向量空间的规模时，也可能由于尾指针已超越向量空间的上界而不能做入队操作。该现象称为"假上溢"现象。

什么是双端队列？

双端队列(Double-ended Queue，Deque)是一种具有队列和栈的性质的数据结构。双端队列中的元素可以从两端弹出，其限定插入和删除操作在表的两端进行。双端队列可像栈一样，在队列的一端进行入队操作，在另一端进行出队操作。在实际使用中，还可以有输出受限的双端队列(即一个端点允许插入和删除，另一个端点只允许插入的双端队列)和输入受限的双端队列(即一个端点允许插入和删除，另一个端点只允许删除的双端队列)。而如果限定双端队列从某个端点插入的元素只能从该端点删除，则该双端队列就蜕变为两个栈底相邻的栈了。双端队列与栈或队列相比，是一种多用途的数据结构，有时会用双端队列来提供栈和队列两种功能。

3.4 测试习题与参考答案

测试习题

一、填空题

1. 栈是操作受限的线性表，其运算遵循(　　)的原则。

2. (　　)是限定仅在表尾进行插入或删除操作的线性表。

3. 一个栈的输入序列是1、2、3，则不可能的栈输出序列是(　　)。

4. 设有一个空栈，栈顶指针为1000H(十六进制)，现有输入序列1、2、3、4、5，经过PUSH、PUSH、POP、PUSH、POP、PUSH、PUSH之后，输出序列是(　　)，而栈顶指针值是(　　)H。设栈为顺序栈，每个元素占4字节。

5. 当两个栈共享同一存储区时，栈利用一维数组stack(1,n)表示，两栈顶指针为top[1]与top[2]，则当栈1空时，top[1]为(　　)，栈2空时，top[2]为(　　)，栈满时为(　　)。

6. 两个栈共享空间时栈满的条件是(　　)。

7. 在做进栈运算时应先判别栈是否(　　)；在做退栈运算时应先判别栈是否(　　)；当栈中元素为n个，做进栈运算时发生上溢，则说明该栈的最大容量为(　　)。为了增加内存空间的利用率和减少溢出的可能性，由两个栈共享一片连续的空间时，应将两栈的(　　)分别设在内存空间的两端，这样只有当(　　)时才产生溢出。

8. 多个栈共存时，最好用(　　)作为存储结构。

9. 用S表示入栈操作，X表示出栈操作，若元素入栈的顺序为1、2、3、4，为了得到1、3、4、2的出栈顺序，相应的S和X的操作串为(　　)。

10. 顺序栈用data[1..n]存储数据，栈顶指针是top，则值为x的元素入栈的操作是(　　)。

11. 表达式23+((12*3-2)/4+34*5/7)+108/9的后缀表达式是(　　)。

12. 循环队列的引入，是为了克服(　　)。

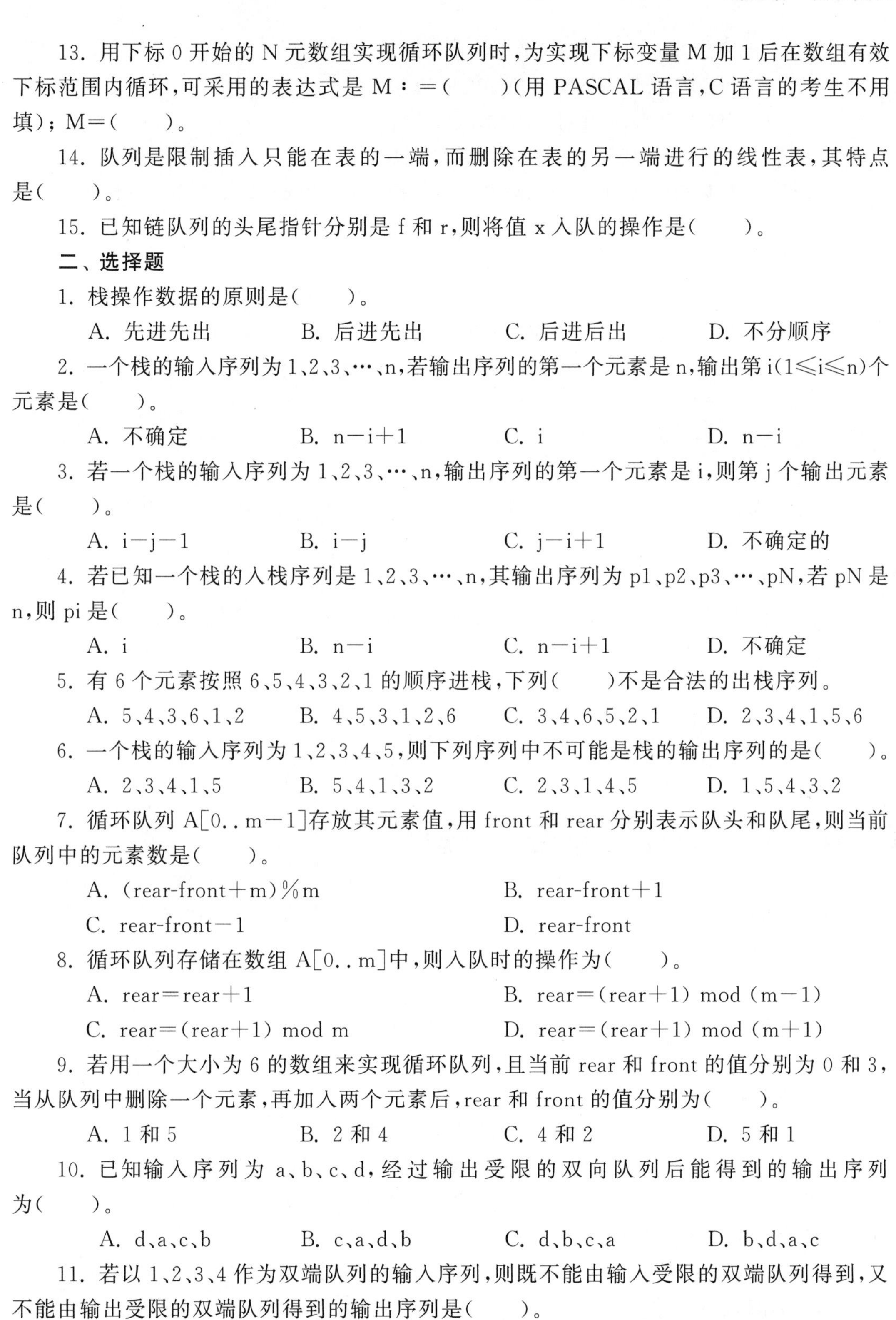

13. 用下标 0 开始的 N 元数组实现循环队列时，为实现下标变量 M 加 1 后在数组有效下标范围内循环，可采用的表达式是 M：=(　　)(用 PASCAL 语言，C 语言的考生不用填)；M=(　　)。

14. 队列是限制插入只能在表的一端，而删除在表的另一端进行的线性表，其特点是(　　)。

15. 已知链队列的头尾指针分别是 f 和 r，则将值 x 入队的操作是(　　)。

二、选择题

1. 栈操作数据的原则是(　　)。

A. 先进先出　　B. 后进先出　　C. 后进后出　　D. 不分顺序

2. 一个栈的输入序列为 1、2、3、…、n，若输出序列的第一个元素是 n，输出第 i(1≤i≤n)个元素是(　　)。

A. 不确定　　B. n－i＋1　　C. i　　D. n－i

3. 若一个栈的输入序列为 1、2、3、…、n，输出序列的第一个元素是 i，则第 j 个输出元素是(　　)。

A. i－j－1　　B. i－j　　C. j－i＋1　　D. 不确定的

4. 若已知一个栈的入栈序列是 1、2、3、…、n，其输出序列为 p1、p2、p3、…、pN，若 pN 是 n，则 pi 是(　　)。

A. i　　B. n－i　　C. n－i＋1　　D. 不确定

5. 有 6 个元素按照 6、5、4、3、2、1 的顺序进栈，下列(　　)不是合法的出栈序列。

A. 5、4、3、6、1、2　　B. 4、5、3、1、2、6　　C. 3、4、6、5、2、1　　D. 2、3、4、1、5、6

6. 一个栈的输入序列为 1、2、3、4、5，则下列序列中不可能是栈的输出序列的是(　　)。

A. 2、3、4、1、5　　B. 5、4、1、3、2　　C. 2、3、1、4、5　　D. 1、5、4、3、2

7. 循环队列 A[0..m－1]存放其元素值，用 front 和 rear 分别表示队头和队尾，则当前队列中的元素数是(　　)。

A. (rear-front＋m)％m　　B. rear-front＋1

C. rear-front－1　　D. rear-front

8. 循环队列存储在数组 A[0..m]中，则入队时的操作为(　　)。

A. rear＝rear＋1　　B. rear＝(rear＋1) mod (m－1)

C. rear＝(rear＋1) mod m　　D. rear＝(rear＋1) mod (m＋1)

9. 若用一个大小为 6 的数组来实现循环队列，且当前 rear 和 front 的值分别为 0 和 3，当从队列中删除一个元素，再加入两个元素后，rear 和 front 的值分别为(　　)。

A. 1 和 5　　B. 2 和 4　　C. 4 和 2　　D. 5 和 1

10. 已知输入序列为 a、b、c、d，经过输出受限的双向队列后能得到的输出序列为(　　)。

A. d、a、c、b　　B. c、a、d、b　　C. d、b、c、a　　D. b、d、a、c

11. 若以 1、2、3、4 作为双端队列的输入序列，则既不能由输入受限的双端队列得到，又不能由输出受限的双端队列得到的输出序列是(　　)。

A. 1、2、3、4　　B. 4、1、3、2　　C. 4、2、3、1　　D. 4、2、1、3

12. 输入序列为 ABC，可以变为 CBA 时，经过的栈操作为(　　)。

A. PUSH,POP,PUSH,POP,PUSH,POP

B. PUSH,PUSH,PUSH,POP,POP,POP

C. PUSH,PUSH,POP,POP,PUSH,POP

D. PUSH,POP,PUSH,PUSH,POP,POP

13. 若一个栈以向量 V[1..n]存储，初始栈顶指针 top 为 n+1，则下面 x 进栈的正确操作是(　　)。

A. top:=top+1;　V [top]:=x　　B. V [top]:=x; top:=top+1

C. top:=top−1;　V [top]:=x　　D. V [top]:=x; top:=top−1

14. 若栈采用顺序存储方式存储，现两栈共享空间 V[1..m]，top[i]代表第 i 个栈(i=1,2)栈顶，栈 1 的底在 v[1]，栈 2 的底在 V[m]，则栈满的条件是(　　)。

A. |top[2]−top[1]|=0　　B. top[1]+1=top[2]

C. top[1]+top[2]=m　　D. top[1]=top[2]

15. 栈主要在(　　)中应用。

A. 递归调用　　B. 子程序调用　　C. 表达式求值　　D. 以上均是

16. 一个递归算法必须包括(　　)。

A. 递归部分　　B. 终止条件和递归部分

C. 迭代部分　　D. 终止条件和迭代部分

17. 执行完下列语句段后，i 的值为(　　)。

```
int f(int x)
{ return ((x>0) ? x* f(x-1):2);}
 int i ;
 i =f(f(1));
```

A. 2　　B. 4　　C. 8　　D. 无限递归

18. 表达式 a*(b+c)−d 的后缀表达式是(　　)。

A. abcd*+−　　B. abc+*d−　　C. abc*+d−　　D. −+*abcd

19. 表达式 3* 2^(4+2*2−6*3)−5 求值过程中当扫描到 6 时，对象栈和算符栈为(　　)，其中^为乘幂。

A. 3,2,4,1,1; (*^(+*−　　B. 3,2,8; (*^−

C. 3,2,4,2,2; (*^(−　　D. 3,2,8; (*^(−

三、判断题

1. 递归操作不一定需要使用栈，通常也使用队列。(　　)

2. 队列是实现过程和函数调用等子程序所必需的结构。(　　)

3. 两个栈共用静态存储空间，头部相对使用可以避免空间溢出问题。(　　)

4. 两个栈共享一片连续内存空间时，为提高内存利用率，减少溢出机会，应把两个栈的栈底分别设在这片内存空间的两端。(　　)

5. 即使对不含相同元素的同一输入序列进行两组不同的合法的入栈和出栈组合操作，所得的输出序列也一定相同。(　　)

6. 有 n 个数顺序(依次)进栈，出栈序列有 Cn 种，Cn=[1/(n+1)]×(2n)!/[(n!)×(n!)]。(　　)

7. 栈与队列是一种特殊操作的线性表。　　(　　)

8. 若输入序列为1、2、3、4、5、6，则通过一个栈可以输出序列3、2、5、6、4、1。　　(　　)

9. 栈是限制存取点的线性结构，而队列不是。　　(　　)

10. 任何一个递归过程都可以转换为非递归过程。　　(　　)

四、应用题

1. 假设以S和X分别表示入栈和出栈操作，则对初态和终态均为空的栈操作可由S和X组成的序列表示(如SXSX)。

(1) 试指出判别给定序列是否合法的一般规则。

(2) 两个不同合法序列(对同一输入序列)能否得到相同的输出元素序列？如能得到，请举例说明。

2. 有5个元素，其入栈次序为A、B、C、D、E，在各种可能的出栈次序中，以元素C、D最先出栈(即C第一个且D第二个出栈)的次序有哪几个？

3. 如果输入序列为1、2、3、4、5、6，试问能否通过栈结构得到以下两个序列：4、3、5、6、1、2和1、3、5、4、2、6。请说明为什么不能或如何才能得到。

4. 若元素的进栈序列为A、B、C、D、E，运用栈操作，能否得到出栈序列B、C、A、E、D和D、B、A、C、E？为什么？

5. 设输入序列为a、b、c、d，试写出借助一个栈可得到的两个输出序列和两个不能得到的输出序列。

6. 设输入序列为2、3、4、5、6，利用一个栈能得到序列2、5、3、4、6吗？栈可以用单链表实现吗？

7. 试证明若借助栈由输入序列1、2、…、n得到输出序列P1、P2、…、Pn(它是输入序列的一个排列)，则在输出序列中不可能出现这样的情形：存在i＜j＜k，使Pj＜Pk＜Pi。

8. 设一个数列的输入顺序为1、2、3、4、5、6，若采用堆栈结构，并以A和D分别表示入栈和出栈操作，试问通过入出栈操作的合法序列：

(1) 能否得到输出顺序为3、2、5、6、4、1的序列。

(2) 能否得到输出顺序为1、5、4、6、2、3的序列。

9. (1)什么是递归程序？

(2) 递归程序的优缺点是什么？

(3) 递归程序在执行时，应借助于什么来完成？

(4) 递归程序的入口语句、出口语句一般用什么语句实现？

10. 试推导出当总盘数为n的Hanoi塔的移动次数。

五、算法设计题

1. 输入一个表达式，该表达式含＋、－、*、/和操作数，以Enter键结束，计算该表达式的值。

2. 模拟浏览器。

网页浏览器通常都具有前进和后退的功能，例如单击“后退”按钮后可以退回到上一次访问的页面，在程序中实现这种功能的一种方式是建立两个栈来记录浏览过的网页。下面要求写出实现这样的特性的一个程序，该程序需要完成的功能如下。

(1) 建立两个栈，分别为“前进栈”和“后退栈”，并初始化栈顶。

(2)“访问”操作：将当前显示的页面的网址(字符串表示)压入“后退栈”，然后使当前正在访问的页面置成新的网页，最后不要忘了将“前进栈”置空。

(3)“后退”操作：将当前显示的页面的网址压入“前进栈”，然后从“后退栈”中弹出一个网址，作为当前访问页面(如果“后退栈”为空，则整个“后退”操作被视作无效操作，不做任何改动)。

(4)“前进”操作：将当前显示的页面的网址压入“后退栈”，然后从“前进栈”中弹出一个网址，作为当前访问页面(如果“前进栈”为空，则整个“前进”操作被视作无效操作，不做任何改动)。

(5)当进行(2)～(4)这些操作时，先执行相应操作，然后将当前浏览器正在访问页面的网址输出。

(6)“退出”操作：退出浏览器程序。

注意：这里假定程序最初被执行时，当前正在访问的页面地址为 about:blank。

输入下列字符串时：

```
visit www.baidu.com
visit www.sina.com
back
visit www.csdn.com
back
back
back
forward
quit
```

程序需要依次序输出如下信息：

```
www.baidu.com
www.sina.com
www.baidu.com
www.csdn.com
www.baidu.com
about:blank
about:blank
www.baidu.com
```

参考答案

一、填空题

1. 后进先出
2. 栈
3. 3、1、2
4. 2、3　100CH
5. 0　n+1　top[1]+1=top[2]
6. 两栈顶指针值相减的绝对值为1(或两栈顶指针相邻)
7. 满　空　n　栈底　两栈顶指针相邻(即值之差的绝对值为1)
8. 链式存储结构
9. S×SS×S××

10. data[++top]=x;

11. 23.12.3 * 2-4/34.5 * 7/++108.9/+(注：表达式中的点(.)表示将数隔开，如23.12.3是三个数)

12. 假溢出时大量移动数据元素

13. (M+1) MOD N　(M+1)% N

14. 先进先出

15. s=(LinkedList)malloc(sizeof(LNode)); s->data=x; s->next=NULL; r->next=s; r=s;

二、选择题

1. B　2. B　3. D　4. D　5. C　6. B　7. A　8. D　9. B
10. D　11. C　12. B　13. C　14. B　15. D　16. B　17. B
18. B　19. D

三、判断题

1. ×　2. ×　3. ×　4. √　5. ×　6. √　7. √　8. √　9. ×　10. √

四、应用题

1. (1)通常有两条规则。第一是给定序列中S的个数和X的个数相等；第二是从给定序列的开始，到给定序列中的任一位置，S的个数要大于或等于X的个数。

(2) 可以得到相同的输出元素序列。例如，输入元素为A、B、C，则两个输入的合法序列A、B、C和B、A、C均可得到输出元素序列A、B、C。对于合法序列A、B、C，使用本题约定的S×S×S×操作序列；对于合法序列B、A、C，使用SS××S×操作序列。

2. 三个：C、D、E、B、A，C、D、B、E、A，C、D、B、A、E。

3. 输入序列为1、2、3、4、5、6，不能得出4、3、5、6、1、2，其理由是：输出序列最后两元素是1、2，前面4个元素(4、3、5、6)得到后，栈中元素剩1、2，且2在栈顶，不可能栈底元素1在栈顶元素2之前出栈。

得到1、3、5、4、2、6的过程如下：1入栈并出栈，得到部分输出序列1；然后2和3入栈，3出栈，部分输出序列变为1、3；接着4和5入栈，5、4和2依次出栈，部分输出序列变为1、3、5、4、2；最后6入栈并退栈，得到最终结果1、3、5、4、2、6。

4. 能得到出栈序列B、C、A、E、D，不能得到出栈序列D、B、A、C、E。其理由为：若出栈序列以D开头，说明在D之前的入栈元素是A、B和C，三个元素中C是栈顶元素，B和A不可能早于C出栈，故不可能得到D、B、A、C、E的出栈序列。

5. 借助栈结构，n个入栈元素可得到1/(n+1)((2n)!/(n! * n!))种出栈序列。本题有4个元素，可有14种出栈序列，a、b、c、d和d、c、b、a就是其中两种。但d、a、b、c和a、d、b、c是不可能得到的两种。

6. 不能得到序列2、5、3、4、6。栈可以用单链表实现，这就是链栈。由于栈只在栈顶操作，因此链栈通常不设头结点。

7. 如果 $i<j$，则对于 $Pi<Pj$ 的情况，说明Pi在Pj入栈前先出栈。而对于 $Pi>Pj$ 的情况，则说明要将Pj压到Pi之上，也就是在Pj出栈之后Pi才能出栈。这就说明，对于 $i<j<k$，不可能出现 $Pj<Pk<Pi$ 的输出序列。换句话说，对于输入序列1、2、3，不可能出现3、1、2的输出序列。

8. (1) 能得到3、2、5、6、4、1。在1、2、3依次进栈后，3和2出栈，得到部分输出序列3、

2；然后 4、5 入栈，5 出栈，得到部分出栈序列 3、2、5；6 入栈并出栈，得到部分输出序列 3、2、5、6；最后退栈，直到栈空。得到输出序列 3、2、5、6、4、1。其操作序列为 AAADDAADADDD。

（2）不能得到输出顺序为 1、5、4、6、2、3 的序列。部分合法操作序列为 ADAAAADDAD，得到部分输出序列 1、5、4、6 后，栈中元素为 2、3，3 在栈顶，故不可能 2 先出栈，得不到输出序列 1、5、4、6、2、3。

9.（1）一个函数在结束本函数之前，直接或间接调用函数自身，称为递归。例如，函数 f 在执行中，又调用函数 f 自身，这称为直接递归；若函数 f 在执行中，调用函数 g，而 g 在执行中，又调用函数 f，这称为间接递归。在实际应用中，多为直接递归，也常简称为递归。

（2）递归程序的优点是程序结构简单、清晰，易证明其正确性；缺点是执行中占内存空间较多，运行效率低。

（3）递归程序执行中需借助栈这种数据结构来实现。

（4）递归程序的入口语句和出口语句一般用条件判断语句来实现。递归程序由基本项和归纳项组成。基本项是递归程序出口，即不再递归即可求出结果的部分；归纳项是将原来的问题化成简单的且与原来形式一样的问题，即向着“基本项”发展，最终“到达”基本项。

10. 设 H_n 为 n 个盘子的 Hanoi 塔的移动次数(假定 n 个盘子从钢针 X 移到钢针 Z，可借助钢针 Y)。

则 $H_n = 2H_n - 1 + 1$　//先将 n－1 个盘子从 X 移到 Y，第 n 个盘子移到 Z，再将那 n－1 个移到 Z

$$= 2(2H_n - 2 + 1) + 1$$

$$= 22H_n - 2 + 2 + 1$$

$$= 22(2H_n - 3 + 1) + 2 + 1$$

$$= 23H_n - 3 + 22 + 2 + 1$$

$$\cdots$$

$$= 2kH_n - k + 2k - 1 + 2k - 2 + \cdots + 21 + 20$$

$$= 2n - 1H_1 + 2n - 2 + 2n - 3 + \cdots + 21 + 20$$

因为 $H_1 = 1$，所以

$$H_n = 2n - 1 + 2n - 2 + \cdots + 21 + 20 = 2n - 1$$

故总盘数为 n 的 Hanoi 塔的移动次数是 2n－1。

五、算法设计题

1.

```
#include<stdio.h>
#include<string.h>
#define MAXLENGTH 100
char sign_stack[MAXLENGTH];
                              /*-------------符号栈------------------*/
int sign_top;
void sign_Empty()                          //置空栈
{
sign_top=-1;                               //栈顶指针
}
int sign_IsEmpty()                         //判断栈是否为空
{
```

```
if(sign_top==-1) return 1;
    return 0;
}
void sign_Push(char c)                          //入栈操作
{
sign_top++;
    sign_stack[sign_top]=c;
}
char sign_Pop()                                 //出栈操作
{
char c=sign_stack[sign_top];
    sign_top--;
    return c;
}
char sign_Top()                                 //取栈顶操作
{
return sign_stack[sign_top];
}
int num_stack[MAXLENGTH];
                         /*------------数值栈----------------*/
int num_top;
void num_Empty()                                //置空栈
{
num_top=-1;                                     //栈顶指针
}
int num_IsEmpty()                               //判断栈是否为空
{
if(num_top==-1) return 1;
    return 0;
}
void num_Push(int x)                            //入栈操作
{
num_top++;
    num_stack[num_top]=x;
}
int num_Pop()                                   //出栈操作
{
int x=num_stack[num_top];
    num_top--;
    return x;
}
int num_Top()                                   //取栈顶操作
{
return num_stack[num_top];
}
void compoe(char * ine,char * poe)      /*-----求后缀表达式----------*/
{   int i,j;
    char c;
    sign_Empty();                               //将存储符号的栈置空
for(i=0,j=0;i<strlen(ine);i++)                  //循环遍历表达式j标识后缀表达式的末尾
    {
     if(ine[i]>='0' && ine[i]<='9')             //数字直接加到后缀表达式中
        {   poe[j++]=ine[i++];
            while(ine[i]>='0' && ine[i]<='9')
```

```
            {    poe[j++]=ine[i++];}
            poe[j++]=',';                    //用逗号将不同元素隔开
            i--;
        }
        else if(ine[i]=='+' || ine[i]=='-')
    {
    while(!sign_IsEmpty())                   //将栈中的符号依次出栈,直到符号'('或栈空为止
            {
            if(sign_Top()=='(') break;
                c=sign_Pop();
                poe[j++]=c;}
            sign_Push(ine[i]);               //将+、-号入栈
        }
        else if(ine[i]=='*' || ine[i]=='/')
        {
        while(!sign_IsEmpty())              //将符号依次出栈直到符号'('、'*'、'/'或栈空为止
            {
            c=sign_Top();
                if(c=='(' || c=='+' || c=='-') break;
                poe[j++]=c;
        }
            sign_Push(ine[i]);               //将*、/号入栈
        }
        else if(ine[i]=='(')                 //左括号直接进入后缀表达式
        {
        sign_Push(ine[i]);
}
        else if(ine[i]==')')                 //直到右括号前,所有符号出栈进入后缀表达式
        {
         while(sign_Top()!='(')
            {
            c=sign_Pop();
                poe[j++]=c;
            }
                    sign_Pop();
    }
}
    while(!sign_IsEmpty()){
        poe[j++]=sign_Pop();}
    poe[j]='\0';}
/*------------------计算表达式的值------------------*/
int deal(char * poe)
{   int i,a,b,num;
    num_Empty();                             //将数值栈置空
    //求表达式值
    for(i=0;i<strlen(poe);i++)
    {if(poe[i]>='0' && poe[i]<='9')          //遇到数字,则将数值压入数值栈
        {num=poe[i]-'0';
            i++;
            while(poe[i]>='0' && poe[i]<='9')
            {    num=num*10+poe[i]-'0';
                i++;}
            num_Push(num);}
    else            //如果为运算符号,则每次从数值栈中取出两个数,进行运算后,再压入栈中
```

```
        {b=num_Pop();
            a=num_Pop();
            if(poe[i]=='+')
            {num_Push(a+b);}
            else if(poe[i]=='-')
            {num_Push(a-b);}
            else if(poe[i]=='*')
            {num_Push(a*b);}
            else if(poe[i]=='/')
            {if(b==0) return 0;
                num_Push(a/b);}}}
return num_Top();}
int main()
{   char ine[100];                          //原表达式
    char poe[100];                          //后缀表达式
    int result;                             //存储计算结果
    printf("请输入需要计算的表达式(如果计算结束请输入字符#): \n");
        while(1){
    scanf("%s",ine);                        //输入表达式
        if(ine[0]=='#') break;
        compoe(ine,poe);                    //求后缀表达式
        result=deal(poe);
        printf("该表达式的值为%d\n",result);
}
    return 0;
}
```

2.

```
#include<stdlib.h>
#include<stdio.h>
#include<string.h>
struct stack
{   char webname[100] ;
    struct stack * next ;
} *t1, *t2;
struct stack * Setnull( struct stack * top)      //初始化栈
{   while(top)
    {  struct stack * p = top ;
        free(p);
        top = top->next ;
}
return NULL ;
}
struct stack * Push(struct stack* top , char webname[])
{    struct stack * p = (struct stack * ) malloc(sizeof(struct stack) );
    strcpy( p->webname,webname);
    p->next = top ;
return p ;
}
struct stack * Pop(struct stack * top )          //弹出栈
{   if(top)
    {   struct stack * p = top ;
        top = top ->next ;
        free(p);
```

```
}
return top;
}
struct stack * Top( struct stack * top )          //取栈顶
{    if( top )
          return top ;
return NULL ;
}
int main()
{
char cur[100] ={""};
     char chin[100] ;
     struct stack * tem ;
     strcpy(cur,"htpp://www.acm.org");
     while(1)
     {
      scanf("%s",chin);
          if( strcmp(chin,"QUIT")==0)
          {t1 = Setnull(t1);
               t1 = Setnull(t2);
               break;
     }
          else if( strcmp(chin,"VISIT") == 0 )
          {
          if( strcmp(cur,"")!=0 )
               {
               t1=Push(t1,cur);
                    strcpy(cur,"");
               }
               scanf("%s",cur);
               printf("%s\n",cur);
               t2 = Setnull(t2);
               }
          else if( strcmp(chin,"FORWARD") == 0 )
          {
          if( Top(t2) )
               {
               if( strcmp(cur,"")!=0 )
                    {
                    t1=Push(t1,cur);
                         strcpy(cur,"");
                    }
                    tem = Top(t2);
                    strcpy(cur,tem-> webname);
                    t2=Pop(t2);
                    printf("%s\n",cur);
           }
               else {printf("Ignored\n");}}
          else if( strcmp(chin,"BACK") == 0 )
          {
          if( Top(t1) )
               {
                if( strcmp(cur,"")!=0 )
                    {
```

```
                t2=Push(t2,cur);
                    strcpy(cur,"");}
                tem = Top(t1);
                strcpy(cur,tem-> webname);
                t1=Pop(t1);
                printf("%s\n",cur);
        }
            else
            {
            printf("Ignored\n");}
        }
        else {
            printf("error\n");
            }
    }
    return 0;
}
```

第4章 串

4.1 基本知识提要

4.1.1 本章思维导图

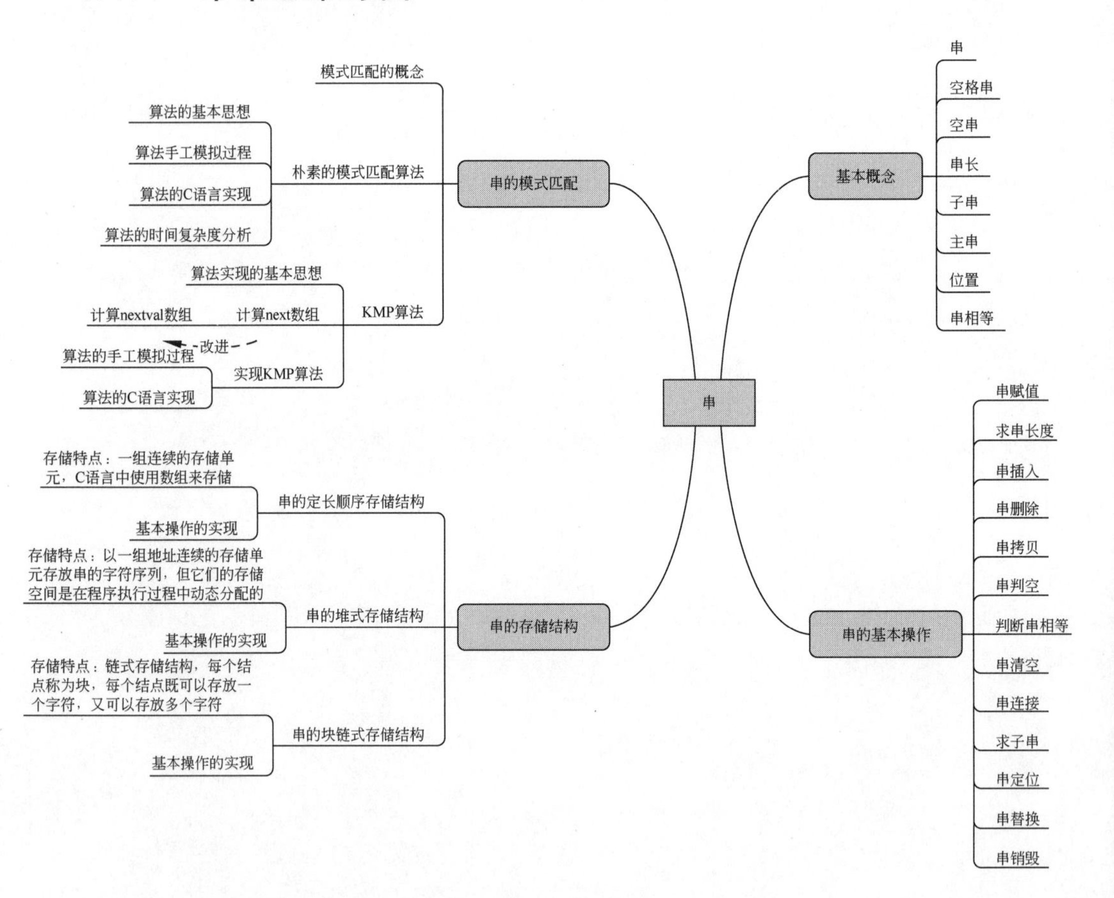

4.1.2 常用术语解析

串：由零个或多个字符组成的有限序列称为串(String)。一般记为 $S="a_1a_2\cdots a_n"$ $(n\geqslant 0)$。

串长：串中字符的个数称为串的长度，简称串长。

空串：串长为0时的串称为空串(Null String)。

空格串：由一个或多个称为空格的特殊字符组成的串，称为空格串(Blank String)。

子串：串中任意个连续的字符组成的子序列称为该串的子串。

主串：包含子串的串相应地称为主串。

位置：字符在串中的序号称为该字符在串中的位置。子串在主串中的位置则以子串的第一个字符在主串中的位置来表示。

串相等：当两个串的长度相等并且每个对应位置的字符都相等时，称为串相等。

模式匹配：串的定位操作，即设有主串s和子串t，在主串s中找到一个与子串t相等的子串，如果成功则返回它在主串s中第一次出现的位置，否则返回0。

目标串：通常模式匹配中的主串s称为目标串。

模式(串)：模式匹配中的子串t称为模式(串)。

4.1.3 重点知识整理

1. 串的基本知识

(1) 串是由0个或多个字符组成的有限序列。一般记为：S="$a_1a_2\cdots a_n$" ($n\geqslant 0$)。其中S是串的名字，用双引号引起来的字符序列是串的值，a_i($1\leqslant i\leqslant n$)可以是字母、数字或其他字符。n是串中字符的个数，称为串的长度，n=0时的串称为空串。

(2) 注意空串和空格串的区别。由一个或多个称为空格的特殊字符组成的串，称为空格串。空格用符号Φ表示，如s="Φ"，其长度为串中空格字符的个数，即长度为1，而空串的长度为0。

(3) 串中任意个连续的字符组成的子序列称为该串的子串。包含子串的串相应地称为主串。注意，空串是任意串的子串。

(4) 只有当两个串的长度相等，并且每个对应位置的字符都相等时才相等。

(5) 串也是线性表的一种，因此串的逻辑结构和线性表极为相似，区别仅在于串的数据对象限定为字符集。

2. 串的存储结构

(1) 串的定长顺序存储。

定长顺序串是把串所包含的字符序列依次存入一组地址连续的存储单元，在用C语言实现时，就是使用数组来存储字符序列。使用C语言描述定长顺序串的存储结构如下：

```
#define MAXLEN 100
typedef struct
{   char ch[MAXLEN];
    int len;
}SqString;
```

(2) 串的堆式存储。

这种存储方法仍然以一组地址连续的存储单元存放串的字符序列，但它们的存储空间是在程序执行过程中动态分配的。系统将一个地址连续、容量很大的存储空间作为字符串的可用空间，每当建立一个新串时，系统就从这个空间中分配一个大小和字符串长度相同的空间存储新串的串值。在C语言中，已经有一个称为“堆”的自由存储空间，并可用malloc和free函数完成动态存储管理。因此，我们可以直接利用C语言中的“堆”实现堆串。此时，堆串可定义如下：

```
typedef struct
{   char *ch;
    int len;
}HString;
```

(3) 串的块链式存储。

由于串也是一种线性表，因此也可以采用链式存储。由于串的特殊性(每个元素只有一个字符)，在具体实现时，每个结点既可以存放一个字符，也可以存放多个字符。每个结点称为块，整个链表称为块链结构，为了便于操作，再增加一个尾指针。结点大小为数据域中存放字符的个数。其数据类型为：

```
#define  CHUNKSIZE  <长度>              /*可由用户定义块的大小*/
typedef  struct Chunk
{   char ch[CHUNKSIZE];
    struct Chunk *next;
}Chunk;
typedef struct
{   Chunk *head, *tail;                /* 串的头和尾指针 */
    int curlen;                        /*串的当前长度*/
}LString;
```

3. 串的模式匹配

(1) 朴素的模式匹配算法。

Brute-Force算法简称BF算法，又称朴素的模式匹配算法。它是带有回溯的匹配算法，分别利用计数指针i和j指示主串s和模式串t中当前正待比较的字符位置。算法的基本思想是：从主串s的第一个字符起和模式t的第一个字符比较，若相等，则继续逐个比较后续字符；否则就回溯，从主串的下一个字符起再重新和模式字符比较，以此类推，直至模式t中的每个字符依次和主串s中的一个连续的字符序列相等，则称匹配成功，函数值为和模式t中第一个字符相等的字符在主串s中的位置；否则称匹配不成功，函数值为0。

(2) KMP算法。

仍然采用对应字符比较的方式进行模式匹配，主要特点是消除了主串指针的回溯。方法是：先求模式串对应的next数组，其定义为

$$
next[j]=\begin{cases}0, & \text{当}j=1\text{时}\\ \mathrm{Max}\{k\mid 1<k<j\text{ 且}"t_1\cdots t_{k-1}"="t_{j-k-1}\cdots t_{j-k}"\}, & \text{当此集合不空时}\\ 1, & \text{其他情况}\end{cases}
$$

KMP算法的具体实现过程为：当主串位置i与模式串位置j对应的字符出现不等的情况时，查找模式串next数组next[j]的值，当next[j]为第一种情况，其值为0时，主串中的指针i向后移动一个位置，与模式串的第一个位置(此时j=1)开始新一轮比较；当next[j]为第二种情况时，此时模式中存在隐藏的信息，即j前面的子串中能找到一个最长的真前缀同时也是其真后缀，此时的k值为此真前缀长度+1，则将模式向右滑动至位置k(此时j=next[j]，即j与k相等)与主串指针i对齐后，继续开始新的比较；当next[j]为第三种情况，即如果模式串中找不到前述的真前缀，此时next[j]值为1，则将指针i与模式的第一个字符(此时j=next[j]，即j值为1)对齐开始新一轮的比较，如此重复，直到指针j大于模式串的

长度,则匹配成功；或者指针 i 大于主串的长度,则匹配失败。

这里需要注意理解 next 数组的求解过程,尤其是第二种情况,一个易于理解的方法是：求模式中指针 j(j=1,2,…,m,m 是模式的长度)前面的子串的真前缀和真后缀的全部集合,两个集合交集中最长的真子串的长度加 1,设其为 k。更一般的形式为：模式 t 中指针 j 前面的子串的最长真前缀也是该子串的一个真后缀,即"$t_1 \cdots t_{k-1}$"="$t_{j-k+1} t_{j-k+2} \cdots t_{j-1}$",则可以计算得到一个最大 k(0<k<j)值为这个最长真前缀长度加 1。

上面的 next 数组在某些情况下仍有缺陷。由此对其进行修正成为 nextval 数组。具体修正如下：当按前述定义得到 next[j]=k,而模式中 $t_j=t_k$,则为主串中字符 s_i 和 t_j 比较不等时,不需要再和 t_k 进行比较,而直接和 $t_{next[k]}$ 进行比较。换句话说,此时的 next[j]应和 next[k]相同。为此将 next[j]修正为 nextval[j]：比较 t.ch[j]和 t.ch[k],若不等,则 nextval[j]=next[j]；若相等则 nextval[j]=nextval[k]。

当使用修正后的 nextval 数组时,KMP 算法中相应的 j 的取值应改为 j=nextval[j](第一种情况 nextval[j]=0 除外,此时 j 应该赋值为 1)。

4.2　典型题解析

例 4.1

例 4.1　若串 S1="ABCDEFG",S2="9898",S3="###",S4="012345",则执行 StrConcat(StrReplace(S1,SubString(S1,StrLength(S2),StrLength(S3)),S3),SubString(S4,Index(S2,'8'),StrLength(S2)))其结果为(　　)。【北京交通大学 1999 一、5(25/7 分)】

A. ABC###G0123　　B. ABCD###2345

C. ABC###G2345　　D. ABC###G1234

【答案】 D

例题解析：

函数 StrConcat(x,y)返回 x 和 y 的连接串,SubString(s,i,j)返回串 s 的从序号 i 的字符开始的 j 个字符组成的子串,StrLength(s)返回串 s 的长度。StrReplace(s,t,v)用 v 替换 s 中出现的所有与 t 相等的子串, Index(s,t)当 s 中存在与 t 值相同的子串时,返回 t 在 s 中第一次出现的位置。

SubString(S1, StrLength(S2), StrLength(S3))= SubString(S1,4,3)= "DEF";
StrReplace(S1, SubString(S1, StrLength(S2), StrLength(S3)),S3)= StrReplace(S1, "DEF",S3)= "ABC###G";
SubString(S4, Index(S2, '8'), StrLength(S2))= SubString(S4,2,4)= "1234";
StrConcat(StrReplace(S1, SubString(S1, StrLength(S2), StrLength(S3)),S3), SubString(S4, Index(S2,'8'),StrLength(S2)))= StrConcat("ABC###G", "1234")= "ABC###G1234".

例 4.2

例 4.2　若串 s="software",其子串个数是(　　)。【西安电子科技大学 2001 应用一、2(2 分)】

A. 8　　B. 37　　C. 36　　D. 9

【答案】 B

例题解析：

s 的长度为 8,长度为 8 的子串有 1 个,长度为 7 的子串有 2 个,长度为 6 的子串有 3

个，长度为 5 的子串有 4 个，…，长度为 1 的子串有 8 个，共有(1+8)×8/2=36 个，另外空串是任意串的子串，所以 36+1=37。

例 4.3 设字符串 S="aabaabaabaac"，P="aabaac"。

(1) 给出 S 和 P 的 next 值和 nextval 值。

(2) 若 S 作为主串，P 作为模式串，试给出利用 BF 算法和 KMP 算法的匹配过程。【北京交通大学 1998 二(15 分)】

例 4.3(1)

例 4.3(2)

例题解析：

(1) 根据 next 数组的定义，先求 P 的 next 值。当 j=1 时，next[1]=0；当 j=2 时，j 前面只有子串"a"，不存在真前缀，属于其他情况，所以 next[2]=1；当 j=3 时，j 前面的子串为"aa"，存在最长真前缀"a"与其真后缀"a"相等，长度为 1，k 值为其长度加 1，所以 k=2，next[3]=2；j=4 时，j 前面的子串为"aab"，真前缀集合为{a，aa}，真后缀集合为{ab，b}，两个集合不存在交集，属于第三种情况，因此 next[4]=1；j=5 时，j 前面的子串为"aaba"，真前缀集合为{a，aa，aab}，真后缀的集合为{aba，ba，a}，两个集合的交集为{a}，这个字符串"a"就是我们所说的存在最长真前缀"a"与其真后缀"a"相等，该串的长度为 1，则 k=1+1=2，next[5]=2；j=6 时，j 前面的子串为"aabaa"，真前缀的集合为{a，aa，aab，aaba}，真后缀的集合为{abaa，baa，aa，a}，两个集合的交集为{a，aa}，最长真子串为"aa"，这个字符串"aa"就是我们所说的存在最长真前缀"aa"与其真后缀"aa"相等的情况，长度为 2，k=3，因此 next[6]=3。用表格的形式给出串 P 的 next 数组值，如表 4.1 所示。

表 4.1 串 P 的 next 数组值

j	1	2	3	4	5	6
模式串	a	a	b	a	a	c
next[j]	0	1	2	1	2	3

用同样的方法可得串 S 的 next 数组值，如表 4.2 所示。

表 4.2 串 S 的 next 数组值

j	1	2	3	4	5	6	7	8	9	10	11	12
模式串	a	a	b	a	a	b	a	a	b	a	a	c
next[j]	0	1	2	1	2	3	4	5	6	7	8	9

下面求串 P 的 nextval 值。根据修正规则，比较 t.ch[j]和 t.ch[k]。若不等，则 nextval[j]=next[j]；若相等，则 nextval[j]=nextval[k]。j=1 时，nextval 值仍为 0；从 j=2 开始修正，此时表 4.1 中对应 j=2 时 k=next[2]=1，比较 t.ch[2]="a"，t.ch[1]="a"，相等，则 nextval[2]=nextval[1]=0；j=3 时，表 4.1 中对应 k=next[3]=2，t.ch[3]="b"，t.ch[2]="a"，不等，则 nextval[3]=2；j=4 时，表 4.1 中对应 k=next[4]=1，t.ch[4]="a"，t.ch[1]="a"，相等，则 nextval[4]=nextval[1]=0；j=5 时，表 4.1 中对应 k=next[5]=2，t.ch[5]="a"，t.ch[2]="a"，相等，则 nextval[5]=nextval[2]=0；j=6 时，表 4.1 中对应 k=next[6]=3，t.ch[6]="c"，t.ch[3]="b"，不等，则 nextval[6]=next[6]=3。由此得到对应 P 的 nextval 值，如表 4.3 所示。

表 4.3　串 P 的 nextval 值

j	1	2	3	4	5	6
模式串	a	a	b	a	a	c
nextval[j]	0	0	2	0	0	3

用同样的方法可得串 S 的 nextval 值，如表 4.4 所示。

表 4.4　串 S 的 nextval 值

j	1	2	3	4	5	6	7	8	9	10	11	12
模式串	a	a	b	a	a	b	a	a	b	a	a	c
next[j]	0	0	2	0	0	2	0	0	2	0	0	9

（2）利用 BF 算法的匹配过程如图 4.1 所示。

```
第一趟匹配：  a a b a a b a a b a a c
              a a b a a c(i=6, j=6)
第二趟匹配：  a a b a a b a a b a a c
                a a(i=3, j=2)
第三趟匹配：  a a b a a b a a b a a c
                  a(i=3, j=1)
第四趟匹配：  a a b a a b a a b a a c
                    a a b a a c(i=9, j=6)
第五趟匹配：  a a b a a b a a b a a c
                      a a(i=6, j=2)
第六趟匹配：  a a b a a b a a b a a c
                        a(i=6, j=1)
第七趟匹配：  a a b a a b a a b a a c
                        a a b a a c(i=13, j=7)(成功)
```

图 4.1　利用 BF 算法进行主串 S 和模式 P 匹配的过程

利用 KMP 算法的匹配过程如图 4.2 所示。

```
第一趟匹配：  a a b a a b a a b a a c
              a a b a a c(i=6, j=6, next[6]=3)
第二趟匹配：  a a b a a b a a b a a c
                    (a a)b a a c(i=9, j=6, next[6]=3)
第三趟匹配    a a b a a b a a b a a c
                          (a a)b a a c(i=13, j=7)(成功)
```

图 4.2　利用 KMP 算法进行主串 S 和模式 P 匹配的过程

例 4.4　设有两个串 T 和 P 均采用堆式存储，设计一个算法实现用“*”通配符匹配函数 int Pattern(T,P)，通配符“*”可以与任何一个字符匹配成功。例如 Pattern("Beijing", "*in")的匹配结果是 4。

例 4.4

例题解析：

可以利用简单的 BF 模式匹配算法，只不过在判断 T 与 P 对应字符相等的条件语句中加入判断 P 的当前参加比较的字符是否等于“*”的比较。算法如下：

```
int Pattern(HString &T, HString &P)
{   int i,j;
    i=1;                                    /* 指向串 T 的第 1 个字符 */
    j=1;                                    /* 指向串 P 的第 1 个字符 */
    while((i<=T.len)&&(j<=P.len))
    {
          if(T.ch[i-1]==P.ch[j-1])   /* 比较两个子串是否相等 */
```

```
            {   i++;                        /* 继续比较后继字符 */
                j++;
            }
            else if(P.ch[j-1]=='*')
            {   i++;
                j++;
            }
            else
            {   i=i-j+2;                    /* 指针 i 回溯,j 重新开始下一次的匹配 */
                j=1;
            }
        }
        if(j>P.len)
            return(i-P.len);                /* 匹配成功,返回模式串 P 在串 T 中的起始位置 */
        else
            return (0);
    }
```

4.3 知识拓展

串的模式匹配是查找模式串在目标串中的匹配位置的运算过程。在现实生活中模式匹配算法有哪些应用呢?

互联网时代网络影响着人们生活的方方面面,而搜索引擎是人们应用网络的首选,搜索引擎是在计算机上基于字符匹配的搜索,这种搜索是通过移位和字符匹配,使计算机产生匹配结果,从海量资料中寻找对应的关键字,获取人们需要的信息。例如百度搜索引擎,采用模式的广泛匹配算法进行广告营销,当网民搜索词与购买关键词高度相关时,即使并未提交这些词,推广结果也会获得展现机会。触发推广结果的搜索词包括同义近义词、相关词、变体形式(如加空格、语序颠倒、错别字等)、完全包含关键词的短语等。由此,广泛匹配帮助广告主定位更多的潜在客户,提升品牌知名度,节省大量方案设计、物料撰写、系统设置等操作时间。

4.4 测试习题与参考答案

测试习题

一、填空题

1. 两个串相等的充分必要条件是(　　)。【北京交通大学 2005 二、10(2 分)】

2. 组成串的数据元素只能是(　　)。【中山大学 1998 一、5(1 分)】【北京邮电大学 2006 一、5(2 分)】

3. 空格串是指(　　),其长度等于(　　)。【西安电子科技大学 2001 软件一、4(2 分)】

4. 设串 s1="ABCDEFG",s2="PORST",strconcat(x,y)是将 x 和 y 两个串连成一个串,substring(s,i,j)是返回串 s 中从第 i 个字符开始长度为 j 的子串,strlength(s)返回串的长度,则 strconcat(substring(s1,2,strlength(s2))substring(s1,strlength(s2),2))的结果是(　　)。

5. 在串 s="structure"中,以 t 为首字符的不同子串有(　　)个。

6. 一个字符串中(　　)称为该串的子串。【华中理工大学 2000 一、3(1 分)】

7. Index('DATASTRUCTURE','STR')=(　　)。【福州大学 1998 二、4(2 分)】

8. 模式串 P='abaabcac'的 next 函数值序列为(　　)。【西安电子科技大学 2001 软件一、6(2 分)】

9. 字符串"ababaaab"的 nextval 函数值为(　　)。【北京邮电大学 2001 二、4(2 分)】

10. 使用求子串 subString(S,pos,len)和连接 concat(S1,S2)的串操作,可从串 s="conduction"中的字符得到串 t="cont",则求 t 的串表达式为(　　)。【北京工业大学 2005 二、4(3 分)】

11. 已知 U='xyxyxyxxyxy'; t='xxy'; ASSIGN(S,U); ASSIGN(V,SUBSTR(S,INDEX(s,t),LEN(t)+1)); ASSIGN(m,'ww')。求 REPLACE(S,V,m)=(　　)。【东北大学 1997 一 1(5 分)】

12. 下列程序判断字符串 s 是否对称,对称则返回 1,否则返回 0; 如 f("abba")返回 1, f("abab")返回 0。【浙江大学 1999 一、6(3 分)】

```
int f(___(1)___)
{    int i=0,j=0;
     while (s[j]) ___(2)___;
     for(j--; i<j  && s[i]==s[j]; i++,j--);
     return(___(3)___)
}
```

二、选择题

1. 下面关于串的的叙述中,(　　)是不正确的。【北京交通大学 2001 一、5(2 分)】

   A. 串是字符的有限序列

   B. 空串是由空格构成的串

   C. 模式匹配是串的一种重要运算

   D. 串既可以采用顺序存储,又可以采用链式存储

2. 设有两个串 S1 和 S2,其中 S2 是 S1 的子串,求 S2 在 S1 中首次出现的位置的运算称为(　　)。【中南大学 2005 一、3(2 分)】

   A. 求子串　　　B. 判断是否相等

   C. 模式匹配　　　D. 连接

3. 设主串 T="abaabaabcabaabc",模式串 S="abaabc",采用 KMP 算法进行模式匹配,到匹配成功时为止,在匹配过程中进行的单个字符间的比较次数是(　　)。【2019 年全国试题 9(2 分)】

   A. 9　　　B. 10　　　C. 12　　　D. 15

4. 已知字符串 s 为"abaabaabacacaabaabcc",模式串 t 为"abaabc",采用 KMP 算法进行匹配,第一次出现失配(s[i]!=t[j])时,i=j=5,则下次开始匹配时,i 和 j 的值分别是(　　)。【2015 全国试题 8(2 分)】

   A. i=1,j=0　　　B. i=5,j=0　　　C. i=5,j=2　　　D. i=6,j=2

5. 已知串 S="aaab",其 next 数组值为(　　)。【西安电子科技大学 1996 一、7(2 分)】

   A. 0123　　　B. 1123　　　C. 1231　　　D. 1211

6. 字符串"ababaabab"的 nextval 为(　　)。【北京邮电大学 1999 一、1(2 分)】【烟台大学 2007 一、8(2 分)】

A. (0,1,0,1,0,4,1,0,1)　　B. (0,1,0,1,0,2,1,0,1)

C. (0,1,0,1,0,0,0,1,1)　　D. (0,1,0,1,0,1,0,1,1)

7. 设 S 为一个长度为 n 的字符串,其中的字符各不相同,则 S 中的互异的非平凡子串(非空且不同于 S 本身)的个数为(　　)。【中科院计算机所 1997】【烟台大学 2007 一、7(2 分)】

A. $2n-1$　　B. n^2

C. $(n^2/2)+(n/2)$　　D. $(n^2/2)+(n/2)-1$

E. $(n^2/2)-(n/2)-1$　　F. 其他情况

8. 串"ababaaababaa"的 next 数组为(　　)。【中山大学 1999 一、7】【江苏大学 2006 一、1(2 分)】

A. 012345678999　　B. 012121111212

C. 011234223456　　D. 012301232234

9. 已知模式串 t="abcaabbcabcaabdab",该模式串的 next 数组的值为(　　),nextval 数组的值为(　　)。【北京邮电大学 1998 二、3(2 分)】

A. 0 1 1 1 2 2 1 1 1 2 3 4 5 6 7 1 2　　B. 0 1 1 1 2 1 2 1 1 2 3 4 5 6 1 1 2

C. 0 1 1 1 0 0 1 3 1 0 1 1 0 0 7 0 1　　D. 0 1 1 1 2 2 3 1 1 2 3 4 5 6 7 1 2

E. 0 1 1 0 0 1 1 1 0 1 1 0 0 1 7 0 1　　F. 0 1 1 0 2 1 3 1 0 1 1 0 2 1 7 0 1

10. 串是一种特殊的线性表,其特殊性体现在(　　)。【暨南大学 2010 一、11(2 分)】

A. 可以顺序存储　　B. 数据元素是一个字符

C. 可以链接存储　　D. 数据元素可以是多个字符

11. 空串与空格字符组成的串的区别在于(　　)。

A. 没有区别　　B. 两串的长度不相等

C. 两串的长度相等　　D. 两串包含的字符不相同

12. 一个子串在包含它的主串中的位置是指(　　)。

A. 子串的最后那个字符在主串中的位置

B. 子串的最后那个字符在主串中首次出现的位置

C. 子串的第一个字符在主串中的位置

D. 子串的第一个字符在主串中首次出现的位置

13. 下面的说法中,只有(　　)是正确的。

A. 字符串的长度是指串中包含的字母的个数

B. 字符串的长度是指串中包含的不同字符的个数

C. 若 T 包含在 S 中,则 T 一定是 S 的一个子串

D. 一个字符串不能说是其自身的一个子串

14. 若 SUBSTR(S,i,k)表示求 S 中从第 i 个字符开始的连续 k 个字符组成的子串的操作,则对于 S="Beijing&Nanjing",SUBSTR(S,4,5)=(　　)。

A. "ijing"　　B. "jing&"　　C. "ingNa"　　D. "ing&N"

15. 若 INDEX(S, T)表示求 T 在 S 中的位置的操作,则对于 S="Beijing&Nanjing",

T="jing",INDEX(S, T)=( )。

A. 2　　B. 3　　C. 4　　D. 5

16. 若 REPLACE(S,S1,S2)表示用字符串 S2 替换字符串 S 中的子串 S1 的操作,则对于 S="Beijing&Nanjing",S1="Beijing",S2="Shanghai",REPLACE(S,S1,S2)=( )。

A. "Nanjing&Shanghai"　　B. "Nanjing&Nanjing"

C. "ShanghaiNanjing"　　D. "Shanghai&Nanjing"

17. 在长度为 n 的字符串 S 的第 i 个位置插入另外一个字符串,i 的合法值应该是( )。

A. i>0　　B. i≤n　　C. 1≤i≤n　　D. 1≤i≤n+1

18. 字符串采用结点大小为 1 的链表作为其存储结构,是指( )。

A. 链表的长度为 1

B. 链表中只存放一个字符

C. 链表的每个链结点的数据域中不仅只存放了一个字符

D. 链表的每个链结点的数据域中只存放了一个字符

19. 若串 S 为"myself",则其子串的数目是( )。【北京理工大学 2007 一、6(1 分)】

A. 20　　B. 21　　C. 22　　D. 23

20. 已知字符串 S 为"abaabaabacacaabaabcc",模式串 t 为"abaabc",采用 KMP 算法进行匹配,第一次出现失配(s[i]!=t[j])时,i=j=5,下次开始匹配时,i 和 j 的值分别是( )。【2015 年全国硕士研究生招生考试计算机科学与技术学科联考计算机学科专业基础试题】

A. i=1,j=0　　B. i=5,j=0　　C. i=5,j=2　　D. i=6,j=2

21. 设主串 T 为"abaabaabcabaabc",模式串 S 为"abaabc",采用 KMP 算法进行模式匹配,到匹配成功时为止,在匹配的过程中进行的单个字符之间的比较次数是( )。【2019 年全国硕士研究生招生考试计算机科学与技术学科联考计算机学科专业基础试题】

A. 9　　B. 10　　C. 12　　D. 15

三、判断题

1. KMP 算法的特点是在模式匹配时指示主串的指针不会变小。( )【北京邮电大学 2002 一、4(1 分)】

2. 串是一种数据对象和操作都特殊的线性表。( )【大连海事大学 2001(1 分)】【烟台大学 2007 二、4(1 分)】

3. 如果一个串中的所有字符均在另一串中出现,那么说明前者是后者的子串。( )

4. 设模式串的长度为 m,目标串的长度为 n,当 n≈m 且处理只匹配一次的模式时,朴素的匹配(即子串定位函数)算法所花的时间代价可能会更为节省。( )

5. 串长度是指串中不同字符的个数。( )【中南大学 2005 三、1(2 分)】

四、应用题

1. 两个字符串 S1 和 S2 的长度分别为 m 和 n。求这两个字符串最大共同子串算法的时间复杂度为 T(m,n)。估算最优的 T(m,n),并简要说明理由。【北京工业大学 1996 一 5(6 分)】

2. 模式匹配算法是在主串中快速寻找模式的一种有效的方法,如果设主串的长度为 m,模式的长度为 n,则在主串中寻找模式的 KMP 算法的时间复杂性是多少?如果某一模式 P="abcaacabaca",请给出它的 next 数组值及 next 数组的修正值 nextval。【上海交通

大学 2000 一(5 分)】

3. 设 S1,S2 为串,请给出使 S1//S2＝S2//S1 成立的所有可能的条件(//为连接符)。【国防科技大学 1999 一】【长沙铁道学院 1997 三、5(3 分)】

4. 已知 s＝"(xyz)＋＊",t＝"(x＋z)＊y"。试利用联结、求子串和置换等基本运算,将 s 转换为 t。【北方交通大学 1996 一、3(5 分)】【山东科技大学 2002 一、6(5 分)】

5. 设目标为 t＝"abcaabbabcabaacbacba",模式为 p＝"abcabaa"。

(1) 计算模式 p 的 nextval 函数值。

(2) 不写出算法,只画出利用 KMP 算法进行模式匹配时每一趟的匹配过程。【清华大学 1998 八(10 分)】

6. 如果两个串含有相等的字符,能否说它们相等?【西安电子科技大学 2000 一、3(5 分)】

五、算法设计题

1. 已知顺序串 s＝"abcd",设计算法写出它的所有子串。

2. 以顺序存储结构表示串,设计算法,求串 S 中出现的第一个最长重复子串及其位置并分析算法的时间复杂度。【东南大学 2000 五(15 分)】【西北大学 2002 六(15 分)】

3. 写一个递归算法来实现字符串的逆序存储。【中科院研究生院 2004 四(7 分)】

4. 设有一个长度为 n 的串 S,采用堆式存储,设计一个算法将 S 中所有下标为偶数(包括下标 0)的字符按其原来下标从大到小的顺序放到另一个串 T 的后半部分,所有下标为奇数的字符按其原来下标从小到大的顺序放到串 T 的前半部分。例如 S＝"ABCDEFGHIJKL",则 T＝"BDFHJLKIGECA"。

参考答案

一、填空题

1. 长度相等,并且各个对应位置上的字符都相等
2. 字符
3. 由空格字符(ASCII 值 32)所组成的字符串　空格个数
4. BCDEFEF
5. 46
6. 任意个连续的字符组成的子序列
7. 5
8. 01122312
9. 01010421
10. concat(subString(s,1,3),subString(s,7,1))
11. 'xyxyxywwy'
12. (1) char s[ ]　(2) j＋＋　(3) i ＞＝ j

二、选择题

1. B　2. C　3. B　4. C　5. A　6. A　7. D　8. C
9. D F　10. B　11. B　12. D　13. C　14. B　15. C　16. D
17. C　18. D　19. C　20. C　21. B

三、判断题

1. √ 2. √ 3. × 4. √ 5. ×

四、应用题

1. 最优的 T(m,n)是 O(n)。串 S2 是串 S1 的子串,且在 S1 中的位置是 1。开始求出最大公共子串的长度恰是串 S2 的长度,一般情况下,T(m,n) =O(m * n)。

2. KMP 算法的时间复杂性是 O(m+n)。p 的 next 和 nextval 值分别为 01112212321 和 01102201320。

3. (1)s1 和 s2 均为空串。(2)两串之一为空串。(3)两串串值相等(即两串长度相等且对应位置上的字符相同)。(4)两串中一个串长是另一个串长(包括串长为 1 仅有一个字符的情况)的数倍,而且长串就好象是由数个短串经过连接操作得到的。

4. 题中所给操作的含义如下:

//连接函数,将两个串连接成一个串

Substr(S,i,j):取子串函数,从串 S 的第 i 个字符开始,取连续 j 个字符形成子串。

Replace(S1,i,j,S2):置换函数,用 S2 串替换 S1 串中从第 i 个字符开始的连续 j 个字符。

本题有多种解法,下面是其中的一种:

```
(1) S1=substr(S,3,1)            //取出字符:'y'
(2) S2=substr(S,6,1)            //取出字符:'+'
(3) S3=substr(S,1,5)            //取出子串:'(xyz)'
(4) S4=substr(S,7,1)            //取出字符:'*'
(5) S5=replace(S3,3,1,S2)       //形成部分串:'(x+z)'
(6) S=S5//S4//S1                //形成串 t,即'(x+z)*y'
```

5. (1) p 的 nextval 函数值为 0110132。

(2) 利用 KMP(改进的 nextval)算法,每趟匹配过程如下:

```
第一趟匹配:abcaabbabcabaacbacba
           abcab(i=5,j=5)
第二趟匹配:abcaabbabcabaacbacba
           abc(i=7,j=3)
第三趟匹配:abcaabbabcabaacbacba
           a(i=7,j=1)
第四趟匹配:abcaabbabcabaac bacba
(成功)      abcabaa(i=15,j=8)
```

6. 仅从两串含有相等的字符,不能判定两串是否相等,两串相等的充分必要条件是两串长度相等且对应位置上的字符相同(即两串串值相等)。

五、算法设计题

1.

```
void outsubstr(SqString s)              //输出所有子串
{   int i,j,k;
    for(i=1;i<=s.len;i++)               //确定 s.len 次循环,代表本次循环可以输出的子串位数
    {   printf("output %d char:",i);
        for(j=1;j<=s.len-i+1;j++)               //每次循环输出子串的个数
```

```
        {   for(k=1;k<=i;k++)                        //每次循环输出一个子串
                {   printf("% c",s.ch[j+k-2]);
                }
                printf(" ");
        }
        printf("\n");
    }
    printf("\n");
}
```

2.

```
void LongestSubStr(HString &S, HString &sub, int &start, int &len)
{
    start=0;len=0;
    int count,i,j,k;
    for(i=0;i<S.len;i++)
    {
        j=i+1;
        while(j<S.len)
        {
            if(S.ch[i]==S.ch[j])
            {
                count=1;
                for(k=0;S.ch[i+k]==S.ch[j+k];k++)
                {
                    count++;
                }
                j=j+count;
                if(count>len)
                {
                    len=count;
                    start=i;
                }
            }
            else
                j++;
        }
    }
    sub.len=len;
    for(i=0;i<len;i++)
        sub.ch[i]=S.ch[i+start];
    sub.ch[len]='\0';
}
```

算法的时间复杂度为 $O(n^3)$。

3.

```
void InvertStore(char A[])                          //字符串逆序存储的递归算法
{
    char ch;
    static int i = 0;                               //需要使用静态变量
    scanf ("%c",&ch);
    if (ch!= '.')                                   //规定'.'是字符串输入结束标志
    {
```

```
        InvertStore(A);
        A[i++] = ch;                                    //逆序存储字符串
    }
    A[i] = '\0';                                        //字符串结尾标记
}//结束算法 InvertStore
```

4.

```
void RearrangeStr(HString &S, Hstring &T)
{
    for(int i=0;i<S.len;i++)
    {
        if(i%2==1)
            T.ch[i/2]=S.ch[i];
        else
            T.ch[S.len-i/2-1]=S.ch[i];
    }
    T.len=S.len;
    T.ch[T.len]='\0';
}
```

数组和广义表

5.1 基本知识提要

5.1.1 本章思维导图

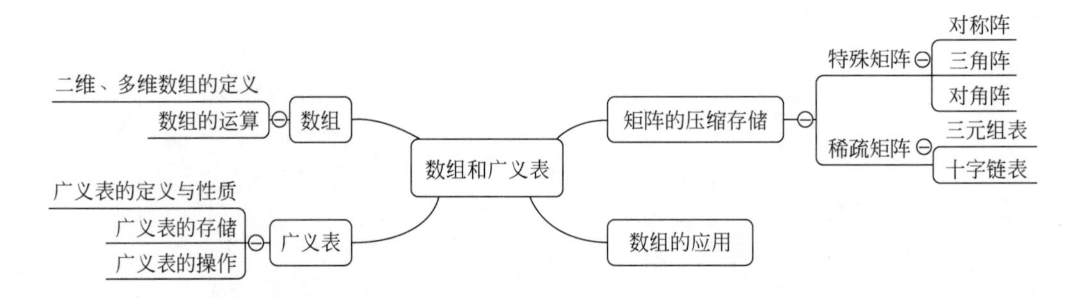

5.1.2 常用术语解析

(1) 从逻辑结构上看,数组 A 是由 n(n>1)个相同类型数据元素 $a_1,a_2,\cdots,a_n$ 构成的有限序列,其逻辑表示为 $A=(a_1,a_2,\cdots,a_n)$,其中,$a_i(1\leqslant i\leqslant n)$表示数组 A 的第 i 个元素。

(2) 二维数组可以看作每个数据元素都是相同类型的一维数组。以此类推,任何多维数组都可以看作一个线性表,且表中的每个数据元素也是一个线性表。多维数组是线性表的推广。

(3) 特殊矩阵是指非零元素或者零元素的分布有一定规律的矩阵;反之,称为稀疏矩阵,即设矩阵 A 中有 s 个非零元素,若 s 远远小于矩阵元素的总数,则称 A 为稀疏矩阵。

(4) 广义表简称为表,它是线性表的推广。一个广义表是 n(n≥0)个元素的一个序列,若 n=0 时则称为空表。设 a_i 为广义表的第 i 个元素,则广义表 LS 的一般表示与线性表相同:$LS=(a_1,a_2,\cdots,a_i,\cdots,a_n)$。其中 n(n≥0)表示广义表的长度,即广义表中所含元素的个数。

(5) 如果广义表的元素 a_i 是单个数据元素,则 a_i 是广义表 LS 的原子;如果 a_i 是一个广义表,则 a_i 是广义表 LS 的子表。

5.1.3 重点知识整理

1. 数组的顺序存储结构

由于存储单元是一维的结构,而数组是个多维的结构,则用一组连续存储单元存放数组的数据元素就有个次序约定问题。以一个 m 行 n 列的二维数组 A 为例，通常有两种顺序存储方式。

(1) 行优先顺序。将数组元素按行排列，即以行序为主序的存储方式，先存储第 1 行，然后存储第 2 行，最后存储第 m 行，则 A 的 m×n 个元素按行优先顺序存储的线性序列为：

$$a_{11},a_{12},\cdots,a_{1n},a_{21},a_{22},\cdots,a_{2n},\cdots,a_{m1},a_{m2},\cdots,a_{mn}$$

(2) 列优先顺序。采用以列为主序的存储方式，即先存储第一列数据元素，接着存储第二列数据元素，最后存储第 n 列数据元素，则 A 的 m×n 个元素按列优先顺序存储的线性序列为：

$$a_{11},a_{21},\cdots,a_{m1},a_{12},a_{22},\cdots,a_{m2},\cdots,a_{1n},a_{2n},\cdots,a_{mn}$$

对一个已知以行序为主序的计算机系统，假设每个数据元素占 L 个存储单元，则二维数组 A 中任一元素 a_{ij} 的存储位置可由下式确定：

$$LOC(a_{ij})=LOC(a_{00})+(i*n+j)*L$$

其中，$LOC(a_{ij})$是 a_{ij} 的存储位置，$LOC(a_{00})$是 a_{00} 的存储位置，即二维数组 A 的起始存储位置，也称为基地址。

同理，可推出在以列序为主序的计算机系统中有：

$$LOC(a_{ij})=LOC(a_{00})+(j*m+i)*L$$

2. 矩阵的压缩存储

(1) 特殊矩阵。

主要形式有对称矩阵、三角矩阵和对角矩阵。

① 若一个 n 阶方阵 A[n][n]中的元素满足 $a_{ij}=a_{ji}(0\leqslant i,j\leqslant n-1)$，则称其为 n 阶对称矩阵。由于对称矩阵中的元素关于主对角线对称，因此，在存储时可只存储对称矩阵中上三角或下三角中的元素，使得对称的元素共享一个存储空间。这样，就可以将 n^2 个元素压缩存储到 n(n+1)/2 个元素的空间中。

② 三角矩阵分为下三角矩阵和上三角矩阵两种。所谓下三角矩阵是指主对角线以上元素均为常数 c 或 0 的 n 阶矩阵；所谓上三角矩阵是指主对角线以下的元素均为常数 c 或 0 的 n 阶矩阵。对于这样的三角矩阵，同样也可采用对称矩阵的压缩存储方式将其上三角或下三角的元素存储在一维数组中，达到节约存储空间的目的。

③ 若一个 n 阶方阵 A[n][n]的所有非零元素都集中在以主对角线为中心的带状区域中，则称为 n 阶对角矩阵。即除了主对角线上和直接在对角线上、下方若干条对角线上的元素外，所有其他的元素为零。对这种矩阵，可按某个原则将其压缩存储到一维数组上。

(2) 稀疏矩阵。

① 稀疏矩阵的三元组顺序存储：按照压缩存储的概念，只存储稀疏矩阵的非零元素。除了存储非零元素的值外，还必须同时记下元素所在行和列的位置(i,j)，这样，一个三元组(i,j,a_{ij})唯一确定矩阵的一个非零元素。因此，稀疏矩阵又由表示非零元素的三元组及其行列数唯一确定。

② 稀疏矩阵的十字链表存储结构：用十字链表表示稀疏矩阵的基本思想是每个非零元素用一个结点存储，结点由 5 个域组成，如图 5.1 所示，其中，域 row 存储非零元素的行号；域 col 存储非零元素的列号；域 value

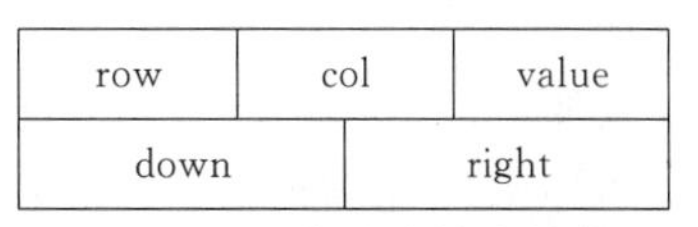

图 5.1 十字链表结点结构

存储元素的值；right 和 down 是两个指针域，right 指针指向同一行中下一个非零元素，down 指针指向同一列中下一个非零元素。

3. 广义表的存储

按结点形式的不同，广义表的链式存储结构又可以分为不同的两种存储方式：一种称为头尾表示法；另一种称为孩子兄弟表示法。

(1) 头尾表示法。

若广义表不空，则可分解成表头和表尾；反之，一对确定的表头和表尾可唯一地确定一个广义表。头尾表示法就是根据这一性质设计而成的一种存储方法。

由于广义表中的数据元素既可能是列表也可能是单元素，相应地在头尾表示法中结点的结构形式有两种：一种是表结点，用以表示列表；另一种是元素结点，用以表示单元素。在表结点中应该包括一个指向表头的指针和指向表尾的指针；而在元素结点中应该包括所表示单元素的元素值。为了区分这两类结点，在结点中还要设置一个标志域，如果标志为1，则表示该结点为表结点；如果标志为0，则表示该结点为元素结点。

(2) 孩子兄弟表示法。

在孩子兄弟表示法中，也有两种结点形式：一种是有孩子结点，用以表示列表；另一种是无孩子结点，用以表示单元素。在有孩子结点中包括一个指向第一个孩子(长子)的指针和一个指向兄弟的指针；而在无孩子结点中包括一个指向兄弟的指针和该元素的元素值。为了能区分这两类结点，在结点中还要设置一个标志域，如果标志为1，则表示该结点为有孩子结点；如果标志为0，则表示该结点为无孩子结点。

5.2 典型题解析

例 5.1

例 5.1 有一个10阶的对称矩阵A，采用压缩存储方式以行序为主序存储，A[1][1]为第一个元素，其存储地址为1，每个元素占一个地址空间，求A[7][5]和A[5][6]的地址。

例题解析：

按照以行序为主序的存储公式

$$Loc(i, j)=Loc(c1,c2)+[(i-c1)*(d2-c2+1)+(j-c2)]*L$$

则有：

Loc(A [7] [5])=7(7−1)/2 + 5=26

Loc(A [5] [6])=Loc (A [6] [5])=6×(6−1)/2 + 5=20

例 5.2

例 5.2 二维数组A[9][10]的元素都是6个字符组成的串，请回答下列问题：

(1) 存放A至少需要(　　)字节；

(2) A的第7列和第4行共占(　　)字节；

(3) 若A按行存放，元素A[7][4]的起始地址与A按列存放时(　　)元素的起始地址一致。

例题解析：

按照例题5.1给出的公式可知：

(1) 存放A需要9×10×6=540(字节)。

(2) A的第7列和第4行共占(9+10−1)×6=108(字节)。

(3) Loc (A[7][4])=Loc (A[0][0]) + [7×10+4]×L　(按行序存储)。

Loc(A[i][j])=Loc(A[0][0])+[j×9+i]×L　//(按列序存储,0≤i≤8,0≤j≤9)

所以,i=2, j=8。

即元素 A[7][4]的起始地址与 A 按列存放时 A[2] [8]的起始地址一致。

例 5.3　请创建一个稀疏矩阵 M 并利用十字链表存储表示。

例题解析:

```
#define TRUE 1
#define FALSE 0
#define OK 1
#define ERROR 0
#typedef int Status;              /* Status 是函数的类型,其值是函数结果状态代码,如 OK 等 */
//存储结构定义
typedef struct OLNode
{
   int i, j;                                /* 该非零元素的行和列下标 */
   ElemType e;                              /* 非零元素值 */
   struct OLNode *right, *down;             /* 该非零元素所在行表和列表的后继链域 */
}OLNode, *OLink;
typedef struct
{
   OLink *rhead , *chead;         /* 行和列链表头指针向量基址,由 CreatSMatrix_OL()分配 */
   int mu, nu, tu;                          /* 稀疏矩阵的行数、列数和非零元素个数 */
}CrossList;
Status CreateSMatrix(CrossList *M)
{ /* 创建稀疏矩阵 M,采用十字链表存储表示 */
  int i, j, k, m, n, t;
   ElemType e;
   OLNode *p, *q;
   if((*M).rhead)
        DestroySMatrix(M);
   printf("请输入稀疏矩阵的行数、列数、非零元素个数: ");
   scanf("%d%d%d", &m, &n, &t);
   (*M).mu=m;
   (*M).nu=n;
   (*M).tu=t;
   (*M).rhead=(OLink*)malloc((m+1)*sizeof(OLink));
  if(!(*M).rhead)
      exit(OVERFLOW);
   (*M).chead=(OLink*)malloc((n+1)*sizeof(OLink));
   if(!(*M).chead)
        exit(OVERFLOW);
   for(k=1;k<=m;k++)                         /* 初始化行头指针向量; 各行链表为空链表 */
        (*M).rhead[k]=NULL;
   for(k=1;k<=n;k++)                         /* 初始化列头指针向量;各列链表为空链表 */
        (*M).chead[k]=NULL;
   printf("请按任意次序输入%d 个非零元素的行、列、元素值:\n",(*M).tu);
   for(k=0;k<t;k++)
   {
      scanf("%d%d%d", &i, &j, &e);
      p=(OLNode*)malloc(sizeof(OLNode));
      if(!p)
```

```
        exit(OVERFLOW);
    p->i=i;                                    /* 生成结点 */
    p->j=j;
    p->e=e;
     if((*M).rhead[i]==NULL||(*M).rhead[i]->j)  /* p插在该行的第一个结点处 */
     {
         p->right=(*M).rhead[i];
         (*M).rhead[i]=p;
     }
     else                                      /* 查询在行表中的插入位置 */
     {
       for(q=(*M).rhead[i];q->right&&q->right-<j;q=q->right)
             p->right=q->right;                /* 完成行插入 */
      q->right=p;
        }
     if((*M).chead[j]==NULL||(*M).chead[j]->i)  /* p插在该列的第一个结点处 */
      {
          p->down=(*M).chead[j];
          (*M).chead[j]=p;
      }
     else                                      /* 查询在列表中的插入位置 */
     {
        for(q=(*M).chead[j];q->down&&q->down-<i;q=q->down)
            p->down=q->down;                   /* 完成列插入 */
        q->down=p;
      }
  }
  return OK;   }
```

例 5.4 采用头尾链表存储结构，由广义表的书写形式串 S 创建广义表 L。

例题解析：

```
//Header.h
#ifndef HEADER_H
#define HEADER_H
//预定义常量和类型
//函数结果状态代码
#define TRUE 1
#define FALSE 0
#define OK 1
#define ERROR 0
#define INFEASIBLE -1
#define OVERFLOW -2
typedef int Status;
#endif

/**********************************************/
//GList.h
#ifndef GLIST_H
#define GLIST_H
#include <iostream>
#include "Header.h"

typedef char AtomType;                    //初始化
```

```
typedef enum {ATOM, LIST} ElemTag;       /* ATOM==0: 原子, LIST==1: 子表 */
typedef struct GLNode {
  ElemTag tag;                           /* 公共部分,用于区分原子结点和表结点 */
    union { /* 原子结点和表结点的联合部分 */
        AtomType atom;                   /* atom 是原子结点的值域,AtomType 由用户定义 */
        struct {
            struct GLNode *hp, *tp;
        } ptr;                  /* ptr 是表结点的指针域,ptr.hp 和 ptr.tp 分别指向表头和表尾 */
    };
} *GList, GLNode;                        /* 广义表类型 */
/* 创建空的广义表 L */
void InitGList(GList &L)
{
    L = NULL;
}
/* 采用头尾链表存储结构,由广义表的书写形式串 S 创建广义表 L.设 emp="()" */
void CreateGList(GList &L, string S)
{
    string sub, hsub, emp("()");
    GList p, q;
    if (S == emp)
        L = NULL;                        /* 创建空表 */
    else { /* S不是空串 */
        L = (GList)malloc(sizeof(GLNode));
        if (!L)
            exit(OVERFLOW);
        if (S.length() == 1) { /* S为单原子,只会出现在递归调用中 */
            L-> tag = ATOM;
            L-> atom = S[0];             /* 创建单原子广义表 */
            }
      else { /* S为表 */
                L-> tag = LIST;
                p = L;
                sub = S.substr(1, S.length() - 2);
                          /* 脱外层括号(去掉第一个字符和最后一个字符)给串 sub */
               do { /* 重复建 n个子表 */
                    Sever(sub, hsub);      /* 从 sub 中分离出表头串 hsub */
                    CreateGList(p-> ptr.hp, hsub);
                    q = p;
                    if(!sub.empty()) { /* 表尾不空 */
                        p = (GLNode *)malloc(sizeof(GLNode));
                        if (!p)
                            exit(OVERFLOW);
                        p-> tag = LIST;
                        q-> ptr.tp = p;
                    }
                } while (!sub.empty());
                q-> ptr.tp = NULL;
            }
        }
}
```

例 5.5 将一个 10×10 的对称矩阵 M 的上三角部分元素 m_{ij}($1\leqslant i\leqslant j\leqslant 10$)按列优先存入 C 语言的一维数组 N 中,元素 $m_{7,2}$ 在 N 中的下标是(　　)。【2020 年研究生联考

题目】

A. 15　　B. 16　　C. 22　　D. 23

例题解析：由于对称矩阵 M 只存储上三角元素，而 $m_{7,2}$ 为下三角元素，因此存储的是它对应的上三角元素 $m_{2,7}$。

由于 M 是按列优先存储到一维数组中的，前 6 列共有(1＋6)×6÷2＝21 个元素，$m_{2,7}$ 是第 7 列的第 2 个元素，因此元素 $m_{2,7}$ 的序号为 21＋2＝23。C 语言的数组下标从 0 开始计数，因此元素 $m_{7,2}$ 在 N 中的下标是 22。故答案为 C。

5.3 知识拓展

数组和广义表是线性表吗？它们和第 2 章中介绍的线性表有什么区别？

一个二维数组可以看作每个数据元素都是相同类型的一维数组的一维数组。以此类推，任何多维数组都可以看作一个线性表，这时线性表中的每个数据元素也是一个线性表。因此，多维数组是线性表的推广。推广到 d(d≥3)维数组，不妨把它看作一个由 d－1 维数组作为数据元素的线性表；或者这样理解，它是一种较复杂的线性表结构，由简单的数据结构，即线性表——辗转合成而得。

广义表是一种非线性的数据结构，它也是线性表的一种推广。线性表被定义为一个有限的序列(a1,a2,a3,…,an)，其中 ai 被限定为是单个数据元素。广义表也是 n 个数据元素 d1,d2,d3,…,dn 的有限序列，但不同的是，广义表中的 di 则既可以是单个元素，又可以是一个广义表，通常记作：GL＝(d1,d2,d3,…,dn)。广义表被广泛地应用于人工智能等领域的表处理语言 LISP 中，在 LISP 语言中，广义表是一种最基本的数据结构，就连 LISP 语言的程序也表示为一系列的广义表。

5.4 测试习题与参考答案

测试习题

一、填空题

1. 一维数组的逻辑结构是(　　)，存储结构是(　　)。

2. 对于二维数组或多维数组，分为按(　　)和按(　　)两种不同的存储方式存储。

3. 二维数组 A[c1..d1,c2..d2]共含有(　　)个元素。

4. 二维数组 A[10][20]采用列序为主方式存储，每个元素占一个存储单元，且A[0][0]的地址是 200，则 A[6][12]的地址是(　　)。

5. 有一个 10 阶对称矩阵 A，采用以行为主序的压缩存储方式，A[0][0]的地址为 1，则A[8][5]的地址是(　　)。

6. 广义表运算式 HEAD(TAIL((a,b,c),(x,y,z)))的结果为(　　)。

7. 所谓稀疏矩阵指的是(　　)。

8. 对矩阵压缩是为了(　　)。

9. 上三角矩阵压缩的下标对应关系为(　　)。

10. 当广义表中的每个元素都是原子时，广义表便成了（ ）。

11. 广义表的（ ）定义为广义表中括弧的重数。

12. 设广义表 L=((),())，则 head(L)是（ ），tail(L)是（ ），L 的长度是（ ），深度是（ ）。

13. 广义表 A=(((a,b),(c,d,e)))，取出 A 中的原子 e 的操作是（ ）。

14. 广义表(a,(a,b),d,e,((i,j),k))的长度是（ ），深度是（ ）。

15. 已知广义表 LS=(a,(b,c,d),e)，运用 head 和 tail 函数取出 LS 中原子 b 的运算是（ ）。

二、选择题

1. 数组 A 中，每个元素的长度为 3 字节，行下标 I 从 1 到 8，列下标 J 从 1 到 10，从首地址 SA 开始连续存放在存储器内，该数组占用的字节数为（ ）。

A. 80　　B. 100　　C. 240　　D. 270

2. 数组 A 中，每个元素的长度为 3 字节，行下标 I 从 1 到 8，列下标 J 从 1 到 10，从首地址 SA 开始连续存放在存储器内，该数组按行存放时，元素 A[8][5]的起始地址为（ ）。

A. SA+141　　B. SA+144　　C. SA+222　　D. SA+225

3. 一个 n×n 的对称矩阵，如果以行或列为主序放入内存，则其容量为（ ）。

A. n×n　　B. n×n/2

C. (n+1)×n/2　　D. (n+1)×(n+1)/2

4. 稀疏矩阵一般的压缩存储方法有两种，即（ ）。

A. 二维数组和三维数组　　B. 三元组和哈希

C. 三元组和十字链表　　D. 哈希和十字链表

5. 设有广义表 D=(a, b, D)，则其长度为（ ），深度为（ ）。

A. 1　　B. 3　　C. ∞　　D. 5

6. 广义表运算式(Tail((a,B),(c,d)))的操作结果是（ ）。

A. (c,d)　　B. c,d　　C. ((c,d))　　D. d

7. 设有一个 10 阶的对称矩阵 A，采用压缩存储方式，以行序为主存储，a_{11} 为第一元素，其存储地址为 1，每个元素占一个地址空间，则 a_{85} 的地址为（ ）。

A. 13　　B. 33　　C. 18　　D. 40

8. 设有数组 A[i,j]，数组的每个元素长度为 3 字节，i 的值为 1 到 8，j 的值为 1 到 10，数组从内存首地址 BA 开始顺序存放，当用以列为主序存放时，元素 A[5,8]的存储首地址为（ ）。

A. BA+141　　B. BA+180　　C. BA+222　　D. BA+225

9. 假设以行序为主序存储二维数组 A=array[1..100,1..100]，设每个数据元素占 2 个存储单元，基地址为 10，则 LOC[5,5]=（ ）。

A. 808　　B. 818　　C. 1010　　D. 1020

10. 数组 A[0..5,0..6]的每个元素占 5 字节，将其按列优先次序存储在起始地址为 1000 的内存单元中，则元素 A[5,5]的地址是（ ）。

A. 1175　　B. 1180　　C. 1205　　D. 1210

11. 二维数组 A 的每个元素是由 6 个字符组成的串，其行下标 i=0,1,…,8，列下标 j=

1,2,…,10。若A按行先存储,元素A[8,5]的起始地址与当A按列先存储时的元素(　　)的起始地址相同。设每个字符占一个字节。

A. A[8,5]　　B. A[3,10]　　C. A[5,8]　　D. A[0,9]

12. 若对n阶对称矩阵A以行序为主序方式将其下三角形的元素(包括主对角线上的所有元素)依次存放于一维数组B[1..(n(n+1))/2]中,则在B中确定a_{ij}(i<j)的位置k的关系为(　　)。

A. $i\times(i-1)/2+j$　　B. $j\times(j-1)/2+i$

C. $i\times(i+1)/2+j$　　D. $j\times(j+1)/2+i$

13. 设A是n×n的对称矩阵,将A的对角线及对角线上方的元素以列为主序的次序存放在一维数组B[1..n(n+1)/2]中,对上述任一元素a_{ij}($1\leqslant i,j\leqslant n$,且$i\leqslant j$)在B中的位置为(　　)。

A. i*(i-1)/2+j　　B. j*(j-1)/2+i

C. j*(j-1)/2+i-1　　D. i*(i-1)/2+j-1

14. 用数组r存储静态链表,结点的next域指向后继,工作指针j指向链中结点,使j沿链移动的操作为(　　)。

A. j=r[j].next　　B. j=j+1

C. j=j->next　　D. j=r[j]->next

15. 已知广义表L=((x,y,z),a,(u,t,w)),从L表中取出原子项t的运算是(　　)。

A. head(tail(tail(L)))　　B. tail(head(head(tail(L))))

C. head(tail(head(tail(L))))　　D. head(tail(head(tail(tail(L)))))

16. 已知广义表LS=((a,b,c),(d,e,f)),运用head和tail函数取出LS中原子e的运算是(　　)。

A. head(tail(LS))　　B. tail(head(LS))

C. head(tail(head(tail(LS))))　　D. head(tail(tail(head(LS))))

17. 广义表运算式Tail(((a,b),(c,d)))的操作结果是(　　)。

A. (c,d)　　B. c,d　　C. ((c,d))　　D. d

18. 广义表L=(a,(b,c)),进行Tail(L)操作后的结果为(　　)。

A. c　　B. b,c　　C. (b,c)　　D. ((b,c))

19. 下面说法不正确的是(　　)。

A. 广义表的表头总是一个广义表　　B. 广义表的表尾总是一个广义表

C. 广义表难以用顺序存储结构　　D. 广义表可以是一个多层次的结构

20. 设广义表L=((a,b,c)),则L的长度和深度分别为(　　)。

A. 1和1　　B. 1和3　　C. 1和2　　D. 2和3

21. 已知二维数组A按行优先方式存储,每个元素占用1个存储单元,若元素A[0][0]的存储地址是100,A[3][3]的存储地址是220,则元素A[5][5]的存储地址是(　　)。**【2021年研究生联考题目】**

A. 295　　B. 300　　C. 301　　D. 306

22. 适用于压缩存储稀疏矩阵的两种存储结构是(　　)。**【2017年研究生联考题目】**

A. 三元组表和十字链表　　B. 三元组表和邻接矩阵

C. 十字链表和二叉链表　　　　D. 邻接矩阵和十字链表

三、判断题

1. 数组中存储的数可是任意类型的任何数据。 (　　)

2. N×N 对称矩阵经过压缩存储后占用的存储单元是原先的 1/2。 (　　)

3. 稀疏矩阵在用三元组表示法时,可节省空间,但对矩阵的操作会增加算法的难度及耗费更多的时间。 (　　)

4. 广义表不是线性表。 (　　)

5. Tail(a, b, c, d)得到的是(b, c, d)。 (　　)

6. 数组不适合作为任何二叉树的存储结构。 (　　)

7. 从逻辑结构上看,n 维数组的每个元素均属于 n 个向量。 (　　)

8. 稀疏矩阵压缩存储后,必会失去随机存取功能。 (　　)

9. 数组是同类型值的集合。 (　　)

10. 数组可看成线性结构的一种推广,因此与线性表一样,可以对它进行插入、删除等操作。 (　　)

11. 一个稀疏矩阵 $A_{m\times n}$ 采用三元组形式表示,若把三元组中有关行下标与列下标的值互换,并把 m 和 n 的值互换,则就完成了 $A_{m\times n}$ 的转置运算。 (　　)

12. 广义表的取表尾运算,其结果通常是一个表,但有时也可是一个单元素值。(　　)

13. 若一个广义表的表头为空表,则此广义表也为空表。 (　　)

14. 广义表中的元素或者是一个不可分割的原子,或者是一个非空的广义表。 (　　)

15. 广义表的同级元素(直属于同一个表中的各元素)具有线性关系。 (　　)

四、应用题

1. 数组 A[8][6][9]以行序为主序存储,设第一个元素的首地址为 54,每个元素长度为 5,求元素 A[2][4][5]的存储地址。

2. 数组 A 中,每个元素 A[i][j]的长度均为 32 个二进位,行下标从 −1 到 9,列下标从 1 到 11,从首地址 s 开始连续存放主存储器中,主存储器字长为 16 位。求:

(1) 存放该数组需多少单元?

(2) 存放数组第 4 列所有元素至少需多少单元?

(3) 数组按行存放时,元素 A[7][4]的起始地址是多少?

(4) 数组按列存放时,元素 A[4][7]的起始地址是多少?

3. 将一个 A[1..100][1..100]的三对角矩阵,按行优先存入一维数组 B[1..m]中,试确定 m 的值,并求 A 中元素 A[77][78](即元素下标 i=77,j=78)在 B 数组中的位置 k。

4. 设 m×n 阶稀疏矩阵 A 有 t 个非零元素,其三元组表表示为 LTMA[1..(t+1)][1…3],试问:非零元素的个数 t 达到什么程度时用 LTMA 表示 A 才有意义?

5. 设有上三角矩阵 $(a_{ij})_{n\times n}$,将其上三角中的元素按先行后列的顺序存于数组 B(1..m)中,使得 B[k]=a_{ij} 且 k=f1(i)+f2(j)+c,请推导出函数 f1、f2 和常数 c,要求 f1 和 f2 中不含常数项。

6. 设有广义表 K1(K2(K5(a,K3(c,d,e)),K6(b,k)),K3,K4(K3,f)),要求:

(1) 指出 K1 的各个元素的构成;

(2) 计算 K1、K2、K3、K4、K5、K6 的长度和深度。

7. 画出下列广义表的链接存储结构，并求其深度：((), a, ((b, c), (), d), (((e)))))。

8. 求下列广义表运算的结果。

(1) GetHead ((p,h,w))

(2) GetTail((b,k,p,h))

(3) GetHead(GetTail(((a,b),(c,d))))

(4) GetTail(GetHead(((a,b),(c,d))))

9. 用三元数组表示稀疏矩阵的转置矩阵，并简要写出解题步骤。

10. (1) 已知广义表 L=((((a))),((b)),(c),d)，试利用 head 和 tail 运算把原子项 c 从 L 中分离出来。

(2) 画出下列广义表的存储结构图，并利用取表头和取表尾的操作分离出原子 e。

(a,((),b),(((e))))

(3) 已知广义表 A=((a,b,c),(d,e,f))，试写出从表 A 中取出原子元素 e 的运算。

(4) 请将香蕉 banana 用工具 H( )—Head( )，T( )—Tail( )从 L 中取出。

L=(apple,(orange,(strawberry,(banana)),peach),pear)

(5) 试利用广义表取表头 head(ls)和取表尾 tail(ls)的基本运算，将原子 d 从下列表中分解出来，请写出每一步的运算结果。

L=((a,(b)),((c,d)),(e,f))

(6) 画出广义表 A=(a,(b,()),(((),c)))的第一种存储结构(表结点第二指针指向余表)图，并用取首元(head())和取尾元(tail())函数表示原子 c。

11. 请按行及按列优先顺序列出 4 维数组 $A_{2\times3\times2\times3}$ 的所有元素在内存中的存储次序，开始结点为 a0000。

12. 给出 C 语言的三维数组地址计算公式。

13. 设有三角矩阵 $A_{n\times n}$，将其三条对角线上的元素逐行地存储到向量 B[0..3n−3]中，使得 B[k]=a_{ij}，求：

(1) 用 i,j 表示 k 的下标变换公式。

(2) 用 k 表示 i,j 的下标变换公式。

14. 设二维数组 A[5,6]的每个元素占 4 字节，已知 Loc(a00)=1000，A 共占多少字节？A 的终端结点 a45 的起始地位为何？按行和按列优先存储时，a25 的起始地址分别为何？

15. 特殊矩阵和稀疏矩阵哪一种压缩存储后会失去随机存取的功能？为什么？

16. 画出下列广义表的图形表示：

(1) A(a,B(b,d),C(e,B(b,d),L(f,g)))　　(2) A(a,B(b,A))

17. 设广义表 L=((),())，试问 head(L)、tail(L)和 L 的长度、深度各为多少？

18. 求下列广义表运算的结果。

(1) head((p,h,w))　　(2) tail((b,k,p,h))

(3) head(((a,b),(c,d)))　　(4) tail(((a,b),(c,d)))

(5) head(tail(((a,b),(c,d))))　　(6) tailhead((((a,b),(c,d)))

五、算法设计题

1. 在数组 A[1..n]中有 n 个数据，试建立一个带有头结点的循环链表，头指针为 h，要求链中数据从小到大排列，重复的数据在链中只保存一个。

2. 请编写递归算法，逆转广义表中的数据元素。例如：将广义表(a,((b, c),()),(((d),e),f))逆转为((f,(e,(d))),((),(c, b)),a)。

3. 编写一个过程，对一个 n×n 矩阵，通过行变换，使其每行元素的平均值按递增顺序排列。

4. 给定一个整数数组 b[0..N−1]，b 中连续的相等元素构成的子序列称为平台。试设计算法，求出 b 中最长平台的长度。

5. 给定 n×m 矩阵 A[a..b,c..d]，并设 A[i,j]≤A[i,j+1](a≤i≤b,c≤j≤d−1)和A[i,j]≤A[i+1,j](a≤i≤b−1,c≤j≤d)。设计一算法判定 X 的值是否在 A 中，要求时间复杂度为 O(m+n)。

6. 对于二维整型数组 A[m,n]，分别编写相应函数实现如下功能。

(1) 求数组 A[5,7]边元素之和。

(2) 当 m=n 时分别求两条对角线上的元素之和，否则显示 m≠n 的信息。

7. 编写函数，将一维数组 A[n×n](n≤10)中的元素按蛇形方阵存放在二维数组B[n][n]中，即 B[0][0]=A[0]，B[0][1]=A[1]，B[1][0]=A[2]，B[2][0]=A[3]，B[1][1]=A[4]，B[0][3]=A[6]，以此类推。

8. 编写一个函数将两个广义表合并成一个广义表。

9. 当三角矩阵采用转置矩阵压缩存储时，写一算法求三角矩阵在这种压缩存储表示下的转置矩阵。

10. 当稀疏矩阵 A 和 B 均以三元组表作为存储结构时，试写出矩阵相加的算法，其结果存放在三元组表 C 中。

参考答案

一、填空题

1. 线性结构　顺序结构
2. 以行为主序　以列为主序
3. (d1−c1+1)×(d2−c2+1)
4. 326
5. 42
6. (x,y,z)
7. 非零元素很少(t<<m×n)且分布没有规律
8. 节省存储空间
9. k=((i−1)×(2n−i+2))/2+(j−i+1)=(i−1)(2n−i)/2+j　(i≤j)
10. 线性表
11. 深度
12. ()　(())　2　2
13. head(tail(tail(head(tail(head(A))))))
14. 5　3
15. head(head(tail(LS)))

二、选择题

1. C　2. C　3. C　4. C　5. B　C　6. C　7. B　8. B　9. B

10. A　11. B　12. B　13. B　14. A　15. D　16. C　17. C

18. D　19. A　20. C　21. B　22. A

三、判断题

1. ×　2. ×　3. √　4. ×　5. √　6. ×　7. √　8. √　9. ×　10. ×

11. ×　12. ×　13. ×　14. ×　15. √

四、应用题

1. Loc(2,4,5)=Loc(0,0,0)+(2×6×9+4×9+5)=54 + 149×5=799。

2. (1) 121×32/16=242。

(2) 11×32/16=22。

(3) LOC(A[0][0])+(8×11+3)×32/16=LOC(A[0][0])+182。

(4) LOC(A[0][0])+182。

3. 三角矩阵共3n-2个元素,存入B[1..3n-2]中,元素在一维数组B中的下标k和元素在矩阵中的下标i和j的对应关系为:

```
k=3(i-1)                    //主对角线左下角,即i=j+1
k=3(i-1)+1                  //主对角线上,即i=j
k=3(i-1)+2                  //主对角线上,即i=j-1
```

由以上三式得

```
k=2(i-1)+j                  //1≤i, j≤n; 1≤k≤3n-2
```

故A[77,78](即元素下标i=77,j=78)在B数组中的位置为k=2×(77-1)+78=230。

4. 稀疏矩阵A有t个非零元素,加上行数mu、列数nu和非零元素个数tu(也算一个三元组),共占用三元组表LTMA的3(t+1)个存储单元,用二维数组存储时占用m×n个单元,只有当3(t+1)<m×n时,用LTMA表示A才有意义。解不等式得t<m×n/3-1。

5. 上三角矩阵第一行有n个元素,第i-1行有n-(i-1)+1个元素,第一行到第i-1行是等腰梯形,而第i行上第j个元素(即a_{ij})是第i行上第j-i+1个元素,故元素a_{ij}在一维数组中的存储位置(下标k)为:

$$k=(n+(n-(i-1)+1))(i-1)/2+(j-i+1)=(2n-i+2)(i-1)/2+j-i+1$$

即

$$k=(n-1/2)i-n+j+1/2$$

则得

$$f_1(i)=(n+1/2)i-n+j+1/2,\quad f_2(j)=j, c=-n$$

6. (1) K1由K2,K3,K4构成。

(2) K1　K2　K3　K4　K5　K6

长度:3　2　3　2　2　2

深度:4　3　1　2　2　1

7. 深度为4的广义链表存储结构如图5.2所示。

8. (1) GetHead((p, h, w))=p

(2) GetTail((b, k, p, h))=(k, p, h)

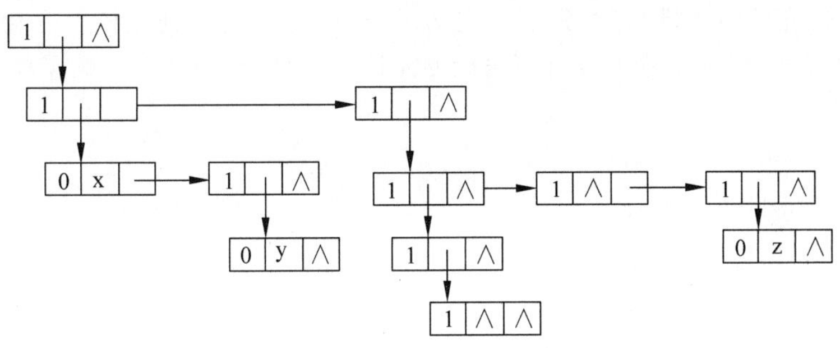

图 5.2 深度为 4 的广义链表存储结构

(3) GetHead(GetTail(((a,b),(c,d))))=GetHead(((c, d)))=(c, d)

(4) GetTail(GetHead(((a,b),(c,d))))=GetTail((a, b))=(b)

9. 设用 mu、nu 和 tu 表示稀疏矩阵行数、列数和非零元素个数,则转置矩阵的行数、列数和非零元素的个数分别是 nu、mu 和 tu。转置可按转置矩阵的三元组表中的元素顺序进行,即按稀疏矩阵的列序,从第 1 列到第 nu 列,每列中按行值递增顺序,找出非零元素,逐个放入转置矩阵的三元组表中,转置时行列值互换,元素值复制。按这种方法,第 1 列～第 1 个非零元素一定是转置后矩阵的三元组表中的第 1 个元素,第 1 列非零元素在第 2 列非零元素的前面。这种方法的时间复杂度是 O(n×p),其中 p 是非零元素的个数,当 p 和 m×n 同量级时,时间复杂度为 $O(n^3)$。

另一种转置方法称作快速转置,使时间复杂度降为 O(m×n)。它是按稀疏矩阵三元组表中元素的顺序进行的。按顺序取出一个元素,放到转置矩阵三元组表的相应位置。这就要求出每列非零元素个数和每列第一个非零元素在转置矩阵三元组表中的位置,设置了两个附加向量。

10. (1) head(head(tail(tail(L)))),设 L=((a,(c),b),(((e))))

(2) head(head(head(head(tail(tail(L))))))(如图 5.3 所示)

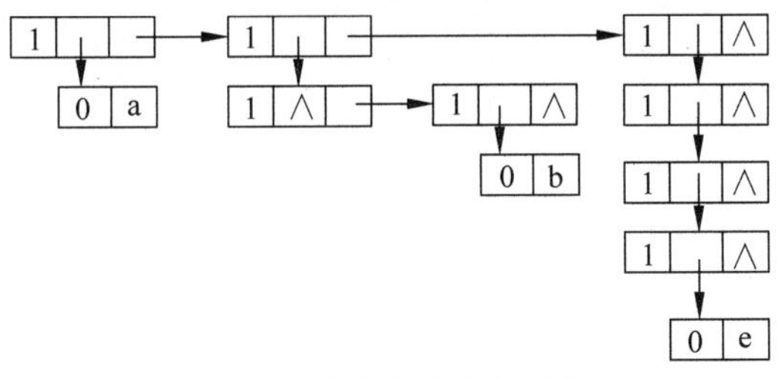

图 5.3 广义链表存储结构

(3) head(tail(head(tail(A))))

(4) H(H(T(H(T(H(T(L)))))))

(5) tail(L)=(((c,d)),(e,f))

head(tail(L))=((c,d))

head(head(tail(L)))=(c,d)

tail(head(head(tail(L))))=(d)

head(tail(head(head(tail(L)))))=d

(6) head(tail(head(head(tail(tail(A))))))

11. 按行优先的顺序排列时，先变化右边的下标，也就是右到左依次变化，这个4维数组的排列是这样的(将这个排列分行写出以便阅读，只要按从左到右的顺序存放就是在内存中的排列位置)：

a0000　a0001　a0002

a0010　a0011　a0012

a0100　a0101　a0102

a0110　a0111　a0112

a0200　a0201　a0202

a0210　a0211　a0212

a1000　a1001　a1002

a1010　a1011　a1012

a1100　a1101　a1102

a1110　a1111　a1112

a1200　a1201　a1202

a1210　a1211　a1212

按列优先的顺序排列恰恰相反，变化最快的是左边的下标，然后向右变化，所以这个4维数组的排列将是这样的(这里为了便于阅读，也将其书写为分行形式)：

a0000　a1000

a0100　a1100

a0200　a1200

a0010　a1010

a0110　a1110

a0210　a1210

a0001　a1001

a0101　a1101

a0201　a1201

a0011　a1011

a0111　a1111

a0211　a1211

a0002　a1002

a0102　a1102

a0202　a1202

a0012　a1012

a0112　a1112

a0212　a0212

12. 因为C语言的数组下标下界是0，所以

$$Loc(Amnp)=Loc(A000)+((i\times n\times p)+k)\times d$$

其中Amnp表示三维数组，Loc(A000)表示数组起始位置，i、n、p、k表示当前元素的下标，d表示每个元素所占单元数。

13. (1) 要求i、j到k的下标变换公式,就是要知道在k之前已有几个非零元素,这些非零元素的个数就是k的值,一个元素所在行为i,所在列为j,则在其前面已有的非零元素个数为:

$$(i\times 3-1)+j-(i+1)$$

其中$(i\times 3-1)$是这个元素前面所有行的非零元素个数,$j-(i+1)$是它所在列前面的非零元素个数。

化简可得:

```
k=2i+j                              // c下标是从0开始的
```

(2) 因为k和i,j是一一对应的关系,因此不难算出:

```
i=(k+1)/3                    //k+1表示当前元素前有几个非零元素,被3整除就得到行号
j=(k+1)%3+(k+1)/3-1          //k+1除以3的余数就表示当前行中第几个非零元素
                             //加上前面的零元素所在列数就是当前列号
```

14. (1) 因含5×6=30个元素,因此A共占30×4=120(字节)。

(2) a45的起始地址为: Loc(a45)=Loc(a00)+(i×n+j)×d=1000+(4×6+5)×4=1116。

(3) 按行优先顺序排列时,a25=1000+(2×6+5)×4=1068。

(4) 按列优先顺序排列时(二维数组可用行列下标互换来计算):

$$a25=1000+(5\times 5+2)\times 4=1108$$

15. 稀疏矩阵在采用压缩存储后将会失去随机存储的功能。因为在这种矩阵中,非零元素的分布是没有规律的,为了压缩存储,就将每一个非零元素的值和它所在的行、列号作为一个结点存放在一起,这样的结点组成的线性表叫作三元组表,它不是简单的向量,所以无法用下标直接存取矩阵中的元素。

16. 图5.4是一个再入表。

图5.5则是一个递归表。

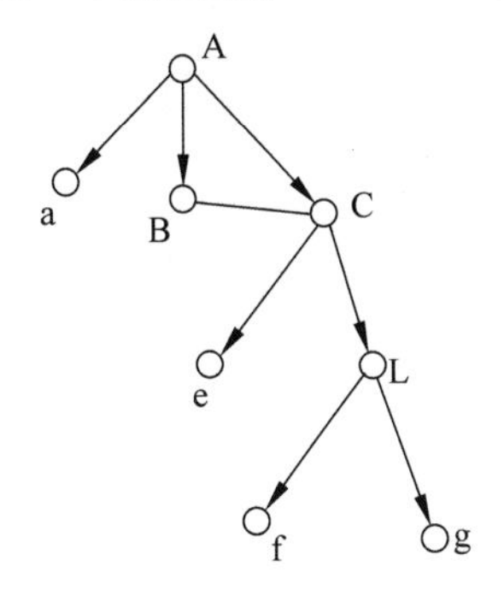

图5.4　再入表

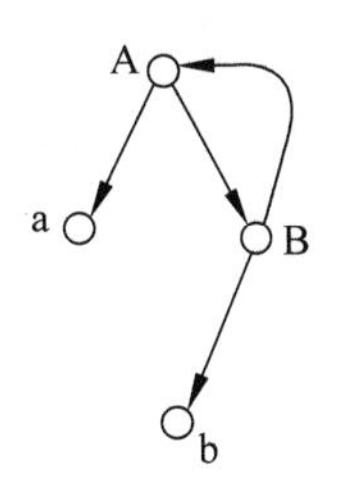

图5.5　递归表

17. head(L)=()。

tail(L)=(())。

L的长度为2。

L的深度为2。

18.

(1) head ((p,h,w))=p

(2) tail((b,k,p,h))=(k,p,h)

(3) head (((a,b),(c,d)))=(a,b)

(4) tail(((a,b),(c,d)))=((c,d))

(5) head(tail(((a,b),(c,d))))=(c,d)

(6) tail(head(((a,b),(c,d))))=(b)

五、算法设计题

1.

```
LinkedList creat(ElemType A[ ], int n)
{h=(LinkedList)malloc(sizeof(LNode));
 h->next=h;
 for(i=0;i<n;i++)
   {pre=h;
    p=h->next;
    while(p!=h && p->data<A[i])
   {pre=p; p=p->next;}
    if(p==h || p->data!=A[i])
       {s=(LinkedList)malloc(sizeof(LNode));
      s->data=A[i]; pre->next=s; s->next=p;
      }
   }
  return(h);
   }
```

2.

```
Void GListInvert(GList p, GList t)
 {GList q=null;
          while(p)
              {if(p->tag!=0)
                   {m=p->val.hp;
                    GListInvert(m,n) ;
                      p->val.hp=n;
                      }
                 r=p->tp;
                 p->tp=q;
                 q=p;
                 p=r ;
              }
        t=q;
 }
```

3.

```
void Translation(float * matrix,int n)
{int i, j, k, l;
float sum,min;
float * p, * pi, * pk;
for(i=0; i<n; i++)
   { sum=0.0; pk=matrix+i * n;
     for (j=0; j<n; j++){sum+= * (pk); pk++;}
      * (p+i)=sum;
   }
for(i=0; i<n-1; i++)
```

```
    { min= * (p+i); k=i;
      for(j=i+1;j<n;j++) if(p[j]< min) {k=j; min=p[j];}
      if(i!=k)
     { pk=matrix+n * k;
       pi=matrix+n * i;
       for(j=0;j<n;j++)
         {sum= * (pk+j); * (pk+j)= * (pi+j); * (pi+j)=sum;}
       sum=p[i]; p[i]=p[k]; p[k]=sum;
     }
    }
  free(p);
}
```

4.

```
void Platform (int b[ ], int N)                //求具有 N 个元素的整型数组 b 中最长平台的长度
{l=1;k=0;j=0;i=0;
 while(i<n-1)
{  while(i<n-1 && b[i]==b[i+1]) i++;
   if(i-j+1>l) {l=i-j+1;k=j;}                  //局部最长平台
   i++; j=i; }                                  //新平台起点
  printf("最长平台长度%d,在 b 数组中起始下标为%d", l, k);
}                                               //Platform
```

5.

```
void search(datatype A[ ][ ], int a, int b, int c, int d, datatype x)
//n * m 矩阵 A,行下标从 a 到 b,列下标从 c 到 d,本算法查找 x 是否在矩阵 A 中
{i=a; j=d; flag=0;                              //flag 是成功查到 x 的标志
  while(i<=b && j>=c)
    if(A[i][j]==x) {flag=1;break;}
    else if(A[i][j]> x) j--;
         else i++;
   if(flag) printf("A[%d][%d]=%d",i,j,x);       //假定 x 为整型
   else printf("矩阵 A 中无%d 元素", x);
  }算法 sear 结束
```

6.

(1)

```
#define M 5
#define N 7
long sum side (int a[M] [N])
{
long sum=0;
int i;
 for(i=0; i<M; i++)
       sum+=a[i][0];
 for(i=1; i<N; i++)
       sum+=a[O][i];
 for (i=1; i<M; i++)
       sum+=a[i] [N-1];
 for (i=l; i<N-1; i++)
       sum+=a[M-1] [i];
```

```
  return sum;
}
```

(2)

```
 long sum tilt (int a[M][N])
 {
 long sum=0;
 int i, j ;
if (M!=N)
 {
   printf ("\nM 不等于 N\n");
   return 0;
}
for (i=0; i<M; i++)
  sum+=a[i][i];
for (i=M-1; i>=0; i--)
  sum+=a[i][M-i-1];
if (M%2!=0)
  sum-= a[M/2] [M/2];
  return (sum);
}
```

7.

```
#define NMAX 20
int a[NMAX * NMAX],b[NMAX] [NMAX],cnt;
void MakeLine (int RowStart, int ColStart, int RowEnd)
{
    int i,j,step;
    if (RowStart <= RowEnd)
        step=1;
    else
        step=-1;
    for (i=RowStart, j=ColStart; (RowEnd-i) * step>=0 ; i+=.s tep, j -=step)
       b[i][j]=a[cnt++];
  }
  void MakeArray (int n)
  {
    int d:
    for (d=0;d<2 * n; d++)
      if(d<n)
           if (d%2= =0)
              MakeLine(d,0,0);
           else
              MakeLine(0,d,d);
      else
           if ( d%2= =0)
              Makeline (n-1, d-n+1, d-n+1);
         else
              MakeLine (d-n+1, n-1, n-1);
  }
  main()
  {
    int i, j, n;
    printf ("\nPlease input n: ");
    scanf("%d",&n);
```

```
    for (i=0;i<n*n; i++)
        a[i]=i+1;
    cnt=0;
    MakeArray (n);
    for(i=0;i<n;i++)
      {
        printf("\n");
        for (j=0; j<n; j++)
             printf("%5d",b[i][j]);
      }
    }
```

8.

```
int equal(GListNode *ha, GListNode *hb);
  void GListInsertTail(GListNode *h, GListNode *s);
GListNode *GListMerge (GListNode *ha, GListNode *hb)
{
GListNode p,q,r;
if (ha==NULL)
  {
     ha=hb;
     return ha;
  }
else
 {
    p=hb->val. sublist;
    while(p!=NULL)
     {
        q=ha->val.sublist;
        while (q!=NULL)
           {
               if (equal (p,q))
                   break;
               q=q->link;
           }
       if (q==NULL)
          {
               r=p->link;
              GListInsertTail (ha,p);
              p=r;
          }
      else
              p=p->link;
     }
   }
return ha;
  }
int equal (GListNode *ha, GlistNode *hb)
{
GListNode *p, *q ;
if (ha==NULL)
      if (hb==NULL)
           return 1;
      else
```

```
            return 0;
if (ha-> tag! =hb-> tag)
          return 0;
if(ha-> tag=-0)
            if (ha-> val. data==hb-> val. data)
                   return l;
            else
                   return 0;
     else
     {
          p=ha-> val. sublist;
          q=hb-> val. sublist;
          while(p!-NULL&&ql =NULL&&equal (P,q))
             {
               p=p-> link;
               q=q-> link;
             }
        if (p=-NULL&&q==NUIL)
          return l;
   else
          return 0;
   }
}
void GlistInsertTail (GListNode * h, GListNode * s)
{
GListNode p,r;
p=h-> val. sublist;
r=h;
while (p!=NULL)
    {
        r=p;
        p=p-> link;
    }
 r-> link=s;
 s-> link=NULL;
}
```

9.

转置矩阵就是将矩阵元素的行号与列号互换，根据已知的三对角矩阵的特点，其转置矩阵对角线元素不变，非零的非对角线元素 a_{ij} 与 a_{ji} 互换位置。又知元素的下标和存放一维数组空间位置的关系为 k=2i+j。可以设计出这个矩阵的转置算法如下。

```
#define N 10                                   //矩阵行、列数
#define Length (3 * N-2)                       //压缩矩阵的长度
typedef struct{
    int data[Length];
  }DiaMatrix;

void TransMatrix(DiaMatrix * C)
  { //压缩三对角矩阵转置
    int i, j;
    int t;
    for(i=0; i<N;i++)
      for(j=i; j<N; j++)
```

```
    if(i-j<=1&&i-j>=-1)
    { //将对应于行列号的压缩矩阵内的元素互换
            t=C->data[2*i+j];
            C->data[2*i+j]=C->data[2*j+i];
            C->data[2*j+i]=t;
          }                                   //endif
    }                                         //end
```

10.

矩阵相加就是将两个矩阵中同一位置的元素值相加。由于两个稀疏矩阵的非零元素按三元组表形式存放，在建立新的三元组表 C 时，为了使三元组元素仍按行优先排列，所以每次插入的三元组不一定是 A 的，按照矩阵元素的行列去找 A 中的三元组，若有，则加入 C，同时，这个元素如果在 B 中也有，则加上 B 的这个元素值，否则这个值就不变；如果 A 中没有则找 B，若有则加入 C，若无则查找下一个矩阵元素。

```
#define MaxSize 10                            //用户自定义
typedef int DataType;                         //用户自定义
typedef struct
  { //定义三元组
    int i,j;
    DataType v;
  }TriTupleNode;

typedef struct
  { //定义三元组表
    TriTupleNode data[MaxSize];
    int m,n,t;                                //矩阵行、列及三元组表长度
  }TriTupleTable;

//以下为矩阵加算法
void AddTriTuple( TriTupleTable *A, TriTupleTable *B, TriTupleTable *C)
  { //将三元组表表示的稀疏矩阵 A,B 相加
    int k,l;
    DataType temp;
    C->m=A->m;                                //矩阵行数
    C->n=A->n;                                //矩阵列数
    C->t=0;                                   //三元组表长度
    k=0; l=0;
    while (k<A->t&&l<B->t)
      {if((A->data[k].i==B->data[l].i)&&(A->data[k].j==B->data[l].j))
        {temp=A->data[k].v+B->data[l].v;
          if (!temp)                          //相加不为零,加入 C
            {C->data[c->t].i=A->data[k].i;
              C->data[c->t].j=A->data[k].j;
              C->data[c->t++].v=temp;
            }
          k++;l++;
        }
      if ((A->data[k].i==B->data[l].i)&&(A->data[k].j<B->data[l].j))
          ||(A->data[k].i<B->data[l].i)       //将 A 中三元组加入 C
        {C->data[c->t].i=A->data[k].i;
          C->data[c->t].j=A->data[k].j;
          C->data[c->t++].v=A->data[k].v;
```

```
            k++;
        }
        if ((A->data[k].i==B->data[l].i)&&(A->data[k].j>B->data[l].j))
            ||(A->data[k].i>B->data[l].i)        //将B中三元组加入C
          {C->data[c->t].i=B->data[l].i;
            C->data[c->t].j=B->data[l].j;
            C->data[c->t++].v=B->data[l].v;
            l++;
          }
        }
    while (k<A->t)                              //将A中剩余三元组加入C
      {C->data[c->t].i=A->data[k].i;
        C->data[c->t].j=A->data[k].j;
        C->data[c->t++].v=A->data[k].v;
        k++;
      }
    while (l<B->t)                              //将B中剩余三元组加入C
      {C->data[c->t].i=B->data[l].i;
        C->data[c->t].j=B->data[l].j;
        C->data[c->t++].v=B->data[l].v;
        l++;
      }
}
```

树和二叉树

6.1 基本知识提要

6.1.1 本章思维导图

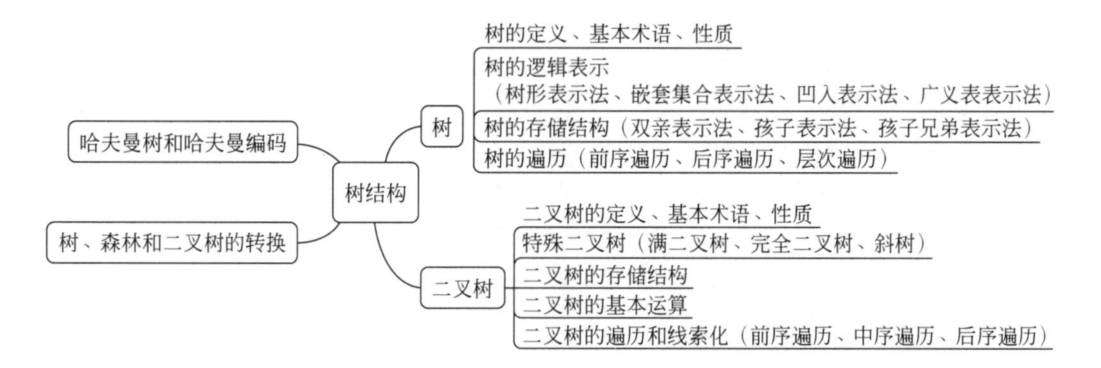

6.1.2 常用术语解析

结点：树或其他数据结构中保存数据的地方称为结点，注意一般不写成“节点”。

树状结构中结点的种类：终端结点（叶子），非终端结点（分支结点），根结点。

树状结构中结点的关系：双亲结点（父结点），孩子结点（子结点）；祖先结点，子孙结点；兄弟结点（姐妹结点），堂兄弟结点。

层次：结点的层次。根为第一层，根的孩子是第二层，以此类推。

深度（高度）：从根到叶子最长路径的长度。

结点的度：结点的个数。

树的度：树中所有结点的度的最大值。

特殊的二叉树：满二叉树与完全二叉树，满二叉树是完全二叉树的特例。

有序树：子树之间存在着确定的次序。

无序树：子树之间没有确定的次序。

有向树：有确定的根，并且树根和子树根之间为有向关系。

森林：m（m≥0）棵互不相交的树的集合。

二叉树：与树不同的另一种树状结构，每个结点至多有两棵子树（即二叉树中不存在度大于 2 的结点），并且，二叉树的子树有左右之分，其次序不能任意颠倒。与有序树不同的是，当只有一棵子树时，依然有左右之分。因此，二叉树不是树的特殊情况。

二叉树的5种基本形态：5种基本形态如图6.1所示。

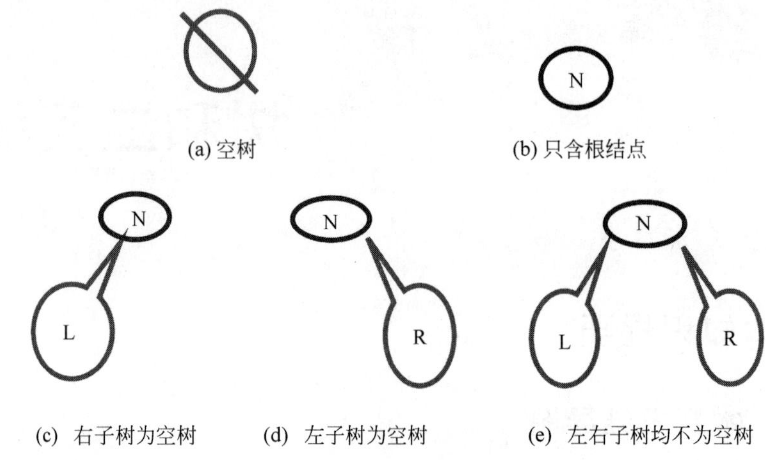

图6.1 二叉树的5种基本形态

遍历：对某种结构中的全部结点都进行访问且只访问一遍。

路径长度：从一个结点到另一个结点所经过的分支数目。

结点的权：在实际的应用中，常常给树的每个结点赋予一个具有某种实际意义的实数。

结点的带权路径长度：从树根到某一结点的路径长度与该结点的权的乘积。

树的带权路径长度（WPL）：为树中所有叶子结点的带权路径长度之和。

哈夫曼树：又称为最优二叉树，是WPL最小的二叉树。

6.1.3 重点知识整理

（1）树和二叉树是两种不同的树结构。

树是n(n≥0)个结点的有限集。在任意一棵非空树中：①有且仅有一个特定的称为根的结点；②当n>1时，其余结点可分为m(m>0)个互不相交的有限集$T_1,T_2,\cdots,T_m$，其中每个集合本身又是一棵树，并且称为根的子树。二叉树是有限个结点的集合，这个集合或者是空集，或者是由一个根结点和两棵不相交的二叉树组成，其中一棵叫作左子树，另一棵叫作右子树。

应该注意的是，二叉树不是作为树的特殊形式出现的，二叉树和树是两个完全不同的概念。例如，图6.2(a)和图6.2(b)作为二叉树是两棵不同的二叉树，图6.2(a)中B是A的左子树，图6.2(b)中B是A的右子树；如果图6.2(a)和图6.2(b)作为树的话，无论是有序树还是无序树，它们都是相同的树。

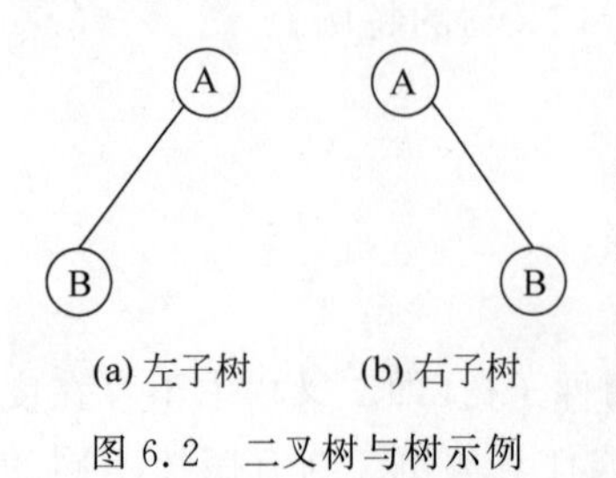

图6.2 二叉树与树示例

所以，二叉树不是度为2的树，也不是度为2的有序树。

（2）二叉树的性质是对二叉树的逻辑结构进行深入理解的途径，特殊形态的二叉树具有特殊的性质（例如完全二叉树），在学习这些性质时一定要注意前提条件。由这些性质可以演绎出很多习题，同时也可以将其推广为k叉树的对应性质。本章的典型题解析中的例6.1便是一个举例，请读者多多体会。

（3）树和二叉树的遍历都是指从根结点出发，按照某种顺序对树中所有结点进行访问且只访问一次。树的遍历方式有前序遍历、后序遍历和层次遍历三种；二叉树的遍历方式有前序遍历、中序遍历、后序遍历和层次遍历4种。值得注意的是，这些遍历方式中，无论根结点的访问顺序怎样改变，各兄弟结点间的遍历都是依照先左后右的顺序进行的。

（4）"遍历"是二叉树重要的基本运算，二叉树的许多其他运算都可以通过遍历来实现。例如，求二叉树的结点数、求二叉树的深度等都可以通过遍历来解决。另外，还可以在遍历过程中建立二叉树的存储结构。

（5）已知一棵二叉树的中序序列和前序序列，或者中序序列和后序序列，可以唯一地确定这棵二叉树；但是，已知前序序列和后序序列却不能唯一地确定一棵二叉树。

（6）二叉树最常用的存储结构是二叉链表、线索链表；二叉树的顺序存储结构一般只适合于存储完全二叉树。

（7）哈夫曼树是带权路径长度最小的二叉树，由 n 个权值构造的哈夫曼树有 n 个叶子结点、n－1 个分支结点。

（8）哈夫曼编码是采用哈夫曼树构造的编码，能使字符串的编码总长度最短，并且是不等长的前缀编码。

（9）树和二叉树、森林和二叉树之间有一一对应的关系，可以相互转换。

6.2 典型题解析

例 6.1　已知一棵度为 k 的树中，有 n_1 个度为 1 的结点，n_2 个度为 2 的结点，…，n_k 个度为 k 的结点，问该树中有多少个叶子结点？

例题解析：

（1）设该树有 n_0 个叶子结点，树中结点的总数为 N，则有：

$$N = n_0 + n_1 + n_2 + \cdots + n_k \qquad ①$$

（2）由树中结点的度的定义，可知度为 k 的结点，生成的分支有 k 个。因此，该树中分支的总数为：

$$0 \times n_0 + 1 \times n_1 + 2 \times n_2 + \cdots + k \times n_k$$

又因为除根结点外，每个分支生成一个孩子结点，因此该树的结点总数为分支总数加 1，即

$$N = 0 \times n_0 + 1 \times n_1 + 2 \times n_2 + \cdots + k \times n_k + 1 \qquad ②$$

（3）由式①和式②可得：

$$n_0 = 0 \times n_1 + 1 \times n_2 + 2 \times n_3 + \cdots + (k-1) \times n_k + 1$$

例 6.2　深度为 6 的完全二叉树的第 6 层有 3 个叶子结点，则该二叉树一共有多少个结点？

例题解析：

由完全二叉树的定义可知，深度为 6 的完全二叉树，前 5 层为满二叉树，因此前 5 层共有 2^5-1 个结点，又已知第 6 层有 3 个叶子结点，因此，该二叉树共有 $(2^5-1)+3=2^5+2$ 个结点。

例 6.3 已知某完全二叉树有 50 个叶子结点，则该完全二叉树的总结点数至少是多少？至多是多少？

例题解析：

设有 n_2 个度为 2 的结点，n_1 个度为 1 的结点，n_0 个度为 0 的结点。因为 $2^i-1\neq 50$，即 50 不是 2 的幂，所以该完全二叉树不是满二叉树。分析最后一个叶子结点，有两种情况：

(1) 如果最后一个叶子结点是其双亲的右孩子，则 $n_1=0$，因此总结点数 $n=n_2+n_0$，又由二叉树的性质可知 $n_2=n_0-1$，可得 $n=2n_0-1=99$。

(2) 如果最后一个叶子结点是其双亲的左孩子，则 $n_1=1$，因此总结点数 $n=n_2+n_0+1$，又由二叉树的性质可知 $n_2=n_0-1$，可得 $n=2n_0=100$。

因此，该完全二叉树的总结点数至少是 99 个，至多是 100 个。

注意：完全二叉树中度为 1 的结点数 $n_1=0$ 或 1。

例 6.4

例 6.4 对图 6.3 所示的森林：

(1) 画出经转换后所对应的二叉树；

(2) 写出对该二叉树进行前序、中序和后序遍历时得到的序列；

(3) 画出该二叉树对应的前序线索二叉树和后序线索二叉树。

例题解析：

(1) 转换为的二叉树如图 6.4 所示。

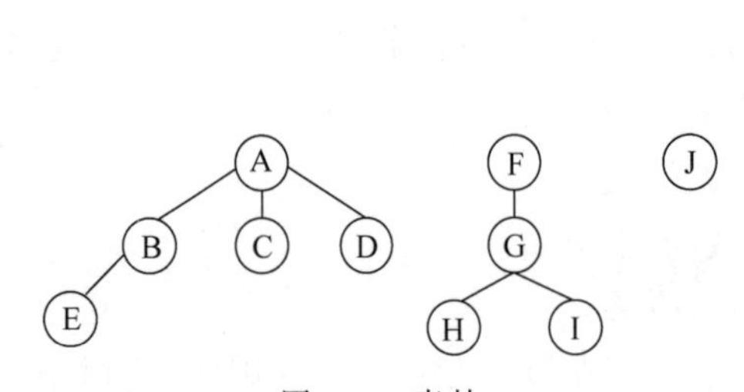

图 6.3 森林

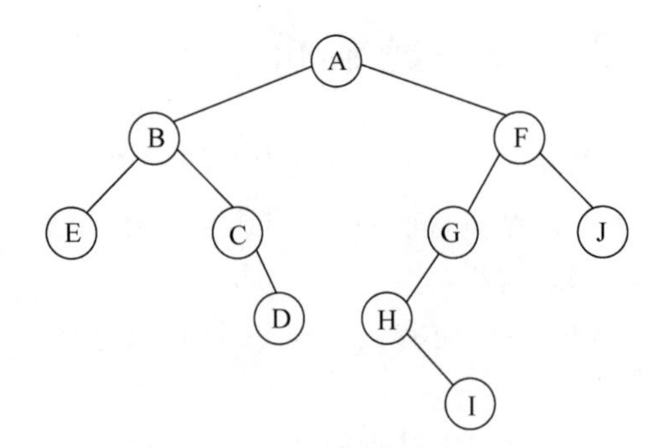

图 6.4 森林转换为的二叉树

(2)

前序遍历序列：ABECDFGHIJ；

中序遍历序列：EBCDAHIGFJ；

后序遍历序列：EDCBIHGJFA。

(3) 该二叉树对应的前序线索二叉树和后序线索二叉树如图 6.5 和图 6.6 所示。

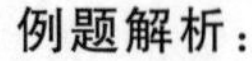

例 6.5

例 6.5 已知一棵二叉树的前序序列和中序序列分别为 A B D G J K L H C E I F 和 B G J L K D H A E I C F，请画出该二叉树。

例题解析：

由前序序列可知，A 是根结点，将中序序列分为两部分，即 B G J L K D H 和 E I C F，前者为左子树的结点，后者为右子树的结点。左子树的中序序列为 B G J L K D H，在前序序列中的顺序为 B D G J K L H，说明左子树的根结点为 B；同理，B 又将其中序序列 B G J L K D H 分为空集和 G J L K D H，则以 B 为根结点的二叉树的左子树为空、右子树的结点集合为 G J L K D H。同理，可逐一确定各子树的根结点，从而确定各结点的位置。该二叉

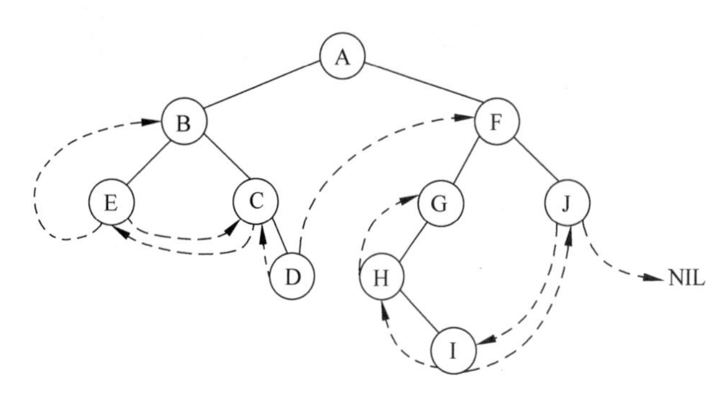

图 6.5　前序线索二叉树

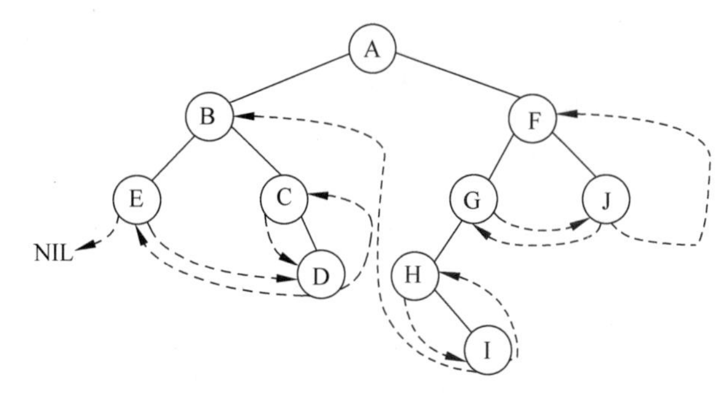

图 6.6　后序线索二叉树

树如图 6.7 所示。

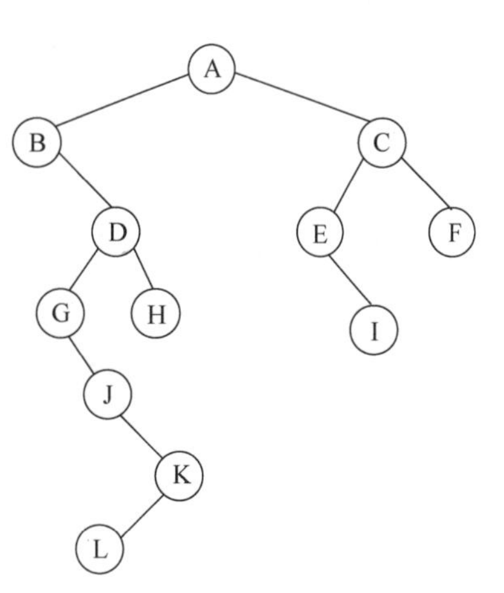

图 6.7　二叉树

例 6.6　对给定的一组权值 W＝{7,5,12,9,3,6,8},试构造相应的哈夫曼树,并计算它的带权路径长度。

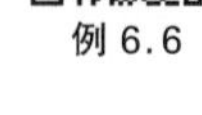

例 6.6

例题解析：

(1) 将权值由小到大排序：3,5,6,7,8,9,12。

(2) 从权值序列中选取两个最小权值 3、5 作为叶子结点的权值,生成新的分支结点,分支结点的权值是这两个叶子结点权值的和(为 8),如图 6.8(a)所示。

(3) 从权值序列中删除权值 3、5,将新生成的分支结点的权值(8)插入。得到当前权值序列为：6,7,8,(8),9,12。

(4) 重复执行步骤(2)和(3),直至权值序列为空,所得哈夫曼树如图 6.8(f)所示。

(5) 检测最终生成的哈夫曼树为一棵度为 1 的结点的二叉树,且根的权值等于各叶子结点的权值之和。

构造哈夫曼树的过程如图 6.8 所示。

注意：由以上建立哈夫曼树的步骤可知,相同权值的结点集合构建的哈夫曼树不唯一。

WPL＝12×2＋9×2＋6×3＋7×3＋8×3＋3×4＋5×4＝137

例 6.7　已知某字符串中共有 6 种字符 a、b、c、d、e、f,各种字符出现的次数分别为 5 次、1 次、3 次、4 次、2 次、7 次,对该字符串用 0、1 进行前缀编码。请完成以下问题：

例 6.7

(1) 设计该字符串中各字符的编码,使该字符串的总长度最小。

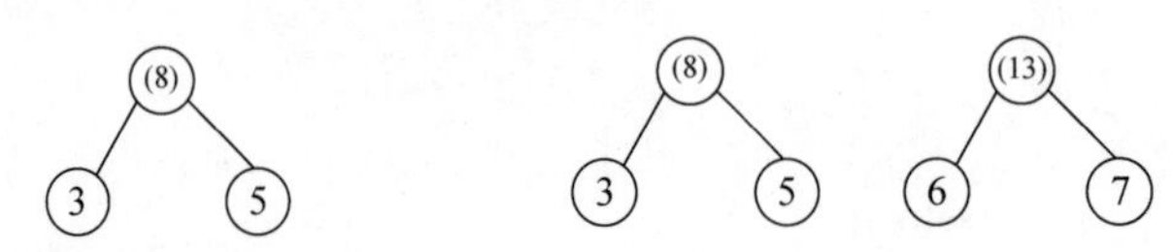

(a) 插入权值为3、5的叶子结点　　(b) 插入权值为6、7的叶子结点

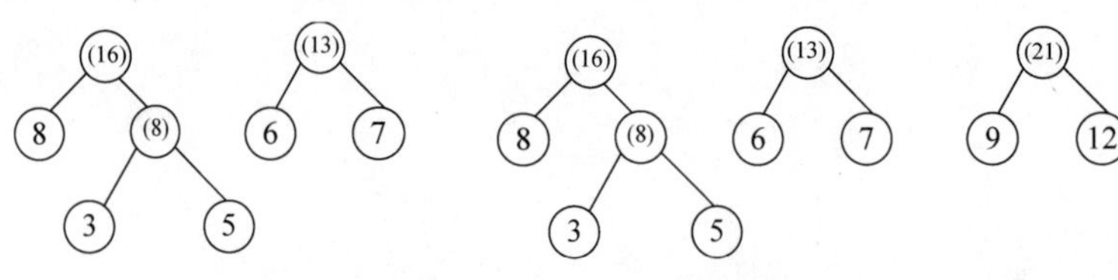

(c) 插入权值为8的叶子结点　　(d) 插入权值为9、12的叶子结点

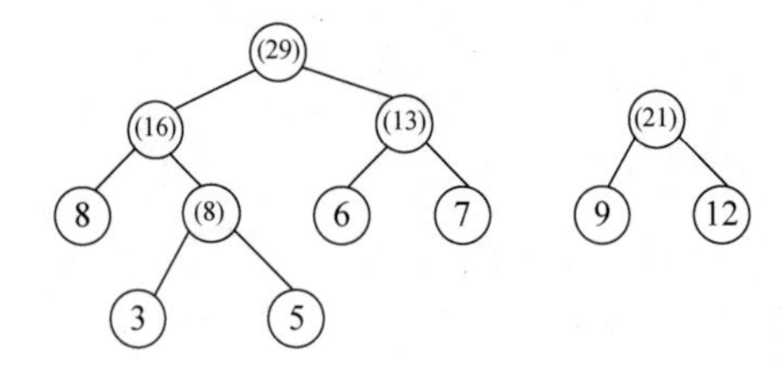

(e) 生成权值为(29)的分支结点

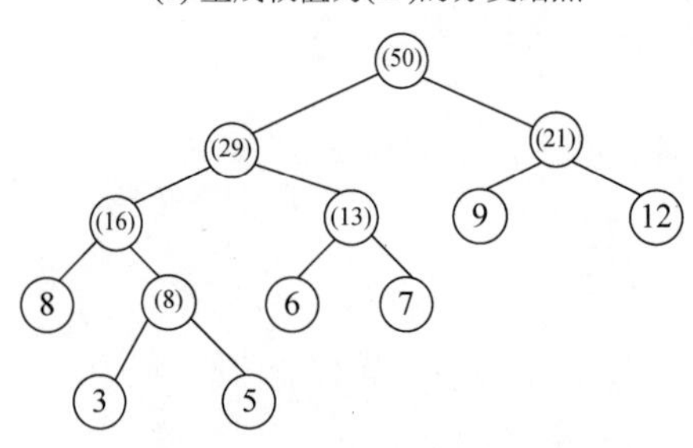

(f) 生成权值为(50)的叶子结点

图 6.8　构造哈夫曼树的过程

（2）计算该字符串的编码至少有多少位。

例题解析：

（1）以各字符出现的次数作为叶子结点的权值构造哈夫曼编码树，如图 6.9 所示。

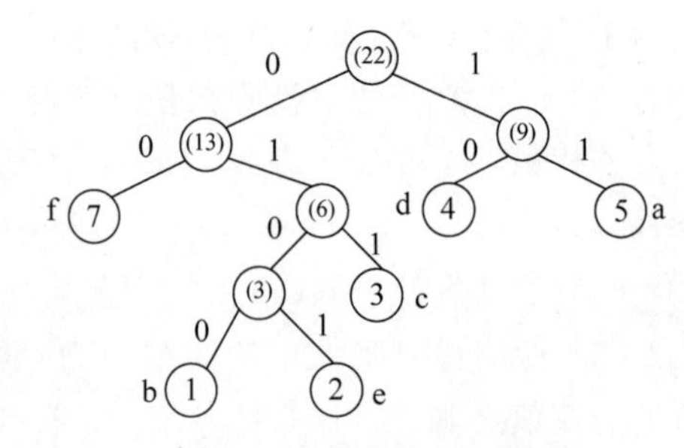

图 6.9　哈夫曼编码树

每个字符的编码即为从根结点出发到该字符对应叶子结点的路径上的 0、1 组成的字符串。得到哈夫曼编码如下。

a：11

b：0100

c：011

d：10

e：0101

f：00

（2）哈夫曼编码树的带权路径长度

$$WPL=(7+4+5)\times 2+3\times 3+(1+2)\times 4=53$$

即该字符串的编码长度至少为53位。

例6.8　写出如图6.10所示的二叉树的前序序列、中序序列、后序序列。

例题解析：

图6.10(a)中的二叉树：前序序列为12345，中序序列为24531，后序序列为54321。

图6.10(b)中的二叉树：前序序列为12345，中序序列为13542，后序序列为54321。

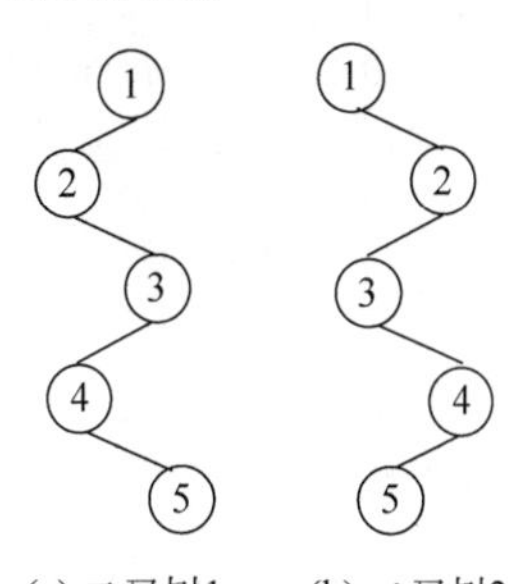

图6.10　二叉树

例6.9　请编写对采用二叉链表存储结构的二叉树进行前序遍历的非递归算法。

例题解析：

分析递归算法执行过程中递归工作栈的状态变化状况，对其仿照，使用栈stack可实现非递归的前序遍历算法。

```
void preorder(BTLINK  * bt)
{ BTLINK  * stack[MAXSIZE], * p;
 int top;
 if(bt!=NULL)
{top=1;
 stack[top]=bt;                              //根结点入栈
 while(top>0)
  {p=stack[top];
   top--;                                    //退栈,并访问栈顶结点
   printf("%d",p);
   if(p->rchild!=NULL)                       //右孩子先入栈
  { top++;
   stack[top]=p->rchild;
  }
  if(p->lchild!=NULL)                        //左孩子后入栈,作为栈顶
  { top++;                                   //在下次循环中先被访问
    stack[top]=p->lchild;
   }
  }
 }
}
```

例6.10　有n个结点的完全二叉树，已经顺序存储在一维数组T[1..n]中，编写算法将T中顺序存储的完全二叉树变成二叉链表存储的完全二叉树。

例题解析：

```
# define num <整数常量>
typedef struct node{
                    ElemType data;
                    Struct node  * lchild, * rchild;
                    } btlink;
typedef ElemType bt [num+1];
void createtree(btlink &q, int i)
{q=( btlink * )malloc(sizeof(btlink));
 q->data=T[i];
 if(bt [2 * i+1]!='') createtree( q->lchild, 2 * i+1)
 else q->lchild=NULL;
```

```
   if(bt[2 * i+1]!='') createtree(q-> rchild, 2 * i+2)
   else q-> rchild=NULL;
   }
Void Btree(bt a, btlink * p)
{int j;
 j=0;
 createtree(p,j);
}
```

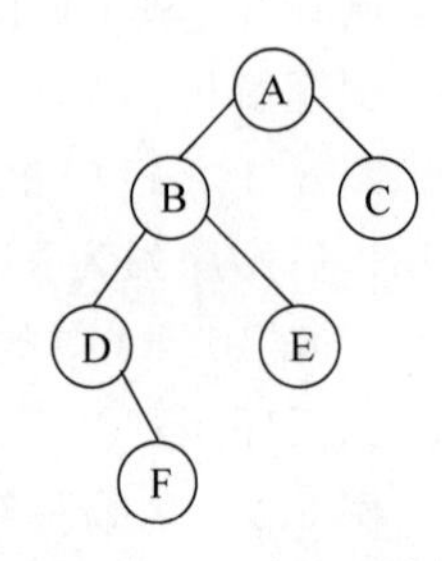

图 6.11　一棵二叉树

例 6.11　图 6.11 所示为一棵存储在一维数组的二叉树，则元素 F 的下标是多少？

例题解析：二叉树以层次顺序存储在一维数组中，每层中缺少的结点对应的数组元素值为空，如图 6.12 所示。

A	B	C	D	E	∧	∧	∧	F
0	1	2	3	4	5	6	7	8

图 6.12　二叉树的顺序存储结构

因此，元素 F 的下标是 8。

例 6.12　某张氏家族的族谱以二叉树来表示，如图 6.13 所示，以二叉链表作为存储结构，编写一个算法，在族谱中查找是否有"张三"这个人。

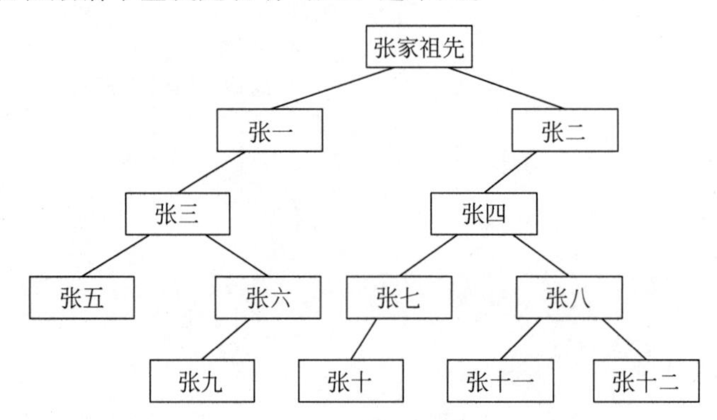

图 6.13　张氏族谱

例题解析：该题就是在一个二叉链表中查找指定的结点 x 的过程。可以利用二叉树的任意一种遍历方法进行查找。这里利用前序遍历方法，首先判断当前结点是否是要查找的结点，如果是，则查找成功，返回结点的地址；如果不是，则分别到它的左子树和右子树中进行查找。

```
BTLINK * find(BTLINK * bt,char * x)
{
    BTLINK * p;
    if(bt!=NULL)
    {if(strcmp(bt-> data,x)= =0)
       {p=bt;
          return(p);
       }
       else
       {p=find(bt-> lchild,x);                 //在左子树中查找
          if(p= =NULL)
```

```
                p=find(bt->rchild, x);              //在右子树中查找
            return(p);
        }
    }
    else
        return(NULL);
}
main( )
{
    BTLINK *t, *p;
    char x[10]={"张"};
    t=createbt( );   //创建二叉链表,这里要修改二叉链表结点的data域的数据类型为具有
                     //10个存储单元的一维数组
    p=find(t);
    if(p!=NULL)
        printf(" find.\n");
    else
        printf(" no find.\n");
}
```

例 6.13　某森林 F 对应的二叉树为 T,若 T 的先序遍历序列是 abdcegf,中序遍历序列是 bdaegcf,则 F 中树的棵数是(　　)。【2021 年研究生联考题目】

A. 1　　　　B. 2　　　　C. 3　　　　D. 4

例题解析:根据先序遍历序列和中序遍历序列构造的二叉树如图 6.14 所示,将该二叉树转换为森林,共有 3 棵树。故答案是 C。

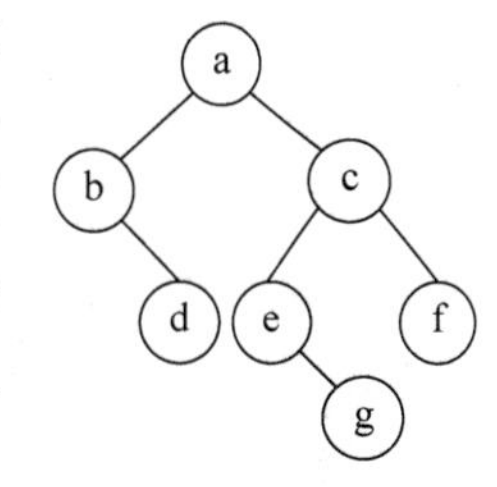

图 6.14　根据遍历序列构造的二叉树

例 6.14　若任一个字符的编码都不是其他字符编码的前缀,则称这种编码具有前缀特性。现有某字符集(字符个数≥2)的不等长编码,每个字符的编码均为二进制的 0、1 序列,最长编码为 L 位,且具有前缀特性。请回答下列问题。【2020 年研究生联考题目】

(1) 哪种数据结构适宜保存上述具有前缀特性的不等长编码?

(2) 基于你所设计的数据结构,简述从 0/1 串到字符串的译码过程。

(3) 简述判定某字符集的不等长编码是否具有前缀特性的过程。

例题解析:

(1) 二叉树适宜保存具有前缀特性的不等长编码。使用一棵二叉树保存字符集中各字符的编码,叶子结点保存该编码对应的字符,每个编码对应一条从根结点到达叶子结点的路径,路径的长度等于编码的位数。

(2) 译码过程如下:从左至右扫描 0/1 串,从根结点开始,根据串中当前位的值选择沿当前结点的左指针或右指针下移,直至叶子结点,输出叶子结点保存的字符;从根结点开始重复这个过程,直至扫描完 0/1 串,译码完成。

(3) 假设用二叉树 T 保存该字符集的不等长编码,判定过程如下。

① 初始化:二叉树 T 仅含有根结点,其左指针和右指针均为空。

② 依次读入每个编码 C,执行下述操作。

从左至右扫描 C 的各位,根据 C 当前位的值(0 或 1)选择沿结点的左指针或右指针向下移动。

当遇到空指针时，创建新结点，令空指针指向该新结点并继续移动。

沿指针移动的过程中，可能遇到以下三种情况：

a. 若遇到叶子结点(非根结点)，则表明编码 C 不具有前缀特性，结束判定过程。

b. 若在处理 C 的所有位的过程中均没有创建新结点，则表明编码 C 不具有前缀特性，结束判定过程。

c. 若在处理编码 C 的最后一位时创建了新结点，则继续验证下一个编码。

③ 所有编码均通过验证，则编码具有前缀特性。

6.3 知识拓展

当树状结构为单支树时，就蜕变成了线性结构，即可以把线性结构看作树状结构的特例。由于树状结构比线性结构更为宽泛，却比图状结构的逻辑结构简单，同时，大多的图状结构都可以转换为树状结构，因此，树状结构被广泛地应用在算法中。

本书中涉及树的有以下几种算法：哈夫曼编码；查找中的折半查找判定树、静态最优查找树、二叉排序树、平衡二叉树、B－树和 B＋树；排序中的堆排序。

什么是严格二叉树？

二叉树的每一个非叶子结点都有非空的左子树和右子树，即只有度为 1 和度为 2 的结点的树。

什么是准完全二叉树？

深度为 d 的二叉树是准完全二叉树，则层数小于 d－1 的任何结点都有两个孩子；对于树中拥有右子孙结点的任何结点 node，node 都必须拥有一个左孩子，并且 node 的每一个子孙或者是叶子结点或者有两个孩子，如图 6.15 所示。

什么是弱二叉树？

弱二叉树是这样的二叉树，它在根下或任何子树中至少有三个或更多连接结点(没有任何孩子)，如图 6.16 所示。

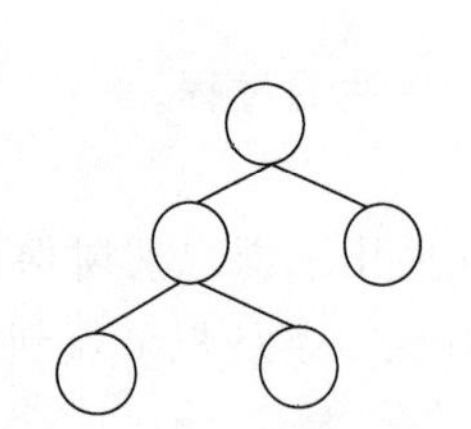

图 6.15　准完全二叉树

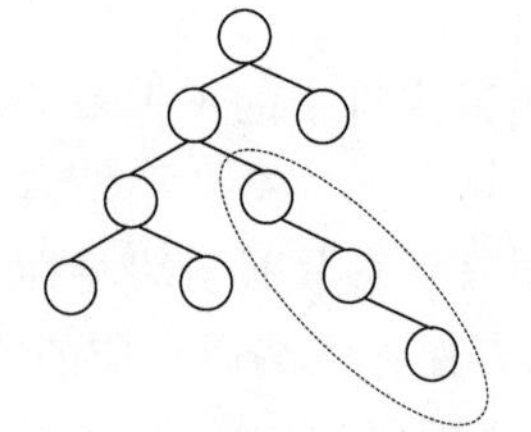

图 6.16　弱二叉树

何种形态的二叉树的前序遍历和中序遍历序列相同？

二叉树的任一结点都没有左孩子。

何种形态的二叉树的后序遍历和中序遍历序列相同？

二叉树的任一结点都没有右孩子。

何种形态的二叉树的前序遍历和后序遍历序列相同？

二叉树除根结点外没有其他结点。

6.4 测试习题与参考答案

测试习题

一、填空题

1. 深度为 k 的二叉树共有 2^k-1 个结点，该二叉树为(　　)二叉树。

2. 二叉树在二叉链表方式下，p 指向二叉树的一个结点，p 结点无右孩子的条件是(　　)。

3. 每个二叉链表必须有一个指向(　　)结点的指针，该指针具有标识二叉链表的作用。

4. 有 m 个叶子结点的哈夫曼树上结点的个数是(　　)。

5. 哈夫曼树是带权路径长度(　　)的树，通常权值较大的结点离根(　　)。

6. 设一棵二叉树中只有叶子结点和左、右子树都非空的结点，如果叶子结点的个数是 m，则左、右子树都非空的结点个数是(　　)。

7. 有 767 个结点的完全二叉树中有(　　)个叶子。

8. 哈夫曼树中度为 1 的结点数为(　　)，若叶子结点的个数为 n，则结点总数为(　　)。

9. 有 n 个叶子结点的哈夫曼树中，其分支结点的总数为(　　)个。

10. 树的度为 4，度为 1、2、3、4 的结点数为 4、2、1、1，则叶子数为(　　)个。

11. 若深度为 6 的完全二叉树的第 6 层有 3 个叶子结点，则该二叉树一共有(　　)个结点。

12. 深度为 k 的完全二叉树至少有(　　)个结点，至多有(　　)个结点。

13. 一棵有 n 个结点的满二叉树有(　　)个度为 1 的结点，有(　　)个分支结点，有(　　)个叶子。

14. 已知某非空二叉树采用顺序存储结构，树中结点的数据信息依次存放在一个一维数组中，即 ABC□DEF□□G□□H□□，该二叉树的中序遍历序列为(　　)。

15. 在有 n 个叶子结点的哈夫曼树中，分支结点的总数为(　　)。

二、选择题

1. 如果结点 A 是结点 B 的双亲，而且结点 B 有 4 个兄弟，则结点 A 的度是(　　)。

　A. 2　　B. 3　　C. 4　　D. 5

2. 树中所有结点的度之和等于所有结点总个数加(　　)。

　A. −1　　B. 0　　C. 1　　D. 2

3. 具有 3 个结点的二叉树有(　　)种形态。

　A. 3　　B. 4　　C. 5　　D. 7

4. 用顺序存储结构将完全二叉树的结点逐层存储在数组 B[n]中，根结点从 B[1]开始存放，若结点 B[i]有子女，则其左孩子结点应是(　　)。

　A. B[2i−1]　　B. B[2i+1]　　C. B[2i]　　D. B[i/2]

5. 以二叉链表作为二叉树的存储结构，在具有 n(n>0)个结点的二叉链表中，空链域的个数为(　　)。

　A. 2n−1　　B. n−1　　C. n+1　　D. 2n+1

6. 在一棵非空的二叉树的中序遍历序列中，其根结点的右边(　　)。

A. 只有右子树上的所有结点　　　　B. 只有左子树上的所有结点
C. 只有右子树上的部分结点　　　　D. 只有左子树上的部分结点

7. 在如图6.17所示的二叉树中，不是完全二叉树的是(　　)。

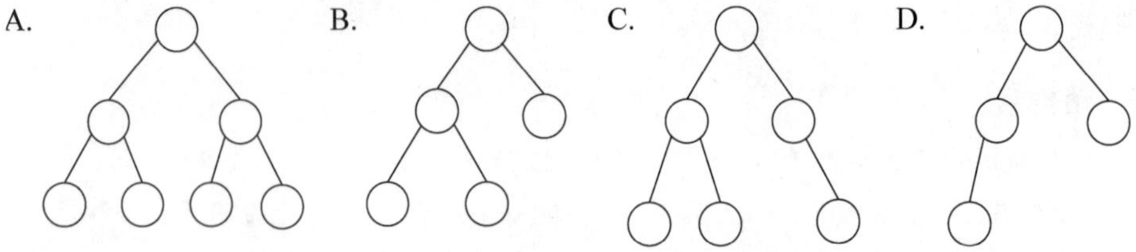

图6.17　4棵二叉树

8. 二叉树以二叉链表存储，若指针p指向二叉树的根结点，经过运算 s=p；while(s->rchild)s=s->rchild 后，则(　　)。

A. s指向二叉树的最右下方的结点　　B. s指向二叉树最左下方的结点
C. s指向根结点　　　　　　　　　D. s为NULL

9. 下列说法中正确的是(　　)。

A. 树的前序遍历序列与其对应的二叉树的前序遍历序列相同
B. 树的前序遍历序列与其对应的二叉树的后序遍历序列相同
C. 树的后序遍历序列与其对应的二叉树的前序遍历序列相同
D. 树的后序遍历序列与其对应的二叉树的后序遍历序列相同

10. 下列有关二叉树的说法中正确的是(　　)。

A. 一棵二叉树的度可以小于2
B. 二叉树的度为2
C. 二叉树中至少有一个结点的度为2
D. 二叉树中任何一个结点的度都为2

11. 若X是中序线索二叉树中一个有左孩子的结点，且X不为根，则X的前驱为(　　)。

A. X的双亲　　　　　　　　　　B. X的左子树中最右的结点
C. X的右子树中最左的结点　　　D. X的左子树中最右的叶子结点

12. 某二叉树的前序和后序序列正好相反，则该二叉树一定是(　　)的二叉树。

A. 空或者只有一个结点　　　　　B. 高度等于其结点数
C. 任一结点无左孩子　　　　　　D. 任一结点无右孩子

13. 设森林F中有三棵树，第一、第二、第三棵树的结点个数分别为M_1、M_2、M_3，则与森林F对应的二叉树的右子树的结点个数是(　　)。

A. M_1+M_2　　　　　　　　B. M_2+M_3
C. M_1+M_3　　　　　　　　D. $M_1+M_2+M_3$

14. 有序树T转换为二叉树T_2，则T中结点的后序就是T_2中结点的(　　)。

A. 层次序　　B. 前序　　C. 中序　　D. 后序

15. 线索二叉树是一种(　　)结构。

A. 逻辑　　B. 逻辑和存储　　C. 存储　　D. 线性

16. 线索二叉树中某结点 * p 没有右孩子的充要条件是(　　)。

A. p->lchild=NULL　　B. p->rtag=0

C. p->rtag=1　　D. p->lchild=NULL

17. 任何一棵二叉树的叶子结点在前序、中序、后序遍历序列中的相对次序(　　)。

A. 不能确定　　B. 一定不会变化

C. 一定会变化　　D. 只有完全二叉树不发生变化

18. 使用 n 个权值生成的哈夫曼树中共有(　　)个结点。

A. 2n　　B. 2n-1　　C. 2n+1　　D. 2(n-1)

19. 使用 2、4、9、8、17 这 5 个值作为叶子结点的权，生成一棵哈夫曼树，则该树的带权路径长度是(　　)。

A. 40　　B. 38　　C. 83　　D. 80

20. 使用 2、7、9、13、4、8 这 6 个值作为叶子结点的权，生成一棵哈夫曼树，则该树的深度是(　　)。

A. 3　　B. 4　　C. 5　　D. 6

21. 若某二叉树有 5 个叶子结点，其权值分别为 10、12、16、21、30，则其最小的带权路径长度是(　　)。【2021 年研究生联考题目】

A. 89　　B. 200　　C. 208　　D. 289

22. 对于任意一棵高度为 5 且有 10 个结点的二叉树，若采用顺序存储结构保存，每个结点占一个存储单元(仅存放结点的数据信息)，则存放该二叉树需要的存储单元数量至少是(　　)。【2021 年研究生联考题目】

A. 31　　B. 16　　C. 15　　D. 10

23. 已知森林 F 及与之对应的二叉树 T，若 F 的先根追历序列是 abcdef，中根追历序列是 badfec，则 T 的后根追历序列是(　　)。【2020 年研究生联考题目】

A. badfec　　B. bdfeca　　C. bfedca　　D. fedcba

三、判断题

1. 二叉树也是树。(　　)

2. 已知二叉树的前序序列和后序序列，则可以唯一确定二叉树。(　　)

3. 完全二叉树中，若一个结点没有左孩子，则它必须是叶子结点。(　　)

4. 在结点数多于 1 的哈夫曼树中没有度为 1 的结点。(　　)

5. 若一个结点是某二叉树前序遍历序列的最后一个结点，则它必是该二叉树中序遍历序列中的最后一个结点。(　　)

6. 线索二叉树中，任一结点均指向其前驱和后继的线索。(　　)

7. 在二叉树的后序遍历序列中，任一结点均处于其子女结点的后面。(　　)

8. 由树转换为的二叉树的根结点无右子树。(　　)

9. 单支树适合用一维数组存储，因为一维数组均以前序遍历存储结点。(　　)

10. 哈夫曼编码是一种能使字符串长度最短的等长前缀编码。(　　)

四、应用题

1. 试画出具有三个结点的树的所有不同形态。

2. 具有三个结点的二叉树有几种不同形态？

3. 遍历一棵二叉树，得到的前序遍历序列为 ABC，问有几种不同形态的二叉树可以得到这一结果？

4. 找出所有满足下列条件的二叉树：

(1) 前序遍历和中序遍历序列相同；

(2) 后序遍历和中序遍历序列相同；

(3) 前序遍历和后序遍历序列相同。

5. 分别画出如图 6.18 所示的二叉树的二叉链表和顺序存储结构。

6. 写出对图 6.19 所示的二叉树进行前序、中序、后序遍历的结点序列，并画出该二叉树的前序线索二叉树。

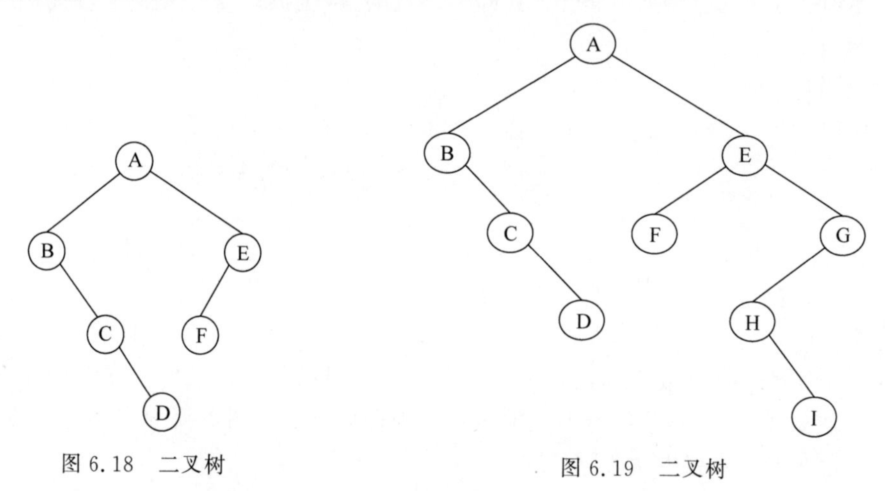

图 6.18　二叉树　　　　图 6.19　二叉树

7. 已知一棵二叉树的中序遍历序列为 ABCDEFG，后序遍历序列为 BDCAFGE，写出该二叉树的前序遍历序列。

8. 将图 6.20 所示的森林转换为二叉树。

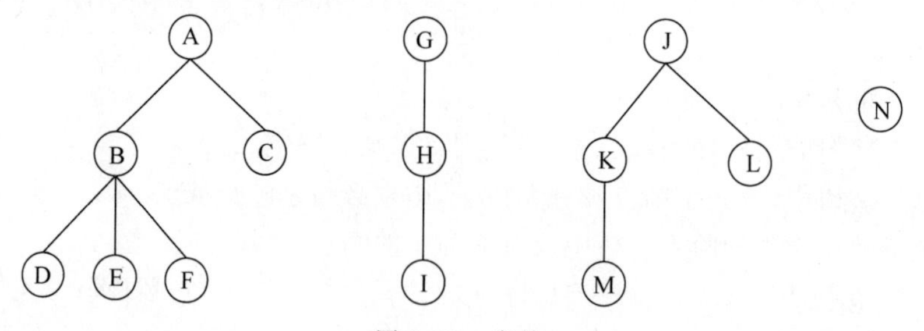

图 6.20　森林

9. 给定权值 7、14、3、32、5、12，构造相应的哈夫曼树。

10. 证明对任一满二叉树，其分枝数 B=2(n−1)，其中 n 为叶子结点数。

11. 有 n 个叶子结点的完全二叉树的高度是多少？

12. 某通信过程中使用的编码有 8 个字符 A、B、C、D、E、F、G、H，其出现的次数分别为 20、6、34、11、9、7、8、5。若每个字符采用 3 位二进制数编码，整个通信需要多少字节？请给出哈夫曼编码，以及整个通信使用的字节数。

五、算法设计题

1. 编写算法求二叉树中叶子结点的个数。

2. 编写算法求中序线索二叉树中某一结点 p 的前驱结点。

3. 编写算法交换二叉树中所有结点的左、右子树。

4. 编写算法按照缩进形式打印二叉树。

5. 编写算法判断二叉树是否是完全二叉树。

6. 编写算法求二叉树中给定结点的所有祖先。

7. 编写算法求二叉树中两个结点的最近的共同祖先。

8. 树采用孩子-兄弟链表存储,编写算法求树中叶子结点的个数。

9. 采用孩子-兄弟链表存储树,编写算法求树的度。

10. 已知二叉树的前序和中序序列,编写算法建立该二叉树。

参考答案

一、填空题

1. 满
2. p－> rchild＝＝NULL
3. 根
4. 2m－1
5. 最短　较近
6. m－1
7. 384
8. 0　2n－1
9. n－1
10. 8
11. 34
12. 2^{k-1}　2^k-1
13. 0　$\frac{n-1}{2}$　$\frac{n+1}{2}$
14. BGDAEHCF
15. n－1

二、选择题

1. D　2. A　3. C　4. A　5. C　6. A　7. C　8. A　9. A
10. A　11. B　12. B　13. B　14. C　15. C　16. C　17. B
18. B　19. C　20. C　21. B　22. A　23. C

三、判断题

1. ×　2. ×　3. √　4. √　5. ×　6. ×
7. √　8. √　9. ×　10. ×

四、应用题

1. 具有三个结点的树有两种形态,如图 6.21 所示。

2. 具有三个结点的二叉树有 5 种不同形态,如图 6.22 所示。

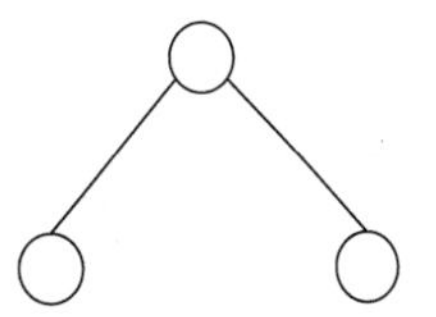

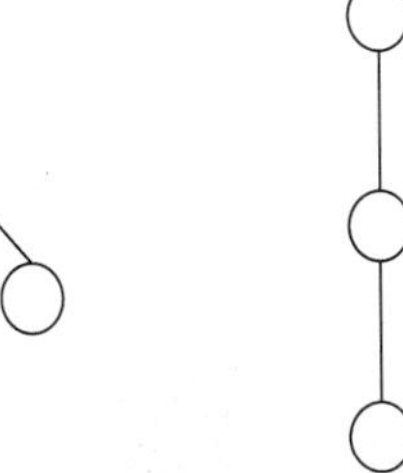

图 6.21　三个结点树的两种形态

3．共有 5 种二叉树可以得到这一前序遍历序列，如图 6.23 所示。

4．该题中的三个条件都符合的二叉树有空二叉树、只有一个根结点的二叉树，除此之外符合各个条件的特殊二叉树从左至右如图 6.24 所示。

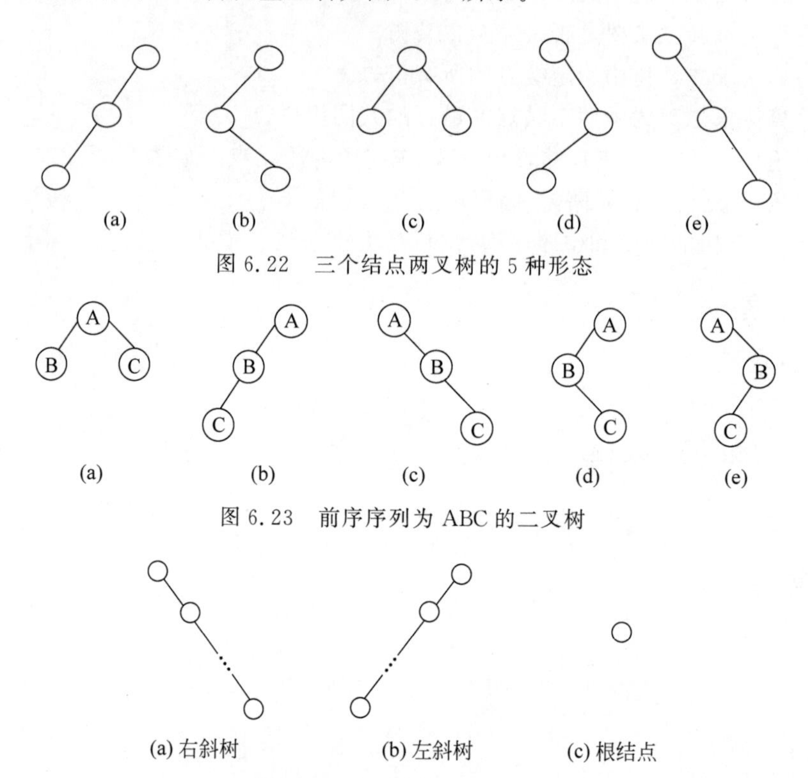

图 6.22　三个结点两叉树的 5 种形态

图 6.23　前序序列为 ABC 的二叉树

图 6.24　二叉树的三种形态

5．二叉树的二叉链表和顺序存储结构如图 6.25 和图 6.26 所示。

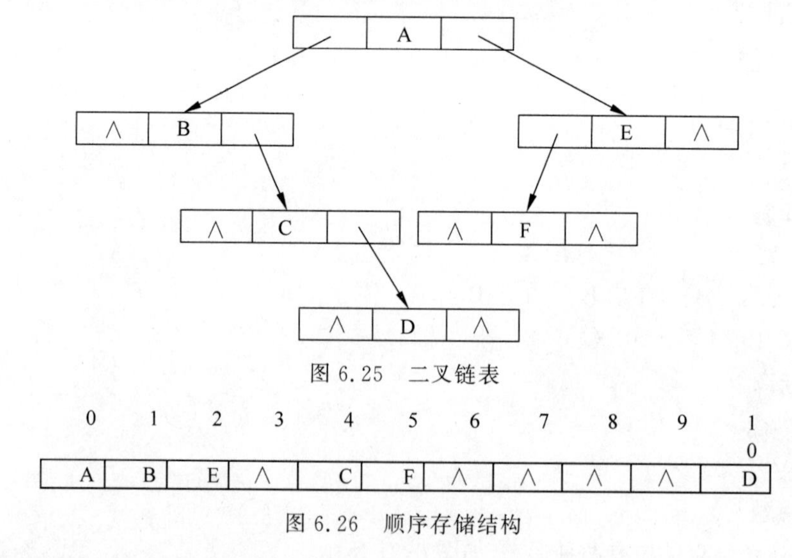

图 6.25　二叉链表

图 6.26　顺序存储结构

6．前序遍历：ABCDEFGHI；

中序遍历：BCDAFEHIG；

后序遍历：DCBFIHGEA。

图 6.19 所示的二叉树的前序线索二叉树如图 6.27 所示。

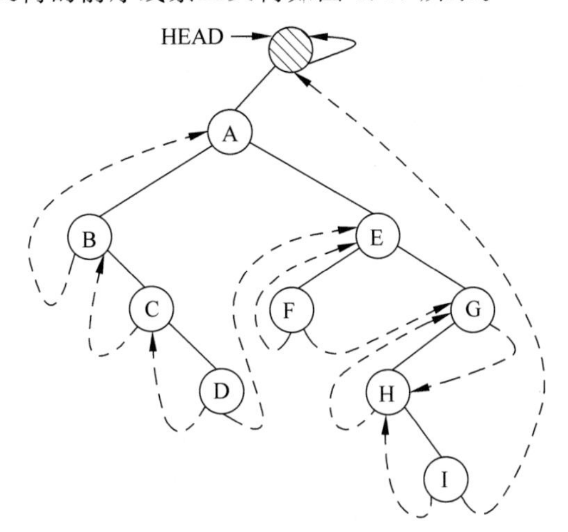

图 6.27　前序线索二叉树

7. 前序遍历序列为 EACBDGF。

8. 森林转换为的二叉树如图 6.28 所示。

9. 相应的哈夫曼树如图 6.29 所示。

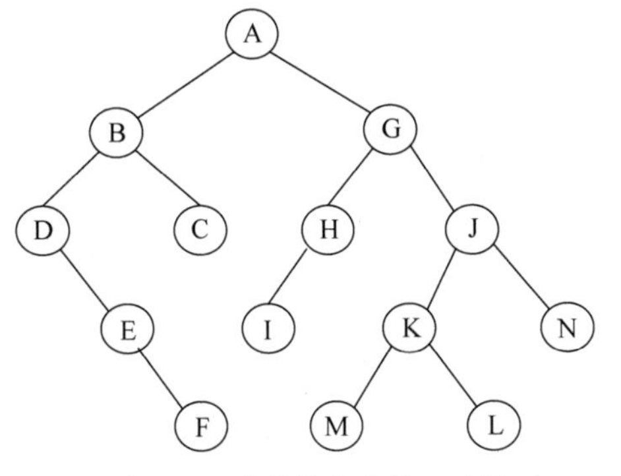

图 6.28　森林转换为的二叉树

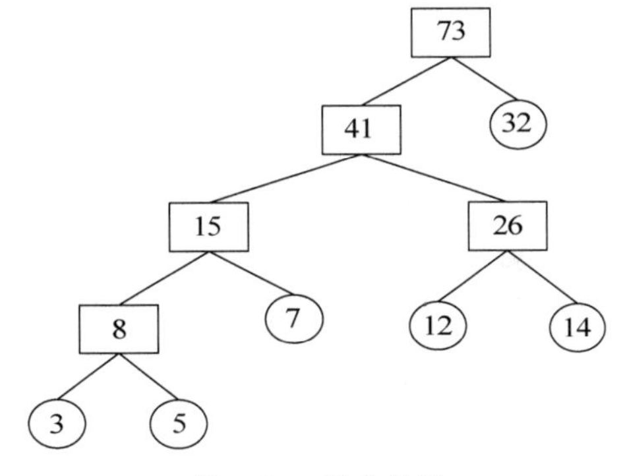

图 6.29　哈夫曼树

10. 略。

11. 分析：完全二叉树中度为 1 的结点至多有一个。

完全二叉树中的结点数 $n+(n-1)\leqslant N\leqslant n+(n-1)+1$，即 $2n-1\leqslant N\leqslant 2n$，二叉树的高度是 $\lfloor \log(2n-1)\rfloor+1\leqslant h\leqslant \lfloor \log(2n)\rfloor+1$。

于是，①当 $n=2k$ 时，$h=\lfloor \log n\rfloor+1$，即当没有度为 1 的结点时；$h=\lfloor \log n\rfloor+2$，即当有 1 个度为 1 的结点时。②其他情况下，$h=\lfloor \log n\rfloor+2$。

12. 分析：由于每个字符出现的频率不同，使用固定长度的编码往往比哈夫曼编码使整个通信量增多。这里先建立哈夫曼树，得出哈夫曼编码，然后计算通信所需的字节数。每字节含 8 位。

使用固定长度的编码所需字节数为 $(20+6+34+11+9+7+8+5)\times 3/8=37.5$（字节）。一种可能的哈夫曼编码是 A：00，B：1100，C：10，D：010，E：011，F：1110，G：1111，H：

1101，通信的总字节数是[(20+34)×2+(11+9)×3+(6+5+7+8)×4]/8=34(字节)。

五、算法设计题

1.

```
int countleaf(BTLINK * bt)
{
    int n,l,r;
    if(bt==NULL)
        n=0;
    else if((bt->lchild==NULL)&&(bt->rchild==NULL))
            n=1;
        else
        {   l=countleaf(bt->lchild);
            r=countleaf(bt->rchild);
            n=l+r;
        }
    return(n);
}
```

2.

```
THREADBT * inpre(THREADBT * p)
{
    THREADBT * q;
    if(p->ltag==1)
        q=p->lchild;
    else
    {   q=p->lchild;
        while(q->rtag==0)
            q=q->rchild;
    }
    return(q);
}
```

3.

```
int jiaohuan(BTLINK * bt)
{
    BTLINK * temp;
            if(bt!=NULL)
            {   if(bt->lchild!=NULL&&bt->rchild!=NULL)
                {   temp=bt->lchild;
                    bt->lchild=bt->rchild;
                    bt->rchild=temp;
                }
                else if(bt->lchild==NULL)
                    {   bt->lchild=bt->rchild;
                        bt->rchild=NULL;
                    }
                    else if(bt->rchild==NULL)
                        {   bt->rchild=bt->lchild;
                            bt->lchild=NULL;
                        }
                jiaohuan(bt->lchild);
                jiaohuan(bt->rchild);
            }
```

```
    }
```

4.

```
void PrintBinaryTree (BTLINK * bt, int indent )
{if ( ! bt ) return;
    for ( i=0; i<indent; i++ ) print ( " ");          //缩进
    print ( bt-> data );
    PrintBinaryTree ( bt-> lchild, indent+1 );
    PrintBinaryTree ( bt-> rchild, indent+1 );
}
```

5. 分析：按层遍历完全二叉树，当遇到第一个空指针之后应该全都是空指针。

```
bool IsComplete (BTLINK * bt)
{
                                                      //按层遍历至第一个空指针
  InitQueue (Q);
  EnQueue (Q,bt);
  while (!QueueEmpty(Q))
  {DeQueue (Q,p);
    if (p)
      {EnQueue (Q,p-> lchild);
       EnQueue (Q, p-> rchild);
      }
     else break;                                      //遇到第一个空指针时停止遍历
     }                                                //检查队列中剩余元素是否全部是空指针
  while (!QueueEmpty(Q))
  {DeQueue (Q, p);
  if (p) return false;                                //不是完全二叉树
  }
  return true;                                        //完全二叉树
}
```

6. 分析：进行后序遍历时，栈中保存的是当前结点的所有祖先。所以，后序遍历二叉树过程中遇到该结点时，取出栈中的内容即是所有祖先。

```
vector Ancestors (BTLINK * bt, BTLINK * xptr)     //求二叉树 bt 中结点 xptr 的所有祖先
{stack s;
 stack tag;
  p = bt;
  while ( p || ! Stack_Empty(s) )
  {if (p)
  { Push_Stack(s,p ); Push_Stack (tag,1);
      p = p-> lchild;
  }
  else {p = Pop_Stack (s); f = Pop_Stack (tag);
        if ( f==1 )
             { Push_Stack (s,p ); Push_Stack (tag,2 );
               p = p-> rchild;
             }
         else
        {if ( p==xptr )
            {v = s;                                   //当前栈的内容就是 xptr 的所有祖先
             return v;
            }
```

```
                p = NULL;
            }
        }
    }                                                          //while 循环结束
    return vector();                                           //返回一个空向量
}
```

注意：在算法的具体实现时，栈 stack 可以是顺序栈或链栈。

7. 思路：用后序遍历求出两者的所有祖先，依次比较。

```
BinTree LastAncestor (BTLINK * bt, BTLINK * q, BTLINK * r )
                                                  //求二叉树 bt 中两个结点 q 和 r 的最近的共同祖先
{
    stack sq, sr;
    stack s, tag;
                                                  //求 q 和 r 的所有祖先
    p = bt;
    while ( p || ! s.empty() )
    {if ( p )
        {s.push ( p ); tag.push ( 1 );
            p = p-> lchild;
        }
else
    {p = s.pop(); f = tag.pop();
        if ( f==1 )
         {s.push ( p ); tag.push ( 2 );
          p = p-> rchild;
         }
      else
          {if ( p==q ) sq = s;                    //q 的所有祖先
           if ( p==r ) sr = s;                    //s 的所有祖先
           p = NULL;
          }
        }
    }
                                                  //先跳过不同层的祖先，然后依次比较同一层的祖先
    if ( sq.size()> sr.size() )
              while ( sq.size()> sr.size() ) sq.pop();
    else
              while ( sr.size()> sq.size() ) sr.pop();
                                                  //求 q 和 r 的最近的共同祖先
    while ( !sq.empty() and (sq.top()!=sr.top()) )        //寻找共同祖先
        {sq.pop(); sr.pop();
        }
    if ( !sq.empty() )
        return sq.top();
    else
        return NULL;
}
```

注意：此处为描述方便借助了 C++ 中的某些描述方式。

8. 分析：树中的叶子结点没有孩子，即 firstchild 为空。

```
//求树 t 中叶子结点的个数
int LeafCount (CSNODE * t )
{if ( t==NULL ) return 0;                         //空树
```

```
    if ( t-> leftlchild==NULL )                //没有孩子
        return 1 + LeafCount(t-> rightsibling);
    else
        return LeafCount(t-> leftlchild) + LeafCount(t-> rightsibling);
}
```

9. 分析：度最大的结点的度数。

```
int Degree (CSNODE * t )
{if ( t==NULL ) return 0;
    else
        return max( Degree(t-> leftlchild), 1+Degree(t-> rightsibling));
}
```

10. 分析：划分前序序列 a=(D,(L),(R))和后序序列 b=((L),D,(R)),然后对子序列(L)和(R)递归。

```
BinTree CreateBinaryTree (DATATYPE a[ ], int si, int ti, DATATYPE b[ ], int sj, int tj )
                            //根据前序序列 a[si..ti]和中序序列 b[sj..tj]构造二叉树
{if ( n<=0 ) return 0;                    //空树
                                          //建立根结点
    p = new BinNode(a[si]);               //以 a[si]为数据域建立新结点
                            //根据根结点划分中序序列为 b[sj..k-1]和 b[k+1..tj]
    k = sj;
    while ( b[k]!=a[si] ) k++;            //在 b[ ]中搜索根结点 a[si]
                                          //建立左、右子树
    p-> lchild = CreateBinaryTree ( a, si+1, si+k-sj, b, sj, k-1 );        //建立左子树
    p-> rchild = CreateBinaryTree ( a, si+k-sj+1, b, k+1, tj);             //建立右子树
    return p;
}
```

图

7.1 基本知识提要

7.1.1 本章思维导图

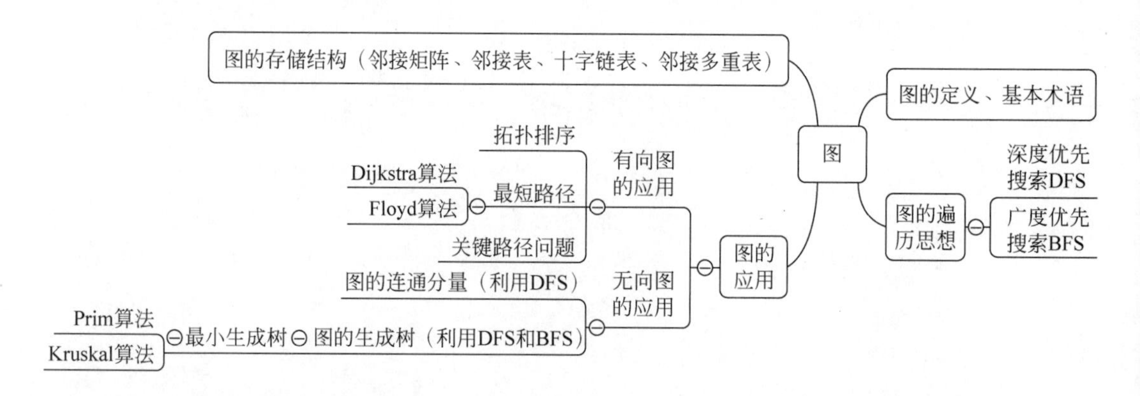

7.1.2 常用术语解析

度：在无向图中，顶点 v 的度是指依附于该顶点的边的条数；在有向图中，顶点 v 的入度是指以该顶点为弧头(终点)的弧的条数；在有向图中，顶点 v 的出度是指以该顶点为弧尾(始点)的弧的条数。

回路：若一条路径上的开始点与结束点为同一个顶点，则此路径称为回路。

完全图：若无向图中的每两个顶点之间都存在着一条边，有向图中的每两个顶点之间都存在着方向相反的两条边，则称此图为完全图。

连通图：在无向图中，若任意两个顶点 v_i 与 v_j 之间都有路径，则称该图为连通图。

图的遍历：通常有深度优先遍历和广度优先遍历两种方式。深度优先遍历是以递归方式进行的，需用栈记录遍历的路线；广度优先遍历是以层次方式进行的，需用队列保存已经访问的顶点。为了在图的遍历过程中区分顶点是否被访问，需设置一个访问标志的数组来记录顶点是否已经被访问过。

最小生成树：无向连通网中代价最小的生成树。

最短路径：网中两顶点之间经过的边上权值之和最小的路径。

AOV 网：用顶点表示活动，用弧表示活动之间的优先关系的有向图。

7.1.3 重点知识整理

1. 图的邻接矩阵和邻接表存储结构

邻接矩阵的存储结构，就是用一维数组存储图中顶点的信息，用一个二维数组表示图中各顶点之间邻接关系的信息，这个二维数组称为邻接矩阵。对无向图而言，其邻接矩阵一定是对称矩阵，第 i 行的非零元素个数等于第 i 个顶点的度。对有向图而言，其邻接矩阵不一定是对称矩阵，第 i 行的非零元素个数等于第 i 个顶点的出度，第 i 列的非零元素个数等于第 i 个顶点的入度。

邻接表是图的一种顺序存储与链式存储结合的存储方法。对于图 G 中的顶点 v_i 而言，将所有邻接于 v_i 的顶点 v_j（边 $E(v_i, v_j)$）组成一个单链表，该单链表就称为顶点 v_i 的邻接表，再将所有顶点的邻接表表头放到数组中，就构成了图的邻接表。对无向图而言，顶点 v_i 的邻接表中结点的个数就是顶点 v_i 的度；同时每条边的信息记录了两次，即同一个边在邻接表中会出现两次。对有向图而言，顶点 v_i 的邻接表中结点的个数就是顶点 v_i 的出度，要计算顶点 v_i 的入度则需要遍历整个图的邻接表，统计顶点 v_i 在整个邻接表中出现的次数，即该顶点 v_i 的入度。

2. 图的存储结构及适用范围

图的存储结构及适用范围如表 7.1 所示。

表 7.1 图的存储结构及适用范围

存储结构	邻接矩阵	邻接表	十字链表	邻接多重表
存储方式	顺序存储	链式存储	链式存储	链式存储
适用范围	无向图(网)、有向图(网)	无向图(网)	有向图	无向图
实现思想	用一个一维数组存储结点信息；用一个二维数组存储边的信息	对图的每一个顶点建立一个单链表；顶点信息和指向依附于该顶点的边(弧)结点构成的单链表存储在一个一维数组中	实际上是邻接表和逆邻接表的结合；用两个指针数组分别存储邻接表和逆邻接表的顶点表；把邻接表的出弧结点和逆邻接表的入弧结点合并	顶点表结点与邻接表的顶点相同；边结点由 4 个域组成，分别存储边所依附的两个顶点域和分别指向该边所依附的两个顶点的下一条边结点

3. 图的遍历

深度优先搜索遍历类似于前序遍历，是树的前序遍历的推广。广度优先搜索遍历类似于树的层次遍历的过程。广度优先搜索遍历图的过程中以 v 为起点，由近至远，依次访问和 v 有路径相通且路径长度为 1、2、…的顶点。

遍历图的过程实质上是对每个顶点查找其邻接点的过程，其耗费的时间取决于所采用的存储结构。以邻接矩阵作为图的存储结构时，其时间复杂度为 $O(n^2)$；以邻接表作为存储结构时，其时间复杂度为 $O(n+e)$。

4. 最小生成树

对无向连通图而言，它的所有生成树中有一棵边的权值总和最小的生成树，该生成树则简称为最小生成树。

最小生成树的构造算法如下所示。

Prim 算法(扩充结点法)：从某个顶点集(初始时只有一个顶点)开始，通过加入与其中顶点相关联的最小代价的边，来扩大顶点集合，直至将所有的顶点包含其中。

Kruskal 算法(扩边法)：初始时 n 个顶点互不连通，形成 n 个连通分量。通过添加代价最小的边来减少连通分量的个数，直到所有顶点都在一个连通分量中(需要注意，在产生生成树的过程中，不能产生回路)。

5. AOV 网与 AOE 网的比较

AOV 网与 AOE 网的比较如表 7.2 所示。

表 7.2 AOV 网与 AOE 网的比较

	AOV 网	AOE 网
性质	(1) AOV 网中的弧表示了活动之间存在的某种制约关系； (2) 在 AOV 网中不能出现回路	(1) 只有在某顶点所代表的事件发生后，从该顶点出发的各活动才能开始； (2) 只有在进入某顶点的各活动都已经结束后，该顶点所代表的事件才能发生
区别	(1) 都是对工程的建模； (2) AOV 网是顶点表示活动的网，只说明了活动之间的制约关系； (3) AOE 网是边表示活动的网，边上的权值表示活动的持续时间	

7.2 知识拓展

求无向连通网最小生成树的其他方法有如下几种。

1. 破圈法

在 Kruskal 算法中，是从带权无向连通图的边集中选取当前权值最小的边作为最小生成树的边。如果换个角度，不是从无向连通图的边集中取边并入最小生成树，而是将连通图中的边按其权值从大到小顺序逐个删除(删除时要坚持的原则是保证在删除该边后各个顶点之间是连通的)。一旦删除某条边后，使得原来的连通图出现了两个或多个连通分量，则必须马上将其恢复。算法描述如下：

```
BreakCircle(graph &G)
{将图中所有边按其权值从大到小排序为(e1,e2,e3,…,em);
 for(i=1; 连通网中所剩边数>=G.vexnum; i++)
   {从连通网中删除 e;
    若网不再连通,则恢复 ei;
   }
}
```

该算法被称为“破圈法”，即“任取图中一个圈，删除其权值最大的边”，重复这一操作，直至图中没有圈为止。

2. Sollin 算法

Sollin 算法是将求无向网的最小生成树的过程分为若干阶段，每个阶段选取若干条边。其具体算法如下。

(1) 将每个顶点作为一棵独立的树，则整个图中的所有顶点就构成了一个大的森林。

(2) 为每棵树选取一条边，要求其是图中与外界相连的所有边中权值最小的一条。由于同一条边可能被两棵树同时选中，因此需要删除重复选出的边，而只保留一条边即可。这样，原来的森林就变成了其中所含数目相对较少的小规模森林。

(3) 重复步骤(2)，直至森林连接成一棵树为止。

7.3　典型题解析

例 7.1　一个具有 n 个顶点的图最少有(　　)个连通分量，最多有(　　)个连通分量。

A. 0　　B. 1　　C. n－1　　D. n

例题解析：

连通分量数最少的情况不可能是 0，因为有顶点存在。如果该图是个连通图，则有 1 个连通分量，这是最少的连通分量数。当所有顶点自成连通分量即图中没有边时，连通分量数达到最大值 n。故本题答案为 B、D。

例 7.2　设 G 为一个有向图，则其所含边的条数最多为(　　)。

例题解析：

设 G 含有 n 个顶点，当 G 为有向完全图时，其所含边的条数最多为 $n\times(n-1)$ 条。

例 7.3　(　　)的邻接矩阵是对称矩阵。

A. 有向图　　B. 无向图　　C. AOV 网　　D. AOE 网

例题解析：

该题目主要考查图的存储结构——邻接矩阵的定义。对无向图而言，其邻接矩阵是对称矩阵；而有向图则不一定。AOV 网和 AOE 网是一种较特殊的有向图。故本题答案为 B。

例 7.4　具有 7 个顶点的有向图至少应有(　　)条边才能确保它是一个强连通图。

A. 6　　B. 7　　C. 8　　D. 9

例题解析：

本题目主要考查强连通图的定义，由于强连通图中任何两个顶点之间能够互相连通，因此第 1 个顶点至少要有一条以该顶点为弧头的弧和一条以该顶点为弧尾的弧，每个顶点的入度和出度至少各为 1，即顶点的度至少为 2，这样根据图的顶点数、边数以及各顶点的度三者之间的关系计算可得：边数 $=2\times n/2=n$，即有 7 个顶点的有向图中，要保证任意两个顶点是强连通的，至少拥有 7 个顶点，使得它们构成一个环状结构的图。故本题答案为 B。

例 7.5　对如图 7.1 所示的无向图，若从顶点 1 开始进行深度优先遍历，则可能得到的一种顶点序列为(　①　)；从顶点 1 开始进行广度优先遍历，则可能得到的一种顶点序列为(　②　)。

例 7.5

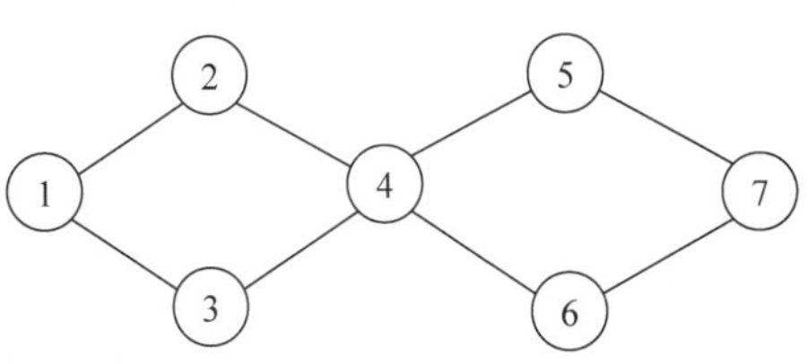

图 7.1　无向图

① A. 1 2 4 3 5 7 6　　B. 1 2 4 3 5 6 7　　C. 1 2 4 5 6 3 7　　D. 1 2 3 4 5 7 6

② A. 1 3 2 4 5 6 7　　B. 1 2 4 3 5 6 7　　C. 1 2 3 4 5 7 6　　D. 2 5 1 4 7 3 6

例题解析：

在①中，选项 B 与选项 C 中从顶点 5 到顶点 6 不符合深度优先遍历规则；选项 D 中从顶点 2 到顶点 3 不符合深度优先遍历规则。

在②中，选项 B 中 124 子序列不符合广度优先遍历规则；选项 C 中 457 子序列不符合广度优先遍历规则；选项 D 中从 2 开始不符合广度优先遍历规则。

故本题答案为①A ，②A。

例 7.6　若在一个有向图的邻接矩阵中，主对角线以下的元素均为零，则该图的拓扑序列(　　)。

A. 存在　　　　B. 不存在

例题解析：

判断有向图是否存在拓扑序列，关键在于看图中是否存在环，如果存在环则不存在拓扑序列，否则就存在拓扑序列。

鉴于题目中给出了图的邻接矩阵，就使用图的深度优先遍历来判断图中是否存在回路。采用深度优先遍历图的邻接矩阵来判断图是否有环，就是看在深度优先遍历过程中是否会出现再次访问到已经被访问过的顶点的情况。由于该有向图中的下三角元素全为零，则每访问到一个顶点 V 的邻接点 W 时，这个邻接点 W 必定比顶点 V 在数组中的下标大，而不会出现小于或等于的情况，也就是说，每次深度优先往前访问一个顶点，则该顶点必定为从未被访问过的顶点，所以可以断定该图中不存在环。因此，如果有向图邻接矩阵的下三角元素全为零，则其必存在拓扑序列。故本题答案为 A。

但是反之不成立，即若某有向图存在拓扑序列，则其邻接矩阵的下三角元素不一定全为零。

例 7.7

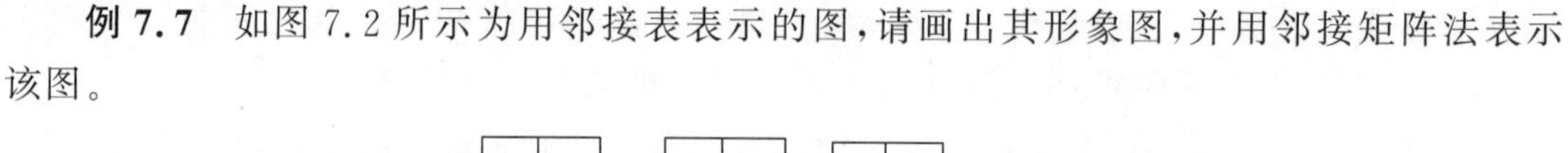

例 7.7　如图 7.2 所示为用邻接表表示的图，请画出其形象图，并用邻接矩阵法表示该图。

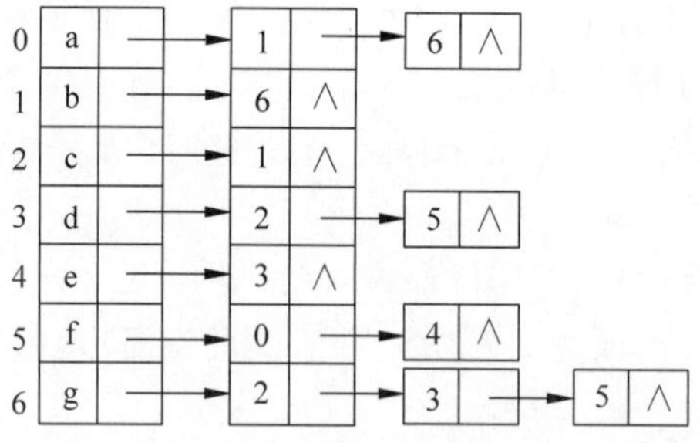

图 7.2　图的邻接表

例题解析：

首先要确定该图是有向图还是无向图。由图 7.2 可知，顶点 a 可到达 b 而 b 却不能到达 a，故该图应为有向图，该图的形象图中所含有的箭头数应该与邻接表中的边表结点数相同。然后根据邻接表中各结点的含义及其相互关系逐步画出其形象图，如图 7.3(a)所示。其邻接矩阵如图 7.3(b)所示。

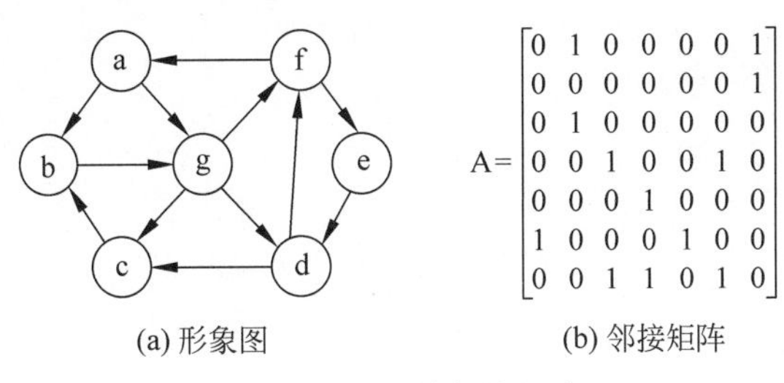

(a) 形象图　　(b) 邻接矩阵

图 7.3　图及其邻接矩阵

例 7.8　假设无向图采用邻接表存储，编写一个算法求连通分量的个数并输出各连通分量的顶点集。

例题解析：

以深度优先遍历来求图 G 的连通分量的个数。对应的算法如下：

```
int visited[MAXV];                              /* 全局变量数组 */
int DFSTrave(ALGraph *G,int i,int j)
{ int k,num=0;                                  /* num 记录连通分量的个数 */
    for(k=0;k<G->n;k++)
      visited[k]=0;
    for(k=0;k<G->n;k++)
      if(visited[i]==0)
       { num++;
          printf("第%d 个连通分量顶点集: ",num);
          DFS(G,i);                             /* DFS 为深度优先遍历算法 */
          printf("\n");
       }
    return num;
}
```

例 7.9　对于如图 7.4 所示的带权无向图，用图示说明：

(1) 利用 Prim 算法从顶点 a 开始构造最小生成树的过程。

(2) 利用 Kruskal 算法构造最小生成树的过程。

例题解析：

(1) 利用 Prim 算法从顶点 a 开始构造最小生成树的过程如图 7.5 所示。

(2) 利用 Kruskal 算法构造最小生成树的过程如图 7.6 所示。

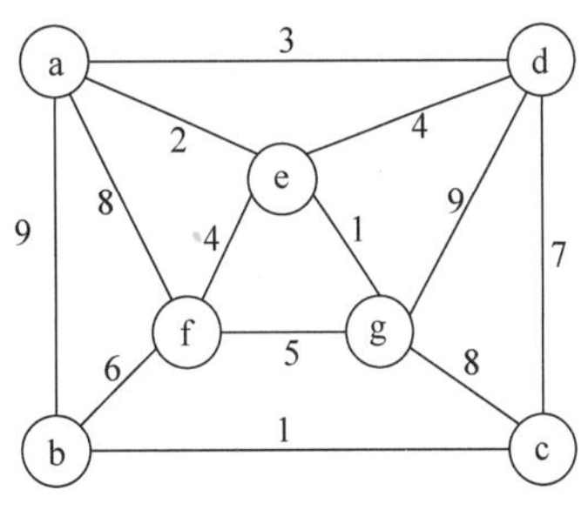

图 7.4　带权无向图

例 7.9

例 7.10

例 7.10　对于如图 7.7 所示的带权图，利用 Dijkstra 算法求出从源点 V_1 到其余各顶点的最短路径及其长度，并写出在算法执行过程中，每求得一条最短路径后，当前从源点 V_1 到其余各顶点的最短路径及其长度的变化情况。

例题解析：

对于这个图，在 Dijkstra 算法执行过程中，每求得一条从 V_1 到某个顶点的最短路径后，当前从 V_1 到其余各顶点的最短路径及其长度的变化情况如表 7.3 所示。

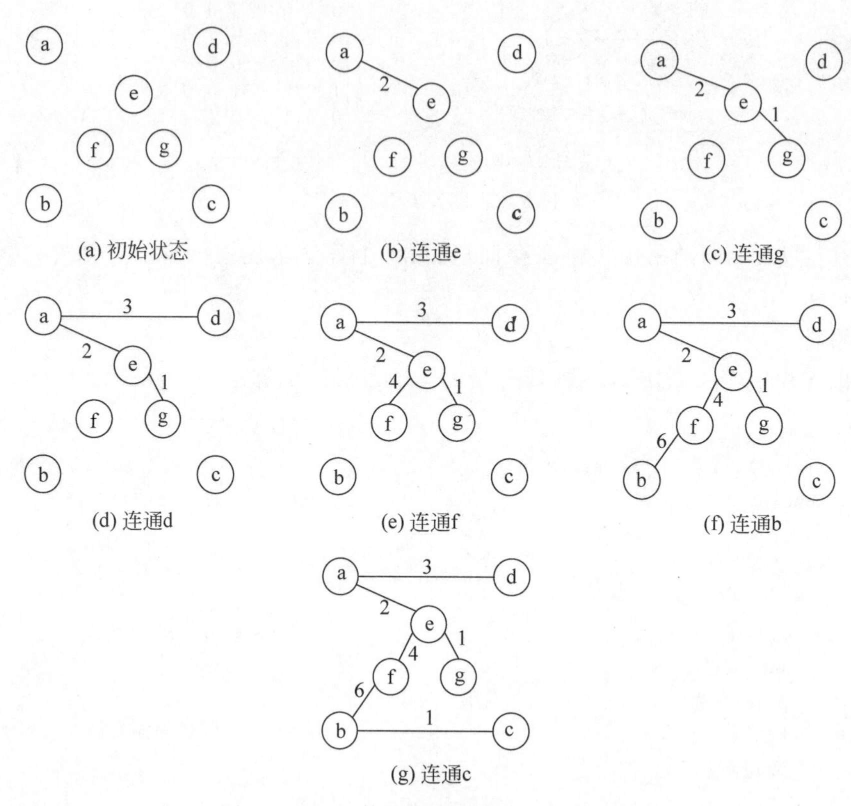

图 7.5　Prim 算法构造最小生成树过程图

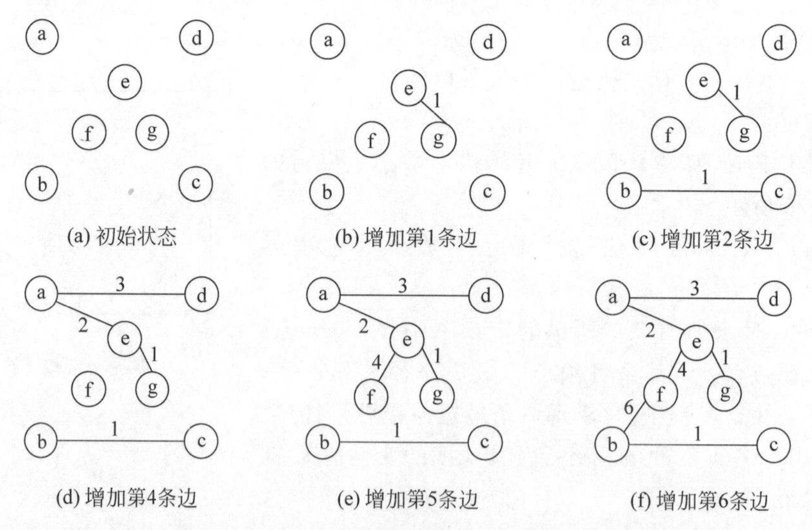

图 7.6　Kruskal 算法构造最小生成树过程图

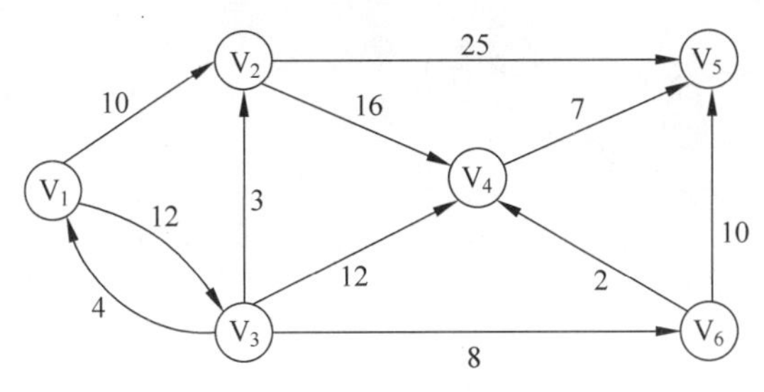

图 7.7 带权图

表 7.3 Dijkstra 算法执行过程

步骤		顶点					求得的最短路径
		V_2	V_3	V_4	V_5	V_6	
初态	长度与最短路径	10 (V_1,V_2)	12 (V_1,V_3)	∞ (V_1,V_4)	∞ (V_1,V_5)	∞ (V_1,V_6)	10 (V_1,V_2)
1	长度与最短路径		12 (V_1,V_3)	26 (V_1,V_2,V_4)	35 (V_1,V_2,V_5)	∞ (V_1,V_6)	12 (V_1,V_3)
2	长度与最短路径			24 (V_1,V_3,V_4)	35 (V_1,V_2,V_5)	20 (V_1,V_3,V_6)	20 (V_1,V_3,V_6)
3	长度与最短路径			22 (V_1,V_3,V_6,V_4)	30 (V_1,V_3,V_6,V_5)		22 (V_1,V_3,V_6,V_4)
4	长度与最短路径				29 (V_1,V_3,V_6,V_4,V_5)		29 (V_1,V_3,V_6,V_4,V_5)

V_1 到 V_2：最短路径为(V_1,V_2)，长度为 10；

V_1 到 V_3：最短路径为(V_1,V_3)，长度为 12；

V_1 到 V_4：最短路径为(V_1,V_3,V_6,V_4)，长度为 22；

V_1 到 V_5：最短路径为(V_1,V_3,V_6,V_4,V_5)，长度为 29；

V_1 到 V_6：最短路径为(V_1,V_3,V_6)，长度为 20。

例 7.11 对如图 7.8 所示的 AOV 网进行拓扑排序，给出其拓扑排序的两个序列。

例 7.11

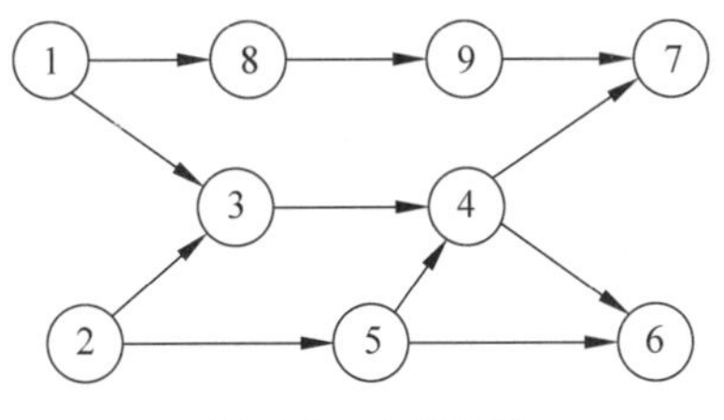

图 7.8 AOV 网

例题解析：

根据拓扑排序方法，该 AOV 网的拓扑排序过程如图 7.9 所示。

按图 7.9 所示，得到拓扑排序序列为 1,8,9,2,3,5,4,7,6。从图 7.9 中可以看出，在 AOV 网中，顶点 1 与顶点 2 两个顶点均没有前驱结点，因此也可得到 1,2,3,5,4,6,8,9,7 这样一个拓扑排序序列。

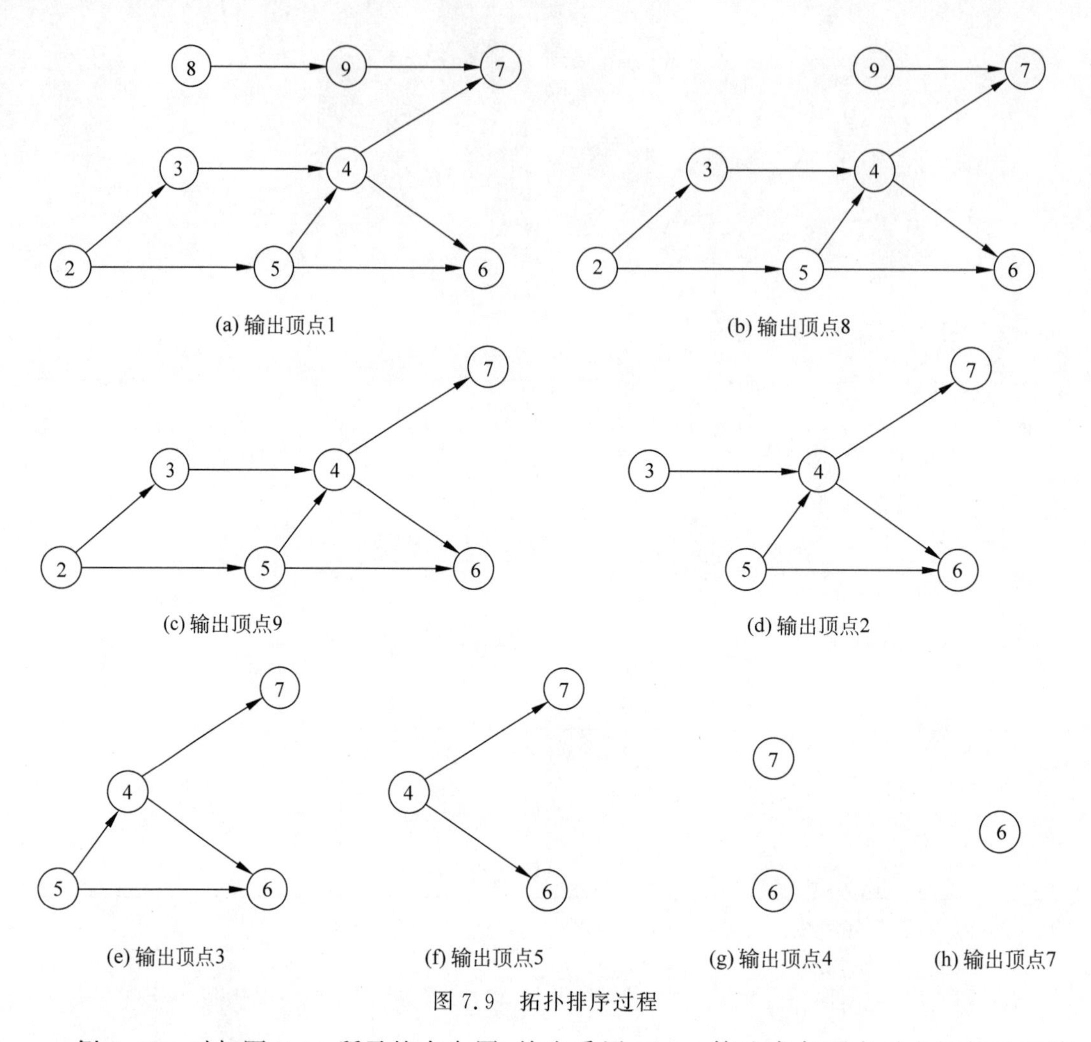

图 7.9　拓扑排序过程

例 7.12　对如图 7.10 所示的有向图，给出采用 Floyd 算法求各顶点对之间的最短路径和最短路径长度的结果。

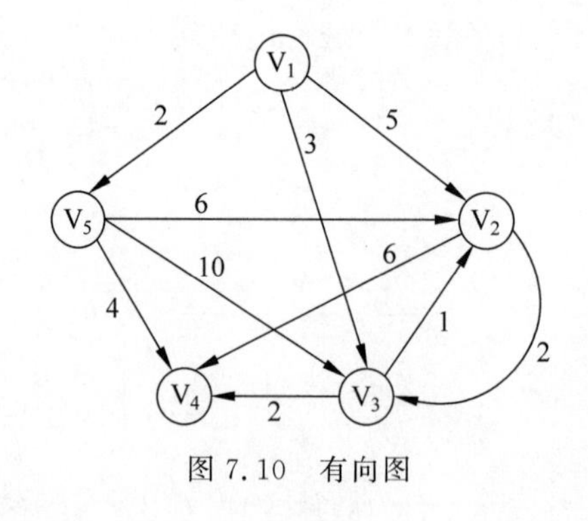

图 7.10　有向图

例题解析：

该有向图的邻接矩阵和最短路径矩阵如表 7.4 所示。

表 7.4　有向图的邻接矩阵 A_0 和最短路径矩阵 $Path_0$

A_0	V_1	V_2	V_3	V_4	V_5	$Path_0$	V_1	V_2	V_3	V_4	V_5
V_1	∞	5	3	∞	2	V_1		V_1V_2	V_1V_3		V_1V_5
V_2	∞	∞	2	6	∞	V_2			V_2V_3	V_2V_4	
V_3	∞	1	∞	2	∞	V_3		V_3V_2		V_3V_4	
V_4	∞	∞	∞	∞	V	V_4					
V_5	∞	6	10	4	∞	V_5		V_5V_2	V_5V_3	V_5V_4	

在 A_0 的基础上,在每对顶点之间插入顶点 V_1 后,A_0 中 V_1 所在的行(列)中的数据不需要更新。由于所有顶点至 V_1 都没有路径,因此 A_0 无须更新,即 $A_0=A_1$。因此,矩阵 $Path_0$ 也无须更新。

在 A_1 的基础上,在每对顶点之间插入顶点 V_2 后,各顶点之间的当前最短路径矩阵 A_2 与最短路径长度矩阵 $Path_2$ 如表 7.5 所示。

表 7.5　有向图的最短路径矩阵 A_2 和最短路径长度矩阵 $Path_2$

A_2	V_1	V_2	V_3	V_4	V_5	$Path_2$	V_1	V_2	V_3	V_4	V_5
V_1	∞	5	3	11	2	V_1		V_1V_2	V_1V_3	$V_1V_2V_4$	V_1V_5
V_2	∞	∞	2	6	∞	V_2			V_2V_3	V_2V_4	
V_3	∞	1	∞	2	∞	V_3		V_3V_2		V_3V_4	
V_4	∞	∞	∞	∞	∞	V_4					
V_5	∞	6	8	4	∞	V_5		V_5V_2	$V_5V_2V_3$	V_5V_4	

在 A_2 的基础上,在每对顶点之间插入顶点 V_3 后,各顶点之间的当前最短路径矩阵 A_3 与最短路径长度矩阵 $Path_3$ 如表 7.6 所示。

表 7.6　有向图的最短路径矩阵 A_3 和最短路径长度矩阵 $Path_3$

A_3	V_1	V_2	V_3	V_4	V_5	$Path_3$	V_1	V_2	V_3	V_4	V_5
V_1	∞	4	3	5	2	V_1		$V_1V_3V_2$	V_1V_3	$V_1V_3V_4$	V_1V_5
V_2	∞	∞	2	4	∞	V_2			V_2V_3	$V_2V_3V_4$	
V_3	∞	1	∞	2	∞	V_3		V_3V_2		V_3V_4	
V_4	∞	∞	∞	∞	∞	V_4					
V_5	∞	6	8	4	∞	V_5		V_5V_2	$V_5V_2V_3$	V_5V_4	

在 A_3 的基础上,在每对顶点之间插入顶点 V_4 后,由于 V_4 到各顶点之间当前没有路径,故不需更新,如表 7.7 所示,即 $A_3=A_4$,$Path_3=Path_4$。

表 7.7　有向图的最短路径矩阵 A_4 和最短路径长度矩阵 $Path_4$

A_4	V_1	V_2	V_3	V_4	V_5	$Path_4$	V_1	V_2	V_3	V_4	V_5
V_1	∞	4	3	5	2	V_1		$V_1V_3V_2$	V_1V_3	$V_1V_3V_4$	V_1V_5
V_2	∞	∞	2	4	∞	V_2			V_2V_3	$V_2V_3V_4$	
V_3	∞	1	∞	2	∞	V_3		V_3V_2		V_3V_4	
V_4	∞	∞	∞	∞	∞	V_4					
V_5	∞	6	8	4	∞	V_5		V_5V_2	$V_5V_2V_3$	V_5V_4	

在 A_4 的基础上,在每对顶点之间插入顶点 V_5 后,各顶点之间的当前最短路径矩阵 A_5 与最短路径长度矩阵 $Path_5$,如表 7.8 所示。

表 7.8　有向图的最短路径矩阵 A_5 和最短路径长度矩阵 $Path_5$

A_5	V_1	V_2	V_3	V_4	V_5	$Path_5$	V_1	V_2	V_3	V_4	V_5
V_1	∞	4	3	5	2	V_1		$V_1V_3V_2$	V_1V_3	$V_1V_3V_4$	V_1V_5
V_2	∞	∞	2	4	∞	V_2			V_2V_3	$V_2V_3V_4$	
V_3	∞	1	∞	2	∞	V_3		V_3V_2		V_3V_4	
V_4	∞	∞	∞	∞	∞	V_4					
V_5	∞	6	8	4	∞	V_5		V_5V_2	$V_5V_2V_3$	V_5V_4	

例 7.13

例 7.13　如图 7.11 所示为一个工程的 AOE 网示例，求出该 AOE 网中的关键路径（要求标明每个顶点的最早发生时间和最迟发生时间，并画出关键路径）。

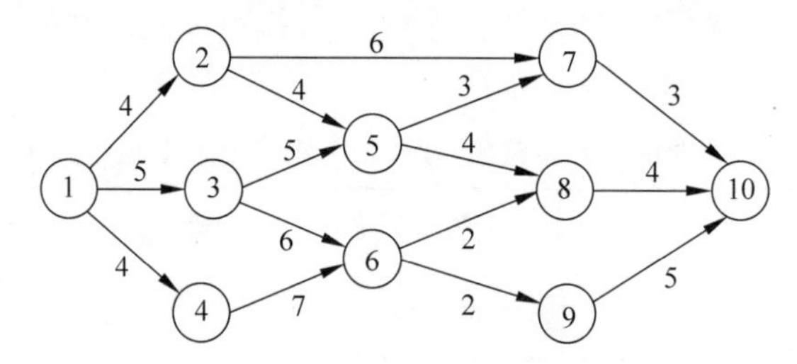

图 7.11　一个工程的 AOE 网示例

例题解析：

图中各个顶点的最早发生时间与最迟发生时间如表 7.9 所示。

表 7.9　各个顶点的最早发生时间与最迟发生时间

顶　点	时　间	
	最早发生时间	最迟发生时间
1	0	0
2	4	6
3	5	5
4	4	4
5	10	10
6	11	11
7	13	15
8	14	14
9	13	13
10	18	18

其中，关键路径如图 7.12 所示。

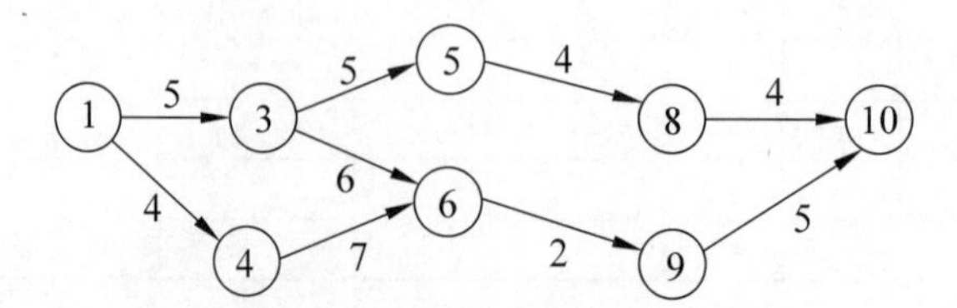

图 7.12　AOE 网的关键路径

7.4 测试习题与参考答案

测试习题

一、填空题

1. 有 n 个顶点的无向图最多有(　　)条边。

2. 用一个邻接矩阵存储有向图 G,其第 i 行的所有元素之和等于顶点 i 的(　　)。

3. 在有 n 个顶点的有向图中,每个顶点的度最大可达(　　)。

4. 有 n 个顶点的强连通有向图 G 至少有(　　)条弧。

5. 已知一个有向图的邻接矩阵表示,删除所有从第 i 个结点出发的弧的方法是(　　)。

6. Prim 算法适用于求(　　)的网的最小生成树,Kruskal 算法适用于求(　　)的网的最小生成树。

7. 连通分量是无向图中的(　　)连通子图。

8. 可以进行拓扑排序的有向图一定是(　　)。

9. AOV 网中,顶点表示(　　),边表示(　　)。AOE 网中,顶点表示(　　),边表示(　　)。

10. 具有 n 个顶点 e 条边的有向图和无向图用邻接表表示,则邻接表的边结点个数分别为(　　)和(　　)。

11. 用 Dijkstra 算法求某一顶点到其余各顶点间的最短路径是按路径长度(　　)的次序来得到最短路径的。

12. 对于如图 7.13 所示的有向无环图,写出利用拓扑排序算法得到的一种拓扑序列(　　)。

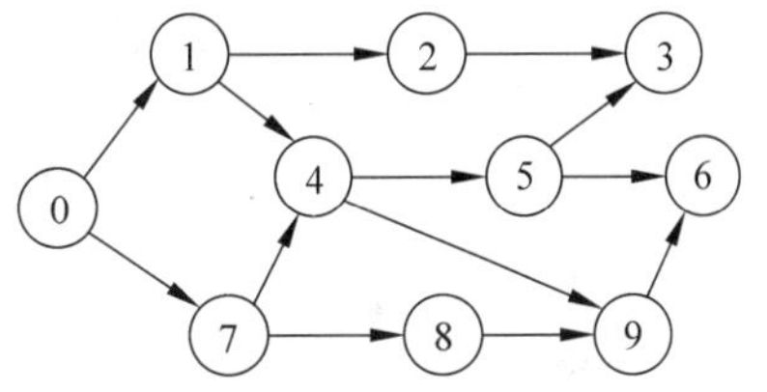

图 7.13　有向无环图

13. 遍历图有(　　)、(　　)等方法。

14. 拓扑排序算法是通过重复选择具有(　　)个前驱顶点的过程来完成的。

15. 图的逆邻接表存储结构只适用于(　　)。

二、选择题

1. 一个 n 个顶点的连通无向图,其边的个数至少为(　　)。

A. $n-1$　　B. n　　C. $n+1$　　D. $n\log_2 n$

2. 求最短路径的 Dijkstra 算法的时间复杂度为(　　)。

A. $O(n)$　　B. $O(n+e)$　　C. $O(n^2)$　　D. $O(ne)$

3. 具有 6 个顶点的无向图至少应有(　　)条边才能确保是一个连通图。

A. 5　　B. 6　　C. 7　　D. 8

4. 无向图的邻接矩阵是一个(　　)。

A. 对称矩阵　　B. 零矩阵　　C. 上三角矩阵　　D. 对角矩阵

5. 带权有向图 G 用邻接矩阵 A 存储,则 V_i 的入度等于 A 中(　　)。

A. 第 i 行非∞的元素之和　　B. 第 i 列非∞的元素之和

C. 第 i 行非∞且非 0 的元素个数　　　　D. 第 i 列非∞且非 0 的元素个数

6. 如果从无向图的任一顶点出发进行一次深度优先搜索即可访问所有顶点，则该图一定是(　　)。

A. 完全图　　B. 连通图

C. 有回路　　D. 一棵树

7. 已知无向图如图 7.14 所示，若从顶点 a 出发按深度优先遍历，则可能得到的一种顶点序列为(　①　)；按广度优先遍历，则可能得到的一种顶点序列为(　②　)。

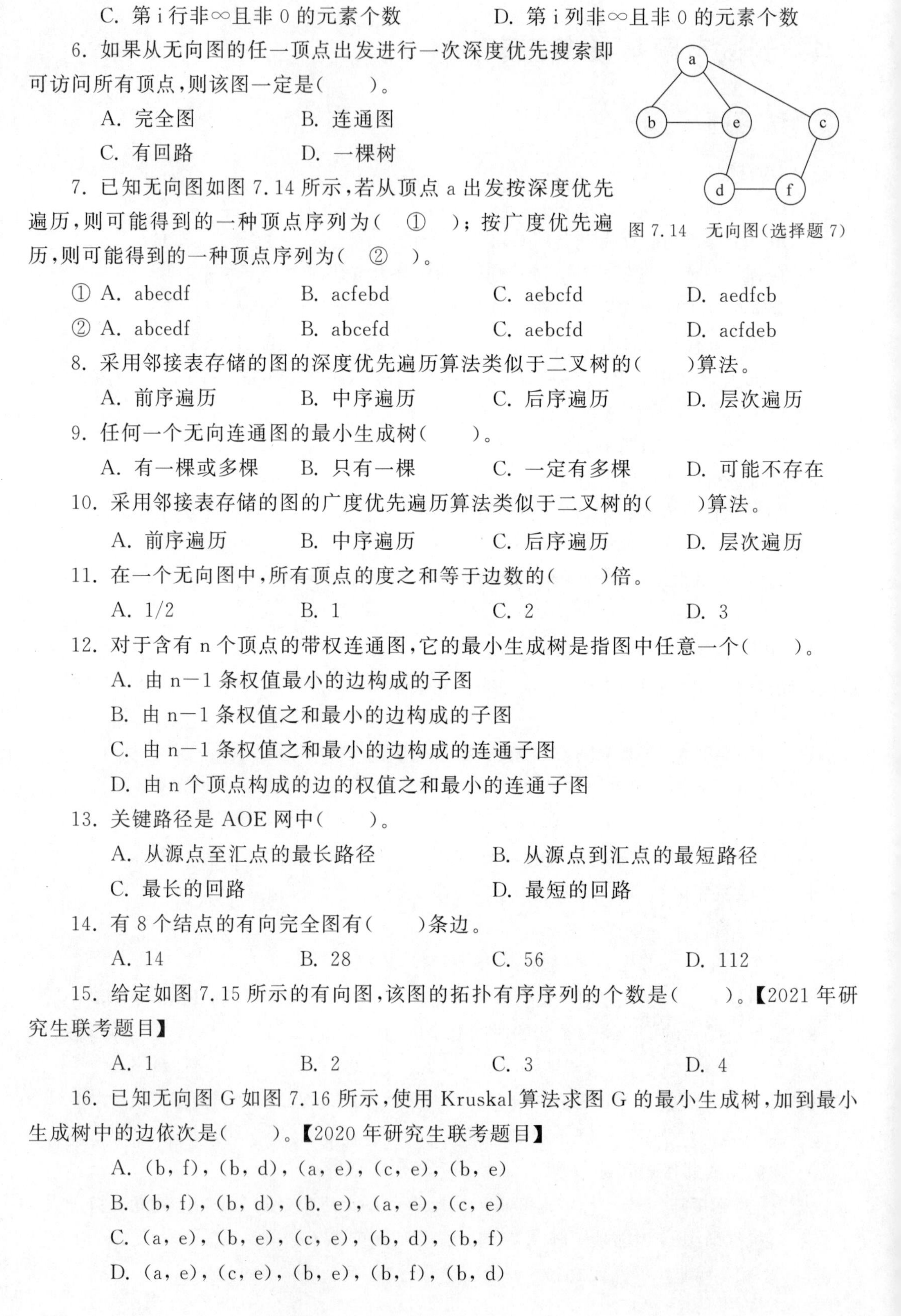

图 7.14　无向图(选择题 7)

① A. abecdf　　B. acfebd　　C. aebcfd　　D. aedfcb

② A. abcedf　　B. abcefd　　C. aebcfd　　D. acfdeb

8. 采用邻接表存储的图的深度优先遍历算法类似于二叉树的(　　)算法。

A. 前序遍历　　B. 中序遍历　　C. 后序遍历　　D. 层次遍历

9. 任何一个无向连通图的最小生成树(　　)。

A. 有一棵或多棵　　B. 只有一棵　　C. 一定有多棵　　D. 可能不存在

10. 采用邻接表存储的图的广度优先遍历算法类似于二叉树的(　　)算法。

A. 前序遍历　　B. 中序遍历　　C. 后序遍历　　D. 层次遍历

11. 在一个无向图中，所有顶点的度之和等于边数的(　　)倍。

A. 1/2　　B. 1　　C. 2　　D. 3

12. 对于含有 n 个顶点的带权连通图，它的最小生成树是指图中任意一个(　　)。

A. 由 n−1 条权值最小的边构成的子图

B. 由 n−1 条权值之和最小的边构成的子图

C. 由 n−1 条权值之和最小的边构成的连通子图

D. 由 n 个顶点构成的边的权值之和最小的连通子图

13. 关键路径是 AOE 网中(　　)。

A. 从源点至汇点的最长路径　　B. 从源点到汇点的最短路径

C. 最长的回路　　D. 最短的回路

14. 有 8 个结点的有向完全图有(　　)条边。

A. 14　　B. 28　　C. 56　　D. 112

15. 给定如图 7.15 所示的有向图，该图的拓扑有序序列的个数是(　　)。【2021 年研究生联考题目】

A. 1　　B. 2　　C. 3　　D. 4

16. 已知无向图 G 如图 7.16 所示，使用 Kruskal 算法求图 G 的最小生成树，加到最小生成树中的边依次是(　　)。【2020 年研究生联考题目】

A. (b, f), (b, d), (a, e), (c, e), (b, e)

B. (b, f), (b, d), (b. e), (a, e), (c, e)

C. (a, e), (b, e), (c, e), (b, d), (b, f)

D. (a, e), (c, e), (b, e), (b, f), (b, d)

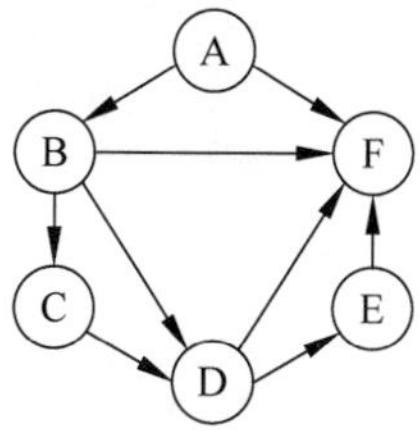

图 7.15　有向图(选择题 15)

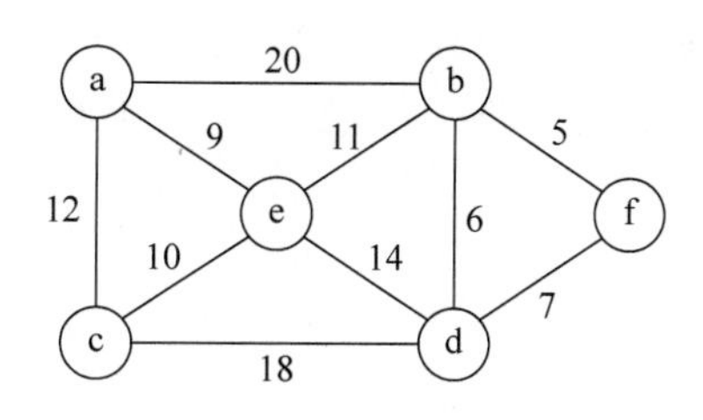

图 7.16　无向图(选择题 16)

17. 若使用 AOE 网估算工程进度,则下列叙述中正确的是(　　)。【2020 年研究生联考题目】

A. 关键路径是从原点到汇点边数最多的一条路径

B. 关键路径是从原点到汇点路径长度最长的路径

C. 增加任一关键活动的时间不会延长工程的工期

D. 缩短任一关键活动的时间将会缩短工程的工期

三、判断题

1. 一个有向图的邻接表和逆邻接表中结点的个数可能不等。　(　　)
2. 强连通图的各顶点间均可达。　(　　)
3. 在 n 个结点的无向图中,若边数大于 n－1,则该图必是连通图。　(　　)
4. 如果表示图的邻接矩阵是对称矩阵,则该图一定是无向图。　(　　)
5. 最小生成树是指边数最少的生成树。　(　　)
6. 在有向图中,各顶点的入度之和等于各顶点的出度之和。　(　　)
7. 强连通图不能进行拓扑排序。　(　　)
8. 有向图的遍历不可采用广度优先遍历方法。　(　　)
9. 最短路径一定是简单路径。　(　　)
10. 只要无向图中有权值相同的边,其最小生成树就不可能是唯一的。　(　　)
11. 广度优先遍历生成树描述了从起点到各顶点的最短路径。　(　　)
12. 当改变网上某一关键路径上的任一关键活动后,必将产生不同的关键路径。　(　　)

四、应用题

1. 如图 7.17 所示为一个有向图,试给出:

(1) 每个顶点的入度和出度。

(2) 邻接矩阵。

(3) 邻接表。

(4) 逆邻接表。

(5) 强连通分量。

2. 有如图 7.18 所示的带权有向图 G,试回答以下问题。

(1) 给出从顶点 1 出发的一个深度优先遍历序列和一个广度优先遍历序列。

(2) 给出 G 的一个拓扑序列。

(3) 给出从顶点 1 到顶点 8 的最短路径和关键路径。

3．对于如图7.19所示的无向图，分别用Prim算法和Kruskal算法求出其最小生成树。

4．对如图7.20所示的带权有向图，用Floyd算法求出每一对顶点之间的最短路径，并写出计算过程。

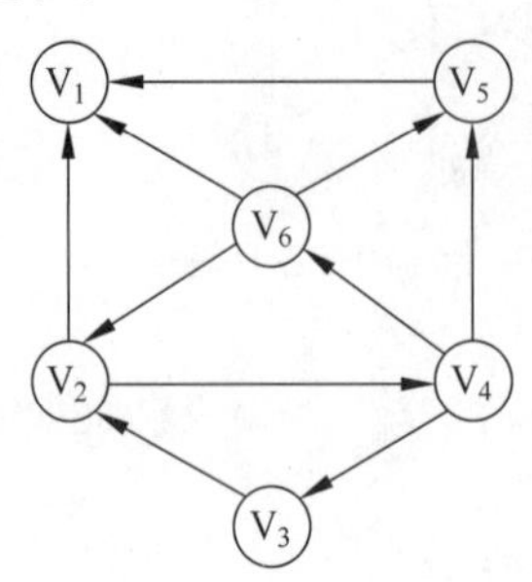

图7.17 有向图（应用题1）

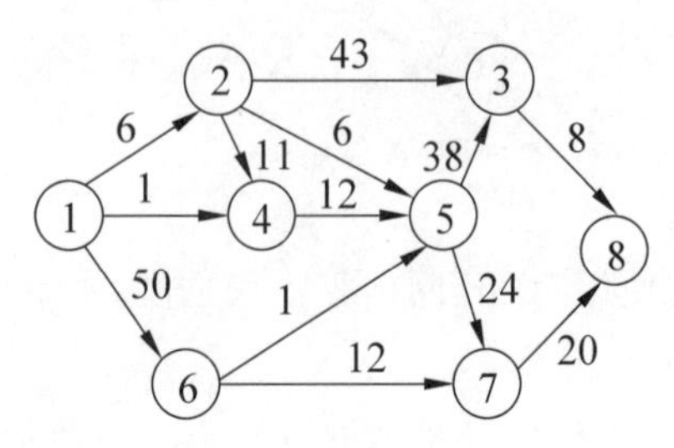

图7.18 带权有向图G

5．试用Dijkstra算法求如图7.21所示的有向图从顶点a到其他各顶点间的最短路径，写出执行算法过程中各步的状态。

6．如图7.22所示为AOE网。该图上已标出了源点与汇点，并给出了活动（边）的权值。请求出该AOE网的关键路径以及事件（结点）的最早发生时间及最迟发生时间。

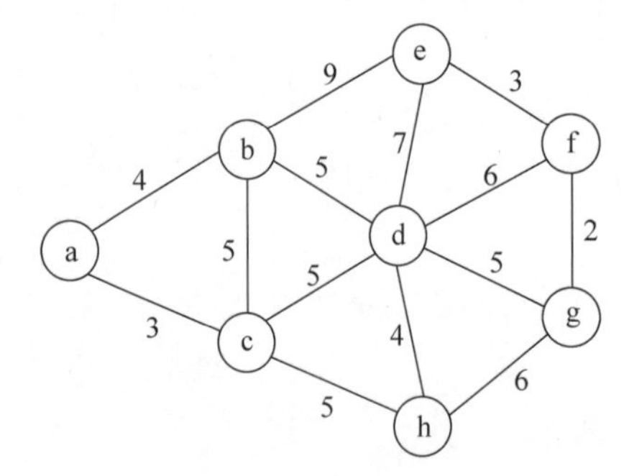

图7.19 无向图（应用题3）

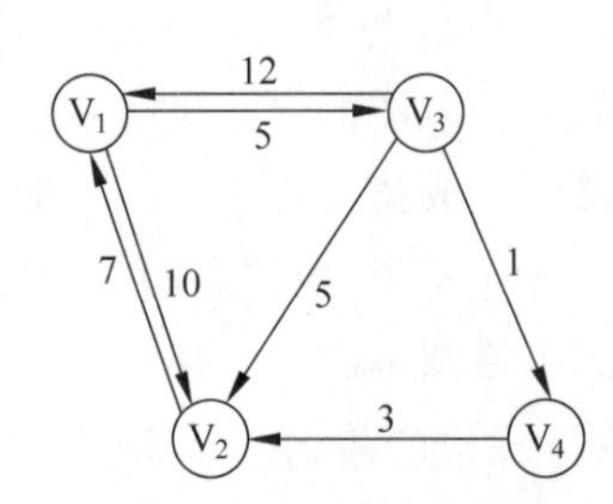

图7.20 带权有向图

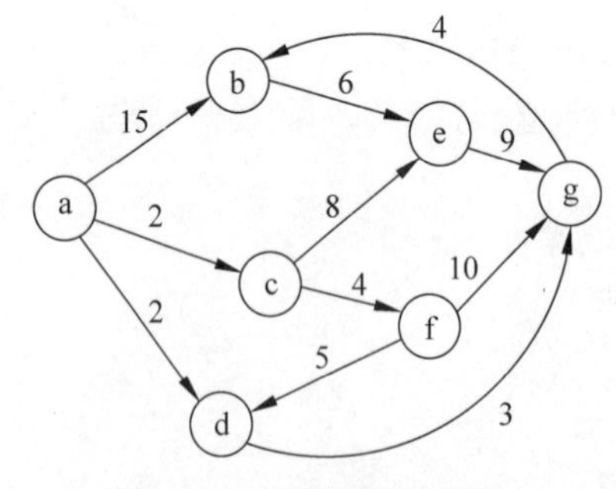

图7.21 有向图（应用题5）

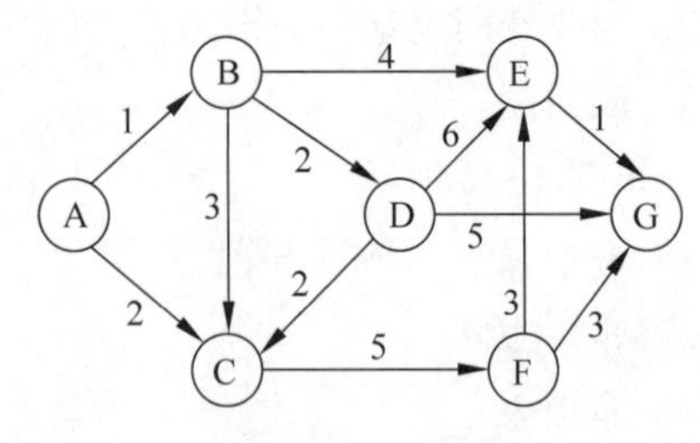

图7.22 AOE网

五、算法设计题

1．用C语言分别定义图的邻点矩阵表示法和邻接表表示法的数据类型。

2．设计一个算法，将一个有n个顶点无向图的邻接表结构转换为邻接矩阵结构（设邻接表头指针为head）。

参考答案

一、填空题

1. n(n—1)/2
2. 出度
3. 2(n—1)
4. n
5. 将邻接矩阵第i行全部置0
6. 边稠密　边稀疏
7. 极大
8. 无环图
9. 活动　活动之间的优先关系　事件　活动
10. e　2e
11. 递增
12. 0 7 8 1 4 9 5 6 2 3
13. 深度优先搜索　广度优先搜索
14. 0
15. 有向图

二、选择题

1. A　2. C　3. A　4. A　5. D　6. B　7. D　B　8. A　9. A
10. D　11. C　12. D　13. A　14. C　15. A　16. A　17. B

三、判断题

1. ×　2. √　3. ×　4. ×　5. ×　6. √　7. √　8. ×　9. √　10. ×
11. ×　12. ×

四、应用题

1. (1) 顶点 V_1 的入度为3,出度为0；顶点 V_2 的入度为2,出度为2；顶点 V_3 的入度为1,出度为1；顶点 V_4 的入度为1,出度为3；顶点 V_5 的入度为2,出度为1；顶点 V_6 的入度为1,出度为3。

(2) 邻接矩阵如图7.23所示。

(3) 邻接表如图7.24所示。

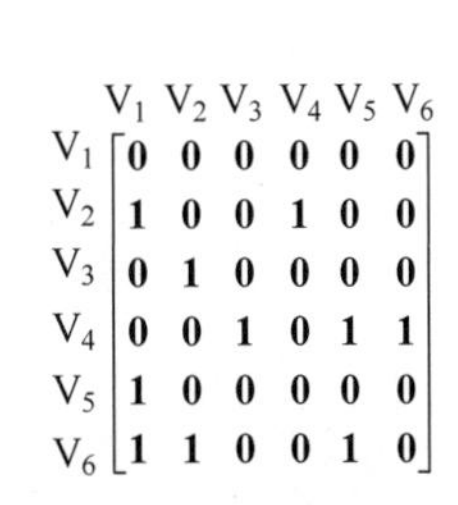

图7.23　邻接矩阵

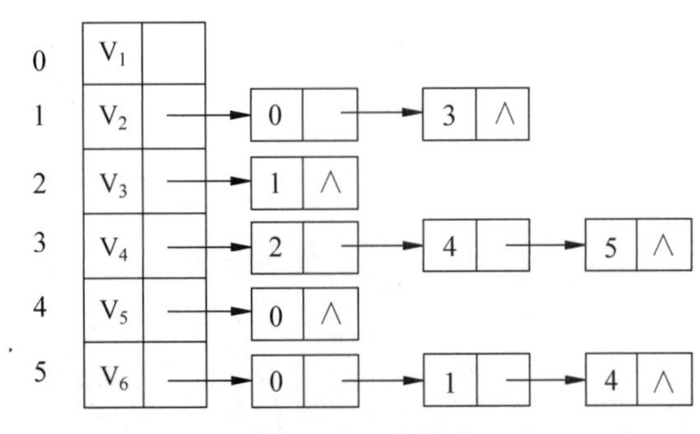

图7.24　邻接表

(4) 逆邻接表如图 7.25 所示。

(5) 强连通分量如图 7.26 所示。

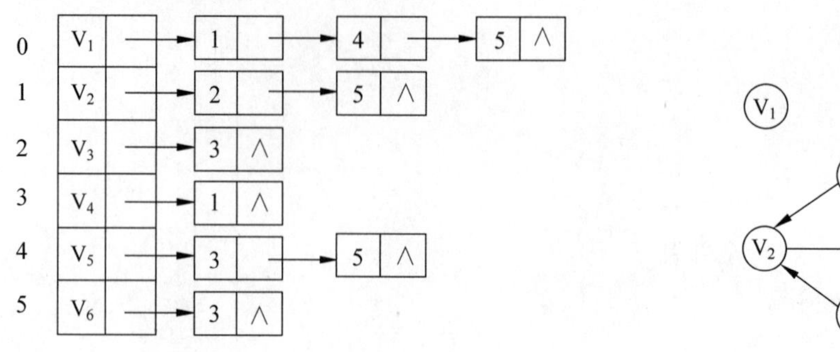

图 7.25　逆邻接表

图 7.26　强连通分量

2. (1) 从顶点 1 出发的一个深度优先遍历序列为 1,2,3,8,4,5,7,6。从顶点 1 出发的一个广度优先遍历序列为 1,2,6,4,3,5,7,8。

(2) G 的一个拓扑序列是 1,2,4,6,5,3,7,8(或 1,6,2,4,5,3,7,8)。

(3) 从顶点 1 到顶点 8 的最短路径为 1,2,5,7,8(路径长度为 56)。关键路径(最长的路径)为 1,6,5,3,8(路径长度为 97)。

3. 按 Prim 算法求得其最小生成树的过程如图 7.27 所示。

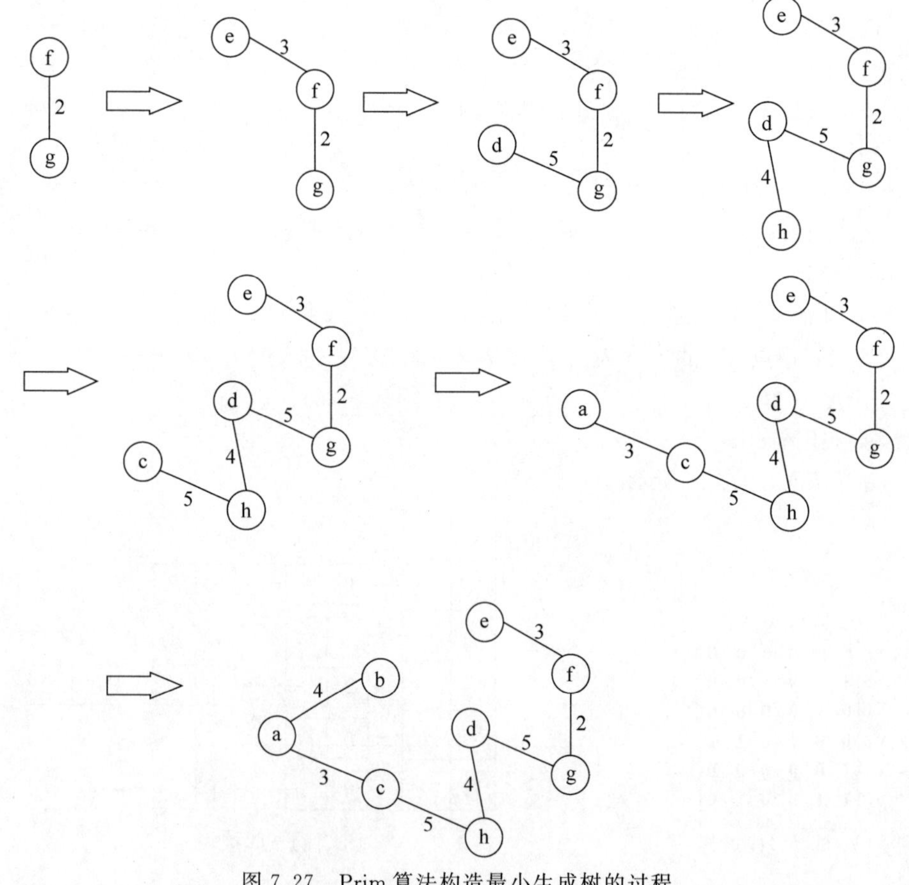

图 7.27　Prim 算法构造最小生成树的过程

按 Kruskal 算法求得最小生成树的过程如图 7.28 所示。

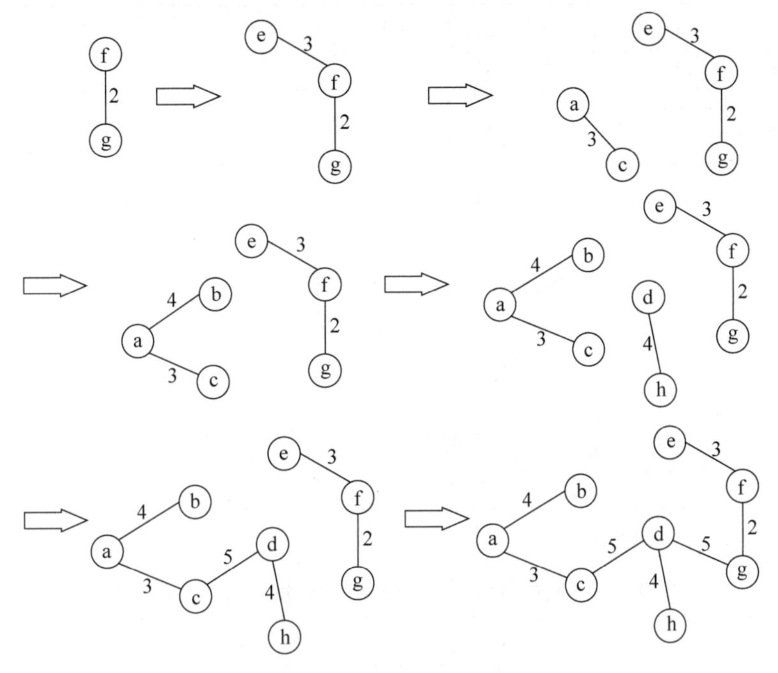

图 7.28　Kruskal 算法构造最小生成树的过程

4. 在 A_0 的基础上，在每对顶点之间逐步插入顶点 V_2、V_3、V_4 后，各顶点之间的当前最短路径矩阵与最短路径长度矩阵变化过程如下。

(1) A_0 与 $Path_0$：如表 7.10 所示。

表 7.10　有向图的最短路径矩阵 A_0 和最短路径长度矩阵 $Path_0$

A_0	V_1	V_2	V_3	V_4	$Path_0$	V_1	V_2	V_3	V_4
V_1	0	10	5	∞	V_1		V_1V_2	V_1V_3	
V_2	7	0	∞	∞	V_2	V_2V_1			
V_3	12	5	0	1	V_3	V_3V_1	V_3V_2		V_3V_4
V_4	∞	3	∞	0	V_4		V_4V_2		

(2) 插入顶点 V_1：如表 7.11 所示。

表 7.11　有向图的最短路径矩阵 A_1 和最短路径长度矩阵 $Path_1$

A_1	V_1	V_2	V_3	V_4	$Path_1$	V_1	V_2	V_3	V_4
V_1	0	10	5	∞	V_1		V_1V_2	V_1V_3	
V_2	7	0	12	∞	V_2	V_2V_1		$V_2V_1V_3$	
V_3	12	5	0	1	V_3	V_3V_1	V_3V_2		V_3V_4
V_4	∞	3	∞	0	V_4		V_4V_2		

(3) 插入顶点 V_2：如表 7.12 所示。

表 7.12　有向图的最短路径矩阵 A_2 和最短路径长度矩阵 $Path_2$

A_2	V_1	V_2	V_3	V_4	$Path_2$	V_1	V_2	V_3	V_4
V_1	0	10	5	6	V_1		V_1V_2	V_1V_3	$V_1V_3V_4$
V_2	7	0	12	13	V_2	V_2V_1		$V_2V_1V_3$	$V_2V_1V_3V_4$
V_3	12	5	0	1	V_3	V_3V_1	V_3V_2		V_3V_4
V_4	∞	3	∞	0	V_4		V_4V_2		

（4）插入顶点 V_3：如表 7.13 所示。

表 7.13　有向图的最短路径矩阵 A_3 和最短路径长度矩阵 $Path_3$

A_3	V_1	V_2	V_3	V_4	$Path_3$	V_1	V_2	V_3	V_4
V_1	0	10	5	6	V_1		V_1V_2	V_1V_3	$V_1V_3V_4$
V_2	7	0	12	13	V_2	V_2V_1		$V_2V_1V_3$	$V_2V_1V_3V_4$
V_3	12	5	0	1	V_3	V_3V_1	V_3V_2		V_3V_4
V_4	10	3	15	0	V_4	$V_4V_2V_1$	V_4V_2	$V_4V_2V_1V_3$	

（5）插入顶点 V_4：如表 7.14 所示。

表 7.14　有向图的最短路径矩阵 A_4 和最短路径长度矩阵 $Path_4$

A_4	V_1	V_2	V_3	V_4	$Path_4$	V_1	V_2	V_3	V_4
V_1	0	10	5	6	V_1		V_1V_2	V_1V_3	$V_1V_3V_4$
V_2	7	0	12	13	V_2	V_2V_1		$V_2V_1V_3$	$V_2V_1V_3V_4$
V_3	12	4	0	1	V_3	V_3V_1	$V_3V_4V_2$		V_3V_4
V_4	10	3	15	0	V_4	$V_4V_2V_1$	V_4V_2	$V_4V_2V_1V_3$	

5. 从顶点 a 到其他各顶点间的最短路径的求解过程如表 7.15 所示。

表 7.15　从顶点 a 到其他各顶点间的最短路径的求解过程

Dist	终　点						S(终点集)
	b	c	d	e	f	g	
K=1	15 (a,b)	2 (a,c)	12 (a,d)				{a,c}
K=2	15 (a,b)		12 (a,d)	10 (a,c,e)	6 (a,c,f)		{a,c,f}
K=3	15 (a,b)		11 (a,c,f,d)	10 (a,c,e)		16 (a,c,f,g)	{a,c,f,e}
K=4	15 (a,b)		11 (a,c,f,d)			16 (a,c,f,g)	{a,c,f,e,d}
K=5	15 (a,b)					14 (a,c,f,d,g)	{a,c,f,e,d,g}
K=6	15 (a,b)						{a,c,f,e,d,g,b}

6. 事件 A,B,C,D,E,F,G 的最早发生时间分别为 0,1,5,3,13,10,14。

事件 A,B,C,D,E,F,G 的最迟发生时间分别为 0,1,5,3,13,10,14。

关键路径为 14,A,B,D,C,F,E,G。

五、算法设计题

1. (1) 图的邻接矩阵表示法数据类型定义(参考答案)。

```
#define MaxVexNum 20
   typedef struct
   {  VexType Vexs[MaxVexNum];                      /* 定义顶点数组,VexType 为顶点类型 */
      int Arcs[MaxVexNum][ MaxVexNum];              /* 定义邻接矩阵 */
      int vexnum,arcnum;                            /* 顶点数或边数 */
      int kind;                                     /* 图的种类 */
   } MGraph;
```

(2) 图的邻接表表示法的数据类型定义(参考答案)。

```
#define MaxVexNum 20
struct ArcNode                                      /* 表结点的定义 */
{  int AdjVex;
   struct ArcNode *nextarc;
};
struct VexNode                                      /* 头结点的定义 */
{  VexType data;                                    /* 顶点信息,VexType 为顶点类型 */
   struct ArcNode *firstarc;
};
typedef struct                                      /* 图的类型定义 */
{  struct VexNode AdjLists[MaxVexNum];
   int vexnum,arcnum;
   int kind;                                        /* 图的种类 */
} ALGraph;
```

2. 首先建立含有 n 个顶点的邻接矩阵(初始时数据元素为 0),从邻接表头指针开始依次访问各个表头结点 v_i,访问与结点相邻的顶点 v_j,获得边信息 $v_i \to v_j$,将邻接矩阵中的 A[i][j]元素置为 1(若无向图为网络,则将 A[i][j]置为权值)。

算法描述如下:

```
MGraph * ListToMatrixt(ALGraph * head)          /* 入口参数为邻接表,返回值为邻接矩阵 */
{ int i,j;
  MGraph *mg;
  VertexNode *p;
  EdgeNode *q;
  mg=(MGraph *)malloc(size of (MGraph));        /* 申请邻接矩阵空间 */
  mg->vertexNum=head->vertexNum;                /* 初始化邻接矩阵的顶点数 */
  mg->edgeNum=head->edgeNum;
  for(i=0;i<mg->vertexNum;i++)                  /* 初始化邻接矩阵,数据元素全部置为 0 */
    { mg->vertexs[i]=head->adjlist[i].vertex;
      for(j=0;j<mg->vertexs[i];j++)
          mg->edges[i][j]=0;
    }
  for(i=0;i<head->vertexNum;i++)                /* 依次访问图的邻接表表头 */
   { p=head->adjlist[i];
     for(q=p.firstedge;q!=NULL;q=q->next)       /* 访问与该顶点相关联的顶点 */
       mg->edges[i][q->adjvertex]=1;            /* 将边 vi→vj 信息存入邻接矩阵中 */
   }
  return mg;
}
```

7.5 实验习题

实验目的

（1）掌握图的两种存储结构的实现方法。

（2）掌握遍历图的递归和非递归算法。

（3）掌握和理解本实验中出现的一些基本的C语言语句。

（4）体会算法在程序设计中的重要性。

实验内容

（1）设计算法，构造无向图的邻接链表，并递归地实现基于邻接表的图的深度优先搜索遍历。

（2）设计算法，构造无向图的邻接矩阵，并递归地实现基于邻接矩阵的图的深度优先搜索遍历。

参考答案

（1）

```
#define MAXLEN 30                    /*基于邻接表存储结构的无向图的结点类型定义*/
#define NULL '\0'
int visited[MAXLEN]={0};
typedef struct node
{int vertex;
struct node *next;
}ANODE;
typedef struct
{int data;
ANODE *first;
}VNODE;
typedef struct
{VNODE adjlist[MAXLEN];
int vexnum,arcnum;
}ADJGRAPH;
ADJGRAPH creat()                     /*基于邻接表存储结构的无向图建立的算法*/
{ANODE *p;
int i, s, d;
ADJGRAPH ag;
printf("input vexnum,input arcnum: ");
scanf("%d,%d", &ag.vexnum, &ag.arcnum);
printf("input gege dingdian zhi:");
for(i=0; i<ag.vexnum; i++)
{scanf("%d", &ag.adjlist[i].data);
 ag.adjlist[i].first=NULL;
 }
for(i=0; i<ag.arcnum; i++)
```

```
{printf("input bian de dingdian xuhao: ");
scanf("%d,%d", &s, &d);
 s--;
 d--;
 p=(ANODE *)malloc(sizeof(ANODE));
 p->vertex=d;
 p->next=ag.adjlist[s].first;
 ag.adjlist[s].first=p;
 p=(ANODE *)malloc(sizeof(ANODE));
 p->vertex=s;
 p->next=ag.adjlist[d].first;
 ag.adjlist[d].first=p;
 }
 return ag;
 }
void dfs(ADJGRAPH ag, int i)                    /*无向图的深度优先搜索遍历算法*/
{ANODE *p;
visited[i-1]=1;
printf("%3d", ag.adjlist[i-1].data);
p=ag.adjlist[i-1].first;
while(p!=NULL)
{if(visited[p->vertex]==0)
 dfs(ag,(p->vertex)+1);
 p=p->next;}
 }
main()
{ADJGRAPH ag;
 int i;
 ag=creat();
 printf("cong di i ge jirdian kaishi:");
 scanf("%d",&i);
 dfs(ag,i);
}
```

(2)

```
#define maxlen 10                   /*基于邻接矩阵存储结构的无向图的结点类型定义*/
int visited[maxlen]={0};
typedef struct
{int vexs[maxlen];
int arcs[maxlen][maxlen];
int vexnum,arcnum;
}MGRAPH;
void creat(MGRAPH *g)                    /*基于邻接矩阵存储结构的无向图建立的算法*/
{int i,j;
printf("input vexnum,arcnum:");
scanf("%d%d",&g->vexnum,&g->arcnum);
for(i=0;i<g->vexnum;i++)
for(j=0;j<g->vexnum;j++)
```

```
g->arcs[i][j]=0;
for(i=0;i<g->arcnum;i++)
{printf("bian de dingdian:");
scanf("%d%d",&i,&j);
g->arcs[i-1][j-1]=1;
g->arcs[j-1][i-1]=1;
}
}
void print(MGRAPH *g)
{int i,j;
for(i=0;i<g->vexnum;i++)
{for(j=0;j<g->vexnum;j++)
printf("%3d",g->arcs[i][j]);
printf("\n");
}
}
void dfs(MGRAPH *g,int i)                    /*无向图的深度优先搜索遍历算法*/
{int j;
printf("%3d",i);
visited[i-1]=1;
for(j=0;j<g->vexnum;j++)
if (g->arcs[i-1][j]==1&&(!visited[j]))
dfs(g,j+1);
}
main()
{MGRAPH *g,k;
int i;
g=&k;
creat(g);
print(g);
printf("cong di i ge jiedian fangwen: ");
scanf("%d",&i);
dfs(g,i);
}
```

查 找

8.1 基本知识提要

8.1.1 本章思维导图

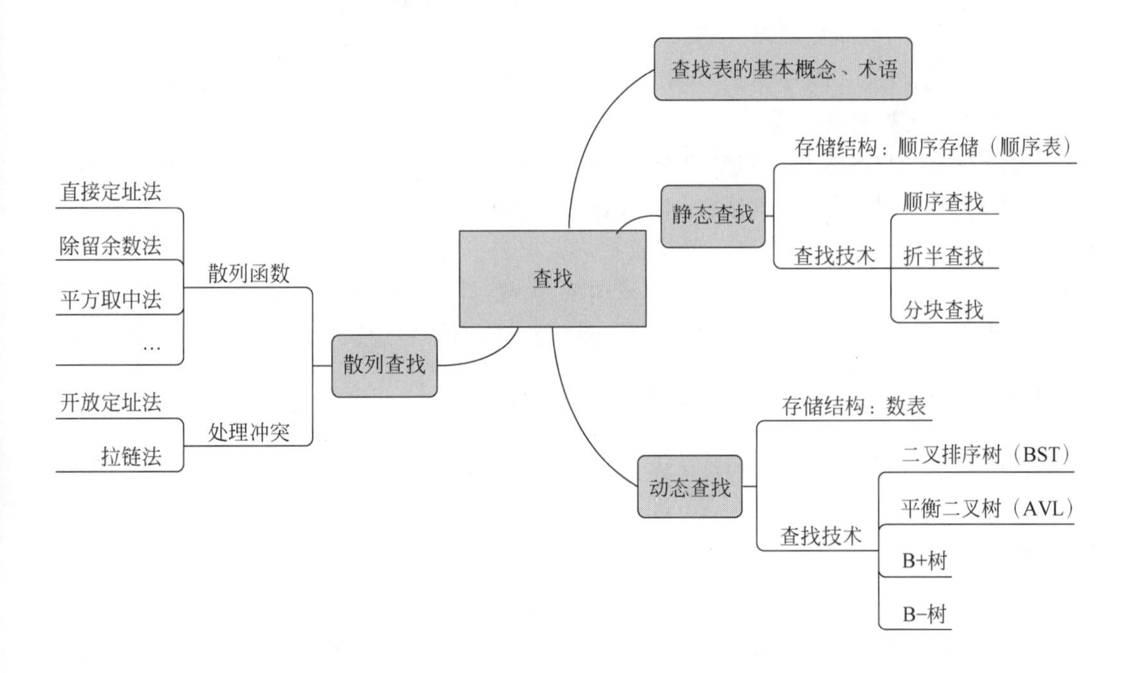

8.1.2 常用术语解析

静态查找表：只对其进行“查找”操作的查找表，即查询某个特定的数据元素是否在查找表中或检索某个特定的数据元素的各种属性。在对其进行查找后，其中的数据不会被更改。

动态查找表：不但对其进行“查找”操作，同时还在查找过程中插入其不存在的数据元素，或从中删除已存在的某个数据元素的查找表。动态查找表的特点是其本身是在查找的过程中动态生成的；在对其进行查找后，其中的数据也会变动。

关键字：数据元素（记录）中某个数据项的值，可以标志一个数据元素（记录）。

主关键字：若一个关键字可以唯一地标志一个数据元素（记录），则叫作主关键字。

算法的平均查找长度：分析查找算法平均性能的工具。查找成功时的平均查找长度记为 ASL，查找失败时的平均查找长度记为 uASL。

判定树：分析查找算法的一个常用工具，既可以遍历算法的每个操作，又可以求解查找算法在查找成功时的平均查找长度。

8.1.3 重点知识整理

1. 监视哨的作用

所谓监视哨，就是指在顺序查找中，把所要查找的关键字值放入顺序表的 0 号单元的关键字(字段)中，使从表的最后单元向前查找的过程中，如果表中不存在相应的元素，比较到 0 号单元时总能够使查找结束。这样做的目的可以避免查找过程中的每一步都要检测整个表是否查找结束。因此，如果在顺序表中存在要查找的数据元素，则在比较到某一个单元(如第 i 个单元)时，查找结束，返回相应的单元号 i；如果在顺序表中不存在所要找的关键字元素，则最后返回单元号 0。实践证明，设置监视哨，当顺序表中的数据元素比较多时，可以使顺序查找算法的性能提高近一倍。

监视哨一般设置在顺序表的两端。在查找成功的情况下，监视哨将会不起作用。

2. 静态查找算法的比较

顺序查找法、折半查找法和分块查找法对被查找的表中元素的要求不同。顺序查找法要求表中元素可以按任意次序存放。折半查找法要求表中元素必须以关键字的大小递增或递减的次序存放且以顺序表存储。分块查找法要求表中元素每块内的元素可任意次序存放，但块与块之间必须以关键字的大小递增(或递减)存放，即前一块内所有元素的关键字都不能大于(或小于)后一块内任何元素的关键字。三种方法的平均查找长度分别为：顺序查找法查找成功的平均查找长度为$\frac{n+1}{2}$；折半查找法查找成功的平均查找长度为 $\log_2(n+1)-1$；分块查找法中若用顺序查找确定所在的块，则平均查找长度为$\frac{1}{2}\left(\frac{n}{s}+s\right)+1$，若用折半查找确定所在的块，则平均查找长度为 $\log_2\left(\frac{n}{s}+1\right)+\frac{s}{2}$。

3. 动态查找算法

在二叉排序树上查找类似于折半查找，其最大查找长度为二叉树的深度。然而，在表长为 n 的有序表上折半查找的判定树是唯一的，而含有 n 个结点的二叉排序树是不唯一的。当对 n 个元素的有序序列构造一棵二叉排序树时，得到的二叉排序树的深度也为 n，在该二叉排序树上的查找就演变成顺序查找。所以二叉排序树的左、右子树要尽可能地“平衡”，以提高查找的效率。

当二叉排序树的左、右子树的深度相差较大时，查找效率较低。为了提高查找效率，应把二叉排序树构造成平衡二叉树。有 4 种平衡旋转方法：LL 型平衡旋转、LR 型平衡旋转、RL 型平衡旋转、RR 型平衡旋转。LL 型做顺时针旋转；RR 型做逆时针旋转；LR 型先做逆时针旋转，后做顺时针旋转；RL 型先做顺时针旋转，后做逆时针旋转。

二叉树失去平衡后，只对失去平衡的最小子树进行调整。

B－树是一种多路查找树，它的每个结点中有多个排列有序的关键字，关键字左侧的指针指向小于该关键字的结点，右侧的指针指向大于该关键字的结点。

B+树是在B−树的基础上修改而成的。其特点是：一个结点的关键字个数和它的子树个数相同；B+树所有的关键字都出现在末端结点上，内部结点只存放其子树上的最大(或最小)关键字。

4. 静态查找和动态查找的比较

静态查找和动态查找的比较如表8.1所示。

表8.1　静态查找和动态查找的比较

查找名称	静态查找	动态查找
定义	不涉及插入和删除操作的查找	涉及插入和删除操作的查找
适用范围	查找表相对固定，生成后只对其进行查找而不进行插入和删除操作，或经过一段时间后集中进行插入和删除操作。适用于对小型查找集合的查找	查找和插入、删除在同一阶段进行
存储结构	静态查找表的存储结构可以是顺序存储方式，也可以是链式存储方式。可以采用顺序查找技术	二叉排序树，采用链式存储结构
优点	查找算法相对简单，使用面较广，对表中的数据元素没有具体要求	查找过程不复杂，效率高，但删除比较麻烦；查找性能取决于二叉排序树的构造，比较灵活；插入操作性能较好
缺点	ASL较大；查找效率低	删除操作复杂

5. 各种查找算法的比较

静态查找表主要采用顺序存储方式，主要的查找方法包括顺序查找、折半查找和分块查找。顺序查找对查找表无任何要求，既适用无序表，又适用有序表，查找成功的平均查找长度为$(n+1)/2$，时间复杂度为$O(n)$；折半查找要求表中元素必须按关键字有序，其平均查找长度近似为$(\log_2(n+1)-1)$，时间复杂度为$O(\log_2 n)$；分块查找每块内的元素可以无序，但要求块与块之间必须有序，并建立索引表。静态查找表不便于元素的插入和删除。

动态查找表使用链式存储，存储空间能动态分配，它便于插入、删除等操作。主要的查找方法包括二叉树、平衡二叉树、B−树、B+树。二叉排序树和平衡二叉排序树是一种有序树，对它查找类似于折半查找，其查找性能介于折半查找和顺序查找之间；当二叉排序树是平衡二叉树时，其查找性能最优。B−树、B+树的查找主要适用于外查找，即适用于查找数据保存在外存储器的较大文件中，查找过程需要访问外存的查找。

哈希查找是通过构造哈希函数计算关键字存储地址的一种查找方法，由于在查找过程中不需要进行比较(在不冲突的情况下)，其查找时间与表中记录的个数无关。但实际上，由于不可避免地会发生冲突，查找时间会相应增加。哈希法的查找效率主要取决于发生冲突的概率和处理冲突的方法。

8.2　知识拓展

1. B+树与索引顺序表有区别吗

其实，B+树是一种动态索引结构，而索引顺序表是一个静态索引结构。

静态索引结构指这种索引结构在初始创建和数据装入时就已经定型，而且在整个系统运行期间，树的结构不发生变化，只是数据在更新；而动态索引结构是指在整个系统运行期间，树的结构随数据结构的增删而及时调整，以保持最佳的查找效率。

静态索引结构的优点是结构定型，建立方法简单，存取方便；缺点是不利于更新，插入和删除时效率低。动态索引结构的优点是在插入或删除时能够自动地调整索引树的结构，以保持最佳的查找效率；缺点是实现算法复杂。

2. 什么是键树

键树属于动态查找树。它是一棵多叉树，树中每个结点并不代表一个关键字或记录。在键树中，关键字被肢解开分布在每个结点中，即每个结点（根结点为空结点）中含有一个组成关键字的符号，而关键字则分布在从根结点到叶子结点的路径上，其中叶子结点为表示“结束”的标识符（$）。因此，键树中从根到叶子路径上的所有结点连接起来构成关键字。故而每个叶子结点对应一个关键字，关键字个数等于叶子结点数；叶子结点还可以包含一个指针，指向该关键字所对应的元素。

3. 什么是双链树与 Trie 树

双链树与 Trie 树是键树的两种存储结构。以树的孩子兄弟链表来表示键树，此时的键树被称为双链树；以多重链表作为键树的存储结构，此时的键树称为 Trie 树。

8.3 典型题解析

例 8.1

例 8.1 在顺序表{3,6,8,10,12,15,16,18,21,25,30}中，用折半查找法查找关键码值 11，所需要的关键码比较次数为（　　）。

A. 2　　B. 3　　C. 4　　D. 5

例题解析：

折半查找即二分查找，其前提条件是：查找表是线性有序表，查找表的存储采用顺序存储结构。在本题中，查找关键码 11 是否在顺序表中的过程如表 8.2 所示。

表 8.2　折半查找过程表

	3	6	8	10	12	15	16	18	21	25	30
初始时	low=1 mid=6 high=11										
第一次比较后	low=1 mid=3 high=5(11<15)										
第二次比较后	low=4 mid=4 high=5(11>8)										
第三次比较后	low=5 mid=5 high=5(11>10)										
第四次比较后	low=5 high=4(11<12)——(low>high 查找失败)										

因此，总比较次数是 4 次。

例 8.2

例 8.2 假设结点的关键字序列为{10,18,3,8,12,2,6,4}，依次输入结点建立二叉排序树。

(1) 请给出建立二叉排序树的过程示意图。

(2) 假定每个元素的查找概率相等，试计算该二叉排序树的平均查找长度。

例题解析：

(1) 输入结点的数据值和关键字，从空树出发，依次插入结点建立二叉排序树。

图 8.1 所示就是建树过程的示意图。

（2）由于每个元素的查找概率相等，故每个元素的查找概率为 1/8，则该二叉排序树的平均查找长度为：

$$ASL=\frac{1}{8}(1\times1+2\times2+3\times3+4\times1+5\times1)=2.875$$

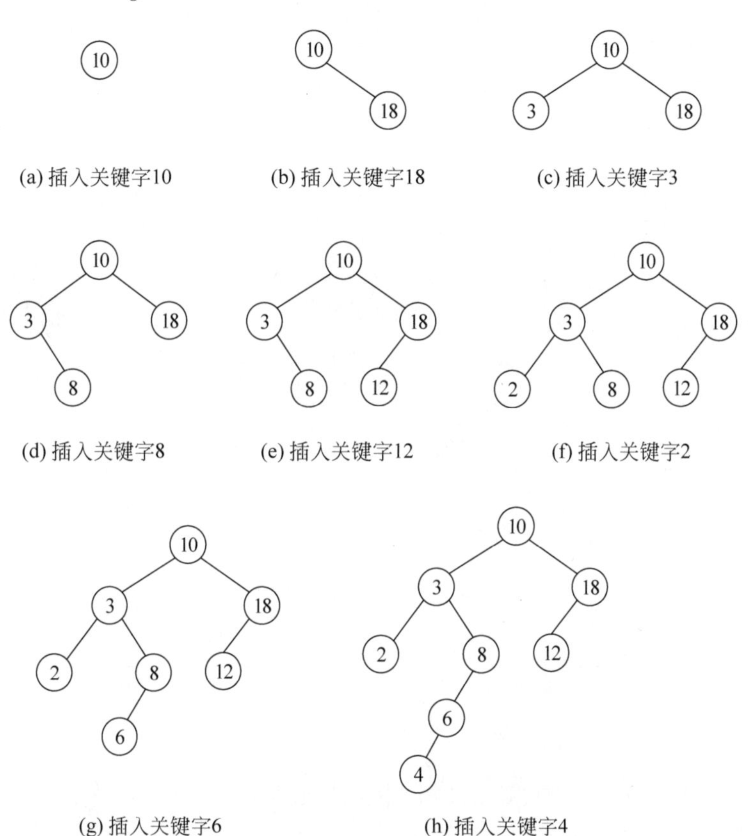

图 8.1 建立二叉排序树过程

例 8.3 设计算法判定一棵二叉树是否为二叉排序树。

例题解析：

对二叉排序树来讲，其中序遍历序列为一个递增序列，因此，对给定二叉树进行中序遍历，如果始终保证前一个值比后一个值小，则说明该二叉树是二叉排序树。

算法如下：

```
int SortBTTree(BTNode * root)
{ if(!root) return 1;       /* pre 记录当前结点的前驱结点值,初值为-∞ */
  else
  { b1=SortBTTree(root->lchild);
    if(!b1||pre>=root->data) return 0;
    pre=root->data;
    b2=SortBTTree(root->rchild);
    return b2;
  }
}
```

例 8.4 假设结点的关键字序列为{15,20,32,56,44}，请依次输入结点的关键字值构造一棵平衡二叉树，计算该平衡二叉树在等概率上的查找成功和查找不成功的平均查找长度。

例题解析：

图 8.2 所示为构造平衡二叉树的过程示意图。

例 8.4

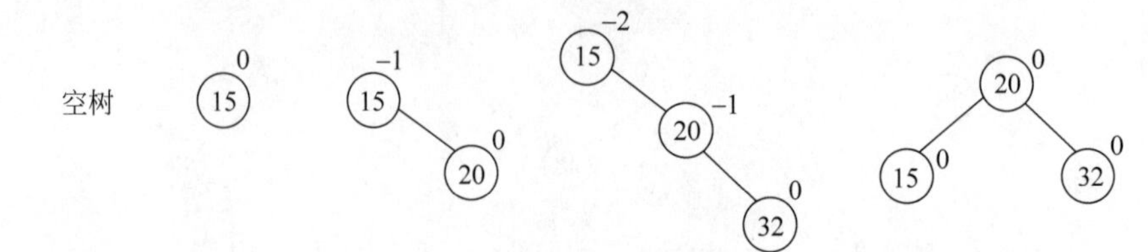

(a) 空树 (b) 插入关键字15 (c) 插入关键字20 (d) 插入关键字32 (e) RR型（逆时针旋转）

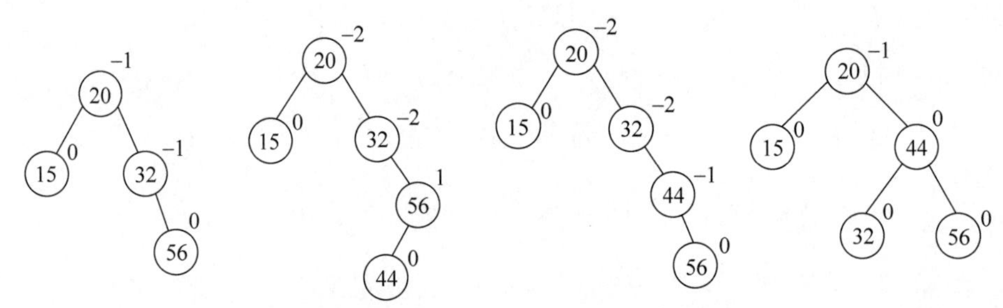

(f) 插入关键字56 (g) 插入关键字44 (h) RL型（先顺时针旋转）(i) RL型（再逆时针旋转）

图 8.2 平衡二叉树构造过程

$$ASL_{succ}=\frac{1}{5}(1\times1+2\times2+3\times2)=2.2$$

$$ASL_{unsucc}=\frac{1}{5}(2\times2+3\times4)=3.2$$

例 8.5 向一棵 AVL 树(平衡二叉树)中插入元素时，可能要对最小不平衡子树进行调整，此调整分为(　　)种旋转类型。

A. 2　　B. 3　　C. 4　　D. 5

例题解析：

该题主要考查 AVL 树的平衡旋转操作，其操作具体分为 LL 型、LR 型、RL 型和 RR 型平衡旋转 4 种类型。故答案为 C。

例 8.6 有如下的关键字集合{30,15,21,40,25,26,24,20,31}，若哈希表的装填因子为 0.75，采用除留余数法和线性探测法处理冲突。

(1) 设计哈希函数。

(2) 画出哈希表。

(3) 计算查找成功时的平均查找长度。

例题解析：

由于装填因子 α=0.75，元素个数 n=9，则表长 m=9/0.75=12。

(1) 用除留余数法，取哈希函数为 H(key)=key%11。

(2) 首先计算出各个关键字的哈希地址，然后填入哈希表中，如表 8.3 所示。

H(30)=30%11=8

$H(15)=15\%11=4$

$H(21)=21\%11=10$

$H(40)=40\%11=7$

$H(25)=25\%11=3$

$H(26)=26\%11=4$（冲突）

$H_1(26)=((26\%11)+1)\%11=5$

$H(24)=24\%11=2$

$H(20)=20\%11=9$

$H(31)=31\%11=9$（冲突）

$H_1(31)=((31\%11)+1)\%11=10$（还冲突）

$H_2(31)=((31\%11)+2)\%11=0$

表 8.3 哈希表

哈希地址	0	1	2	3	4	5	6	7	8	9	10
关键字	31		24	25	15	26		40	30	20	21
比较次数	3		1	1	1	2		1	1	1	1

(3) 查找成功时的平均查找长度为：

$$ASL_{succ}=(1+1+1+2+1+1+1+1+3)/9=4/3$$

例 8.7 在深度为 5 的平衡二叉排序树中，其结点数最多为（　　）个，最少为（　　）个。

例题解析：

完全二叉树是平衡二叉树，故平衡二叉树的结点数最多为：$2^h-1=32-1=31$，而当深度为 5 的平衡二叉树所含结点数最少时，即要使平衡二叉树在固定高度情况下所含结点数最少，则要将所有结点纵向拉开，尽量避免横向铺开。但是，由于平衡二叉树平衡因子 BF 的限制（$|BF|\leqslant 1$），使得左、右子树的高度最多相差 1，即若设 N_h 是高度为 h 的平衡二叉树所含有的最少结点数，则左（右）子树的结点数可用 N_{h-1} 和 N_{h-2} 中的一个来表示，故 $N_h=N_{h-1}+N_{h-2}+1$。

其中，$N_0=0$，$N_1=1$，$N_2=2$，由此式可得到 $N_3=4$，$N_4=7$，$N_5=12$。

故本题答案为 31，12。

例 8.8 在如图 8.3 所示的 5 阶 B—树中，依次插入关键字 38 和 45，删除关键字 65、75 和 115，请给出插入、删除过程。

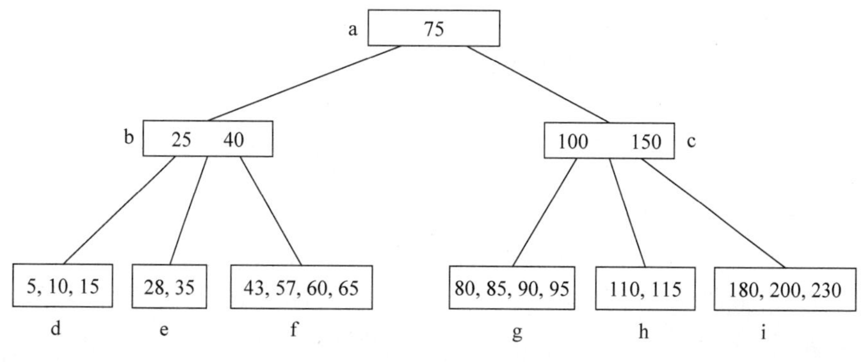

图 8.3 5 阶 B—树

例题解析：

(1) 插入关键字 38 后的 B—树如图 8.4 所示。

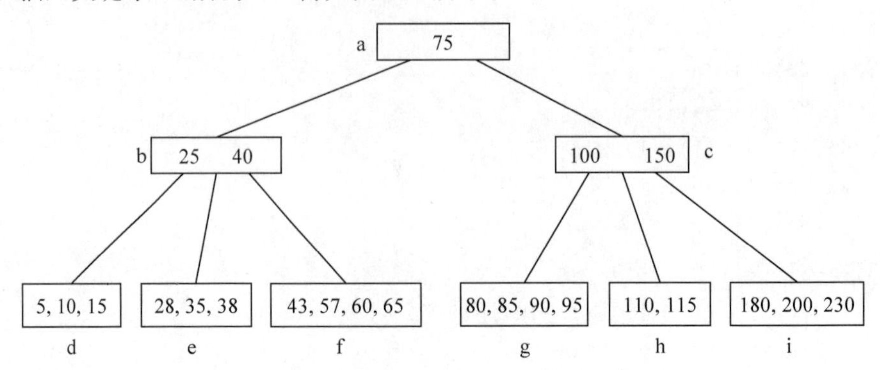

图 8.4 插入关键字 38 后的 5 阶 B—树

(2) 插入关键字 45 后的 B—树如图 8.5 所示。

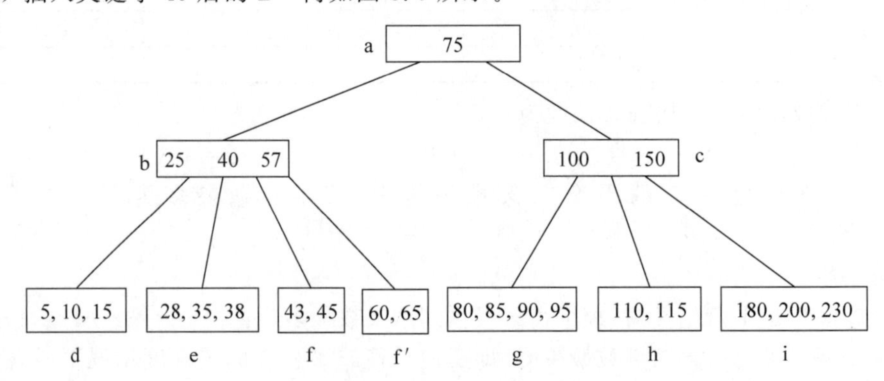

图 8.5 插入关键字 45 后的 5 阶 B—树

(3) 删除关键字 65 后的 B—树如图 8.6 所示。

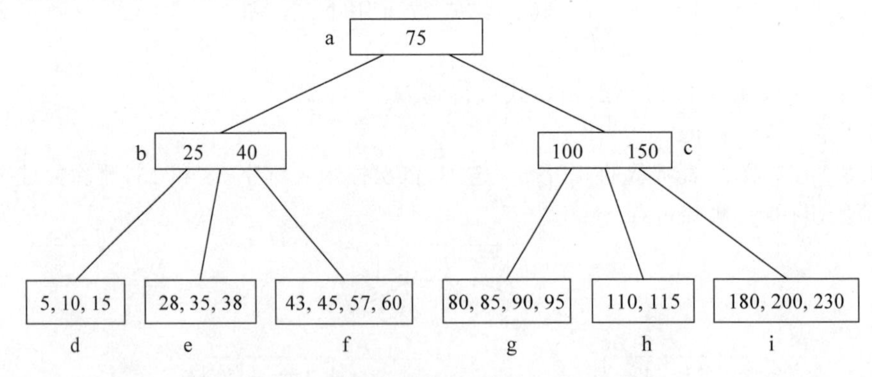

图 8.6 删除关键字 65 后的 5 阶 B—树

(4) 删除关键字 75 后的 B—树如图 8.7 所示。

(5) 删除关键字 115 后的 B—树如图 8.8 所示。

例 8.9 针对如图 8.9 所示的 3 阶 B 树，分别给出删除关键字 9、1 的示意图。

例题解析：

(1) 删除关键字 9 时，由于其所在结点有两个关键字，因此只需要从该结点中删除关键

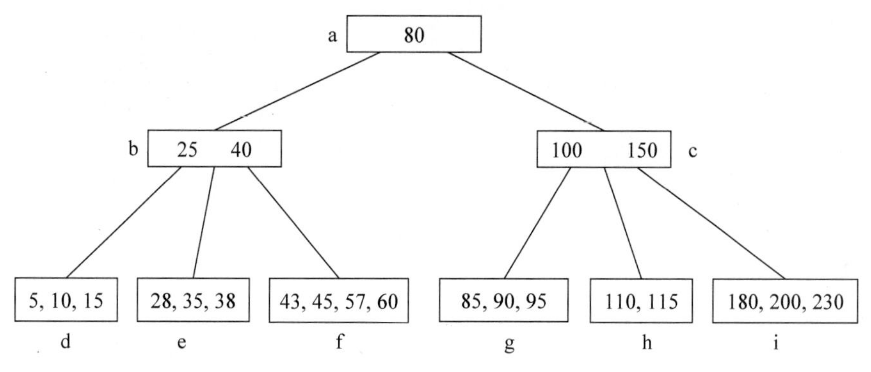

图 8.7　删除关键字 75 后的 5 阶 B－树

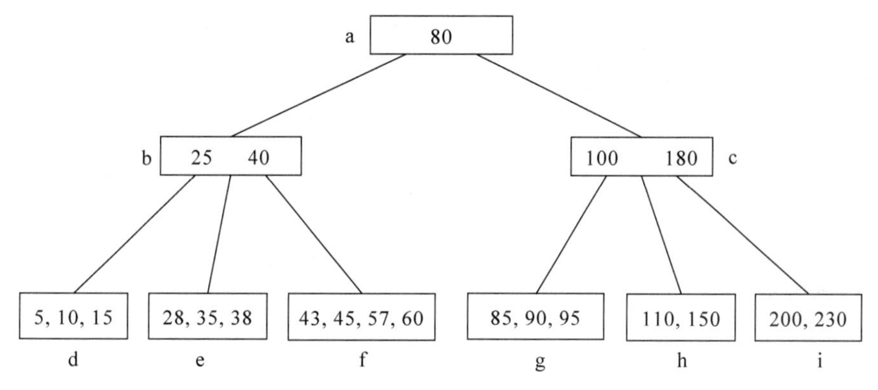

图 8.8　删除关键字 115 后的 5 阶 B－树

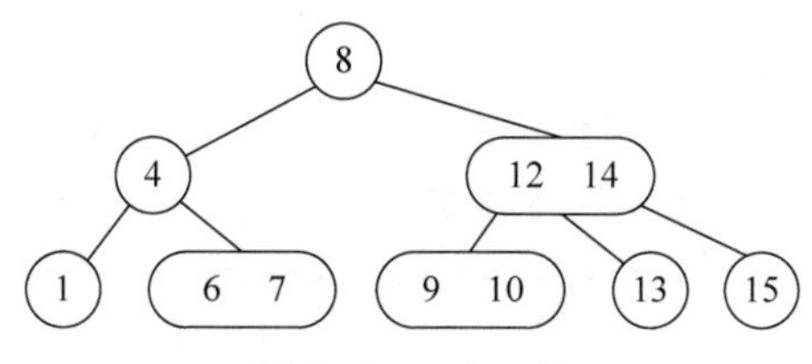

图 8.9　3 阶 B 树

字 9 即可，不会影响整棵树的其他结点结构。操作结果如图 8.10(a)所示。

(2) 删除关键字 1 时，由于其所在结点只有这一个关键字，但是其双亲的右孩子结点中有两个关键字 6 和 7，此时将关键字 6、7 所在结点拆分，然后左旋即可。操作结果如图 8.10(b)所示。

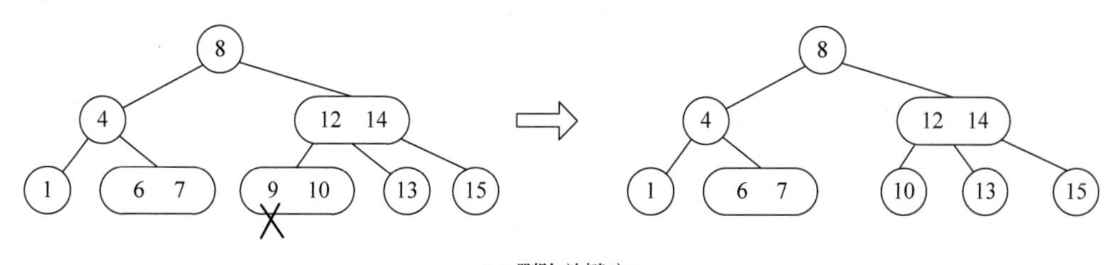

(a) 删除关键字9

图 8.10　B 树的删除

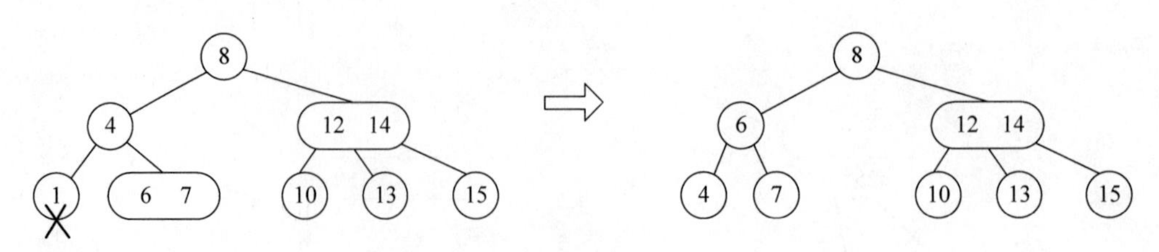

(b) 删除关键字1

图 8.10 （续）

8.4 测试习题与参考答案

测试习题

一、填空题

1. 以顺序查找方法从长度为 n 的线性表中查找一个元素时，平均查找长度为（　　），时间复杂度为（　　）。

2. 假定对长度 n=50 的有序表进行折半查找，则对应的判定树高度为（　　），判定树中前 5 层的结点数为（　　），最后一层的结点数为（　　）。

3. 在有序表 A[1..18]中，采用折半查找算法查找元素值等于 A[7]的元素，所比较过的元素的下标依次为（　　）。

4. 127 阶 B—树中每个结点最多有（　　）个关键字；除根结点外所有非终端结点至少有（　　）棵子树。

5. 在哈希技术中，处理冲突的两种主要方法是（　　）和（　　）。

6. （　　）法构造的哈希函数肯定不会冲突。

7. 已知数组 a 中的元素从 a[1]至 a[n]递增有序，Search_Bin 函数采用折半查找（即二分法查找）的思想在 a[1]～a[n]中查找值为 m 的元素。若找到，则函数返回相应元素的位置（下标），否则返回 0。填写空缺代码，使算法完整。

```
int Search_Bin(int a[ ], int n, int m)
 { low=1;high=n;
   while (      )
 {   mid=(low+high)/ 2;
       if (m==a[mid] ) return (       );
       else if (m < a[mid] ) high=mid-1;
       else (       );
    }
 return 0;
  }
```

8. （　　）查找法的平均查找长度与元素个数 n 无关。

9. 若如图 8.11 所示的二叉树为一二叉排序树（即二叉查找树），现将一斐波那契数列{1,2,3,5,8,13,21,34}填入该二叉树，则根结点（结点 n_1）的值为（　　），结点 n_6 的值为（　　）。若欲插入值为 10 的结点，插入结点应作为（　　）。

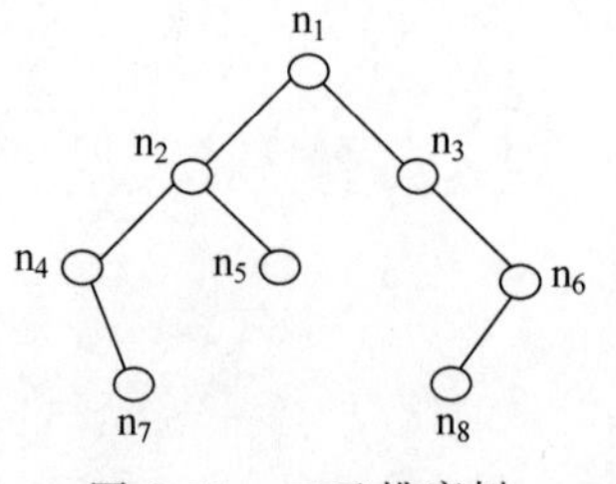

图 8.11　二叉排序树

10. 函数 Search_sq 的作用是在 a[1]～a[n]中采用顺序查找方法，查找值为 m 的元素。若找到，则函数返回相应元素的位置（下标），否则返回 0。其中利用 0 下标元素作为监视哨。填写空缺处，使算法完整。

```
int Search_sq(int a[ ], int n, int m)
{   int i;
    a[0]= (     );
    for(i=n;m!=a[i];i--);
    return (     ) ;
}
```

11. 对于二叉排序树的查找，若根结点元素的键值大于被查找元素的键值，则应该在该二叉树的（　　）上继续查找。

12. 设有一个已按元素值排好序的线性表，长度为 125，用折半查找与给定值相等的元素，若查找成功，则至少要比较（　　）次，至多要比较（　　）次。

13. 高度为 8 的平衡二叉树的结点数至少有（　　）个。

14. 二叉排序树的查找效率与树的形态有关。当二叉排序树退化成单支树时，查找算法退化为顺序查找，其平均查找长度上升为（　　）。当二叉排序树是一棵平衡二叉树时，其平均查找长度为（　　）。

15. 在一棵 m 阶 B－树中，若在某个结点中插入一个新关键字而引起该结点分裂，则此结点中原有的关键字的个数是（　　）；若在某结点中删除一个关键字而导致结点合并，则该结点中原有的关键字的个数是（　　）。

16. 高度为 4 的 3 阶 B－树中，最多有（　　）个关键字。

17. 对表长为 n 的顺序表进行分块查找，若以顺序查找确定块，且每块长度为 s，则在等概率查找的情况下，查找成功的平均查找长度为（　　）。

18. 用二分法查找一个线性表时，该线性表必须具有的特点是（　　）；而分块查找法要求将待查找的表均匀地分成若干块且块中各记录的顺序可以是任意的，但块与块之间（　　）。

19. 顺序查找法的平均查找长度为（　　），二分查找法的平均查找长度为（　　），分块查找法（以顺序查找确定块）的平均查找长度为（　　），分块查找法（以二分查找确定块）的平均查找长度为（　　），哈希表查找法采用链接法处理冲突时的平均查找长度为（　　）。

20. 采用折半查找算法对长度为 55 的有序表进行查找时，所对应的判定树的高度为（　　），判定树中前 5 层的结点数为（　　），最后一层的结点数为（　　）。

二、选择题

1. 某顺序存储的表格中有 90 000 个元素，已按关键字值升序排列，假定对每个元素进行查找的概率是相同的，且每个元素的关键字的值皆不相同。用顺序查找法查找时，平均比较次数约为（　　）。

A. 25 000　　B. 30 000　　C. 45 000　　D. 90 000

2. 适用于折半查找的表的存储方式及元素排列要求为（　　）。

A. 链接方式存储，元素无序　　B. 链接方式存储，元素有序
C. 顺序方式存储，元素无序　　D. 顺序方式存储，元素有序

3. 哈希文件使用哈希函数将记录的关键字值计算转换为记录的存放地址，因为哈希函数是一对一的关系，则选择好的（　　）方法是哈希文件的关键。

A. 哈希函数　　B. 除余法中的质数
C. 冲突处理　　D. 哈希函数和冲突处理

4. 每个存储结点只含有一个数据元素，存储结点均匀地存放在连续的存储空间中，使用函数值对应结点的存储位置，该存储方式是(　　)存储方式。

A. 顺序　　B. 链接　　C. 索引　　D. 哈希

5. 如果要求一个线性表既能较快地查找又能适应动态变化的要求，则可以采用(　　)查找法。

A. 分块　　B. 顺序　　C. 折半　　D. 哈希

6. 按(　　)遍历二叉排序树得到的序列是一个有序序列。

A. 前序　　B. 中序　　C. 后序　　D. 层次

7. 二叉排序树中，关键字值最大的结点(　　)。

A. 左指针一定为空　　B. 右指针一定为空
C. 左、右指针均为空　　D. 左、右指针均不为空

8. 二叉排序树中，最小值结点的(　　)。

A. 左指针一定为空　　B. 右指针一定为空
C. 左、右指针均为空　　D. 左、右指针均不为空

9. 哈希表的地址区间为 0～16，哈希函数为 H(K)＝K％17，采用线性探测法解决冲突，将关键字序列 26，25，72，38，1，18，59 依次存储到哈希表中。元素 59 存放在哈希表中的地址为(　　)。

A. 8　　B. 9　　C. 10　　D. 11

10. 静态查找表与动态查找表两者的根本差别在于(　　)。

A. 逻辑结构不同　　B. 存储实现不同
C. 数据元素的类型不同　　D. 施加的操作不同

11. 设有序表的关键字序列为{1，4，6，10，18，35，42，53，67，71，78，84，92，99}，当用折半查找法查找键值为 84 的结点时，经(　　)次比较后查找成功。

A. 2　　B. 3　　C. 4　　D. 12

12. 索引顺序表中包含(　　)。

A. 顺序表和索引表　B. 索引表　　C. 顺序表　　D. 索引

13. 与其他查找方法相比，哈希查找法的特点是(　　)。

A. 通过关键字比较进行查找
B. 通过关键字计算记录存储地址，并进行地址的比较
C. 通过关键字计算记录存储地址，并进行一定的比较查找
D. 通过关键字比较进行查找，并计算记录存储地址

14. 在哈希函数 H(k)＝k mod m 中，一般来讲，m 应取(　　)。

A. 奇数　　B. 偶数　　C. 素数　　D. 充分大的数

15. 哈希技术中的冲突是指(　　)。

A. 两个元素具有相同的序号
B. 两个元素的键值不同，而其他属性相同
C. 数据元素过多

D. 不同键值的元素对应于相同的存储地址

16. 当采用分块查找时，数据的组织方式为(　　)。

A. 数据分成若干块，每块内数据有序

B. 数据分成若干块，每块内数据不必有序，但块间必须有序，每块内最大(或最小)的数据组成索引块

C. 数据分成若干块，每块内数据有序，块间必须有序，每块内最大(或最小)的数据组成索引块

D. 数据分成若干块，每块(除最后一块外)中数据个数需相同

17. 下面关于哈希查找的说法中正确的是(　　)。

A. 哈希函数构造得越复杂越好，因为这样随机性好、冲突小

B. 除留余数法是所有哈希函数中最好的

C. 不存在特别好与坏的哈希函数，要视情况而定

D. 若需要在哈希表中删去一个元素，则不管用何种方法解决冲突都只要简单地将该元素删去即可

18. 用折半查找表的元素的速度比用顺序法(　　)。

A. 必然快　　B. 必然慢　　C. 相等　　D. 不能确定

19. 已知10个元素{54,28,16,73,62,95,60,26,43,79}，按照依次插入的方法生成一棵二叉排序树。查找值为62的结点所需比较的次数为(　　)。

A. 2　　B. 3　　C. 4　　D. 5

20. 在平衡二叉树中插入一个结点后造成了不平衡，设最低的不平衡结点为A，并已知A的左孩子的平衡因子为0，右孩子的平衡因子为1，则应作(　　)型调整以使其平衡。

A. LL　　B. LR　　C. RL　　D. RR

三、判断题

1. 在平衡二叉排序树中，每个结点的平衡因子值都是相等的。(　　)

2. 哈希法中的冲突指的是具有不同关键字的元素对应于相同的存储地址。(　　)

3. 中序遍历二叉排序树的结点不能得到排好序的结点序列。(　　)

4. 哈希表的结点中只包含数据元素自身的信息，不包含任何指针。(　　)

5. 对二叉排序树的查找都是从根结点开始的，则查找失败一定落在叶子结点上。(　　)

6. 在9阶B−树中，除叶子以外的任意结点的分支数介于5和9之间。(　　)

7. 完全二叉树肯定是平衡二叉树。(　　)

8. N个结点的二叉排序树有多种，其中树高度最小的二叉排序树是最佳的。(　　)

9. B−树的插入算法中，结点的向上“分裂”代替了专门的平衡调整。(　　)

10. 在平衡二叉树中，向某个平衡因子不为零的结点的树中插入一新结点，必引起平衡旋转。(　　)

四、应用题

1. 给定序列为{45,53,97,24,37,12}，从空树开始依次将其插入并建立一个二叉排序树。

2. 假定一个待哈希存储的线性表为{32,75,29,63,48,94,25,46,18,70}，哈希地址空间为HT[11]，若采用除留余数法构造哈希函数和链接法处理冲突，试求出每一元素的哈希地址，画出最后得到的哈希表，求出平均查找长度。

3. 已知一个长度为12的线性表{7,2,5,8,12,3,10,4,1,6,9,11}。

(1) 将线性表的元素依次插入一个空的二叉排序树中，画出所得到的二叉排序树；假定查找每一元素的概率相同，查找此二叉树中任一结点的平均查找长度为多少？

(2) 将线性表中的元素依次插入一个空的平衡二叉树中，画出所得的平衡二叉树；假定查找每一元素的概率相同，查找此平衡二叉树中任一结点的平均查找长度为多少？

(3) 若对线性表中的元素排序之后，再用折半查找算法，画出描述折半查找过程的判定树；假定查找每一元素的概率相同，计算查找成功时的平均查找长度。

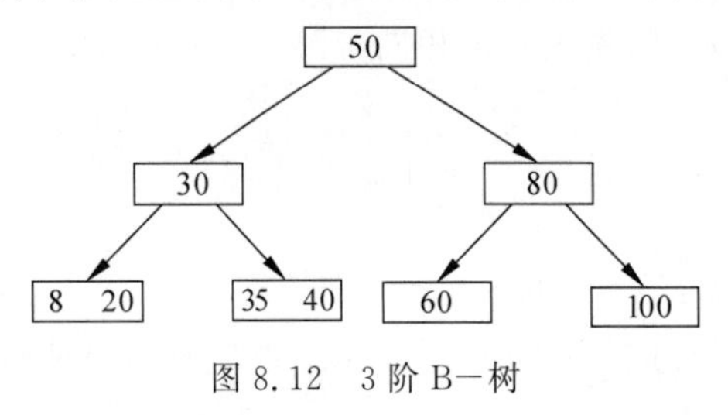

图8.12 3阶B—树

4. 对如图8.12所示的3阶B—树，依次执行下列操作，画出各步操作的结果。

(1) 插入90；

(2) 插入45；

(3) 插入45；

(4) 删除60；

(5) 删除80。

5. 设哈希函数为H(k)=k%11，其中k为关键字(整数)，%为取模运算。用线性探测法处理冲突，在地址范围为0～10的哈希区中，试用关键字序列{15,36,50,27,19,48}造一个哈希表，回答下列各题：

(1) 画出该哈希表的存储结构表。

(2) 若查找关键字48，需要比较多少次？

6. 画出对于A[0..10]的有序表进行折半查找的判定树，并求其等概率时查找成功和不成功时的平均查找长度。对于有序表{12,18,24,35,47,50,62,83,90,115,134}，当用折半查找法查找90时，需要进行多少次查找可确定成功？查找47时需要进行多少次查找可确定成功？查找100时，需要进行多少次查找才能确定不成功？

五、算法设计题

1. 设计顺序查找算法，将"哨兵"设在下标高端。

2. 编写一个函数，利用折半查找法在一个有序表中插入一个元素x，并保持表的有序性。

3. 设计在索引表中按折半查找关键字为K的递归与非递归算法。

4. 在二叉排序树中，有些数据元素值可能是相同的，设计一个算法实现按递增有序打印结点的关键字域，要求相同的元素仅输出一次。

5. 编写一个算法求出给定关键字在二叉排序树中所在的层数。

6. 利用二叉树遍历的思想编写一个判断二叉树是否为平衡二叉树的算法。

7. 设f是二叉排序树中的一个结点，其右孩子为p。删除结点p，使其仍为二叉排序树。

参考答案

一、填空题

1. (n+1)/2　O(n)

2. 6　31　19

3. 9、4、6、7

4. 126　64

5. 开放定址法　链地址法

6. 直接定址
7. low<=high mid low=mid+1
8. 哈希
9. 8 34 n_3 的左孩子
10. m i
11. 左子树
12. 1 7
13. 54
14. (n+1)/2 $O(\log_2 n)$
15. m−1 ⌈m/2⌉−1
16. 26
17. $(s^2+2s+n)/2$ 或(⌈n/s⌉+1)/2+(s+1)/2
18. 顺序存储且有序 有序
19. (n+1)/2 $[(n+1)*\log_2(n+1)]/n-1$ $(s^2+2s+n)/2s$
    $\log_2(n/s+1)+s/2$ 1+α(α 为装填因子)
20. 6 31 24

【第 20 题解析】表示折半查找过程的判定树，只有最后一层不满，其他各层均满，高度为 5 的满二叉树结点数为 31 个结点，高度为 6 的满二叉树结点数为 63 个结点，所以，有 55 个记录的有序表的折半查找判定树的高度为 6，前 5 层的结点数等于高度为 5 的满二叉树结点数，即 31 个结点，最后一层的结点数为 55−31=24。故答案为①6、②31、③24。

二、选择题

1. C 2. D 3. D 4. D 5. A 6. B 7. B 8. A 9. C
10. D 11. C 12. A 13. C 14. C 15. D 16. B 17. C
18. D 19. B 20. C

三、判断题

1. × 2. √ 3. × 4. × 5. × 6. √ 7. × 8. √ 9. √ 10. √

四、应用题

1. 依题构造的二叉排序树如图 8.13 所示。
2. 哈希函数：H(k)=k%m，其中 m=11，则有：

H(32)=10 H(75)=9 H(29)=7 H(63)=8 H(48)=4
H(94)=6 H(25)=3 H(46)=2 H(18)=7 H(70)=4

结果如图 8.14 所示。

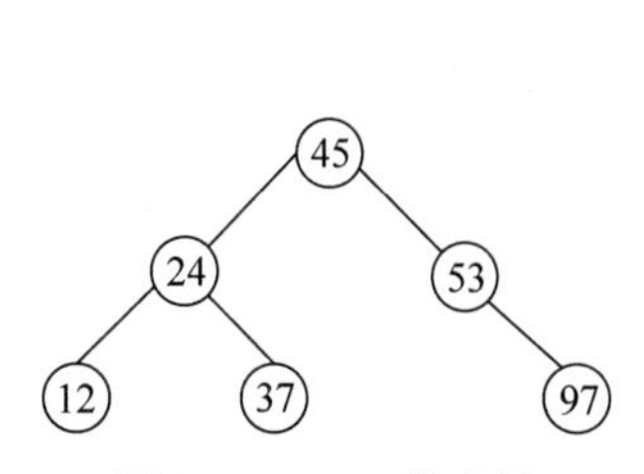

图 8.13 二叉排序树

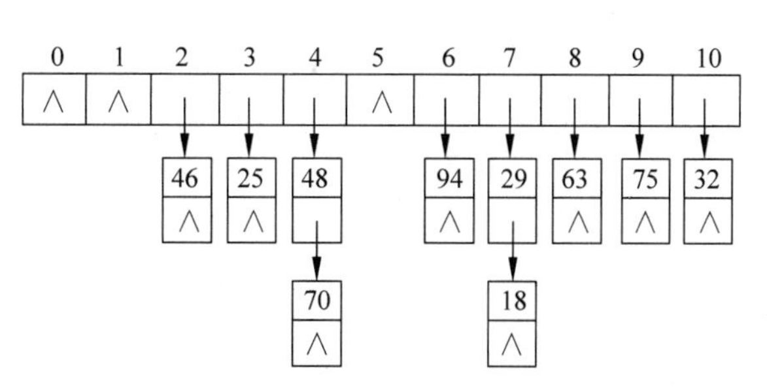

图 8.14 哈希表

3. (1) 依题构造的二叉排序树如图 8.15 所示。

查找每一元素的概率相同，查找此二叉树中任一结点的平均查找长度为：

$$(1+2\times2+3\times3+3\times4+3\times5)/12=3.4$$

(2) 依题构造的平衡二叉树如图 8.16 所示。

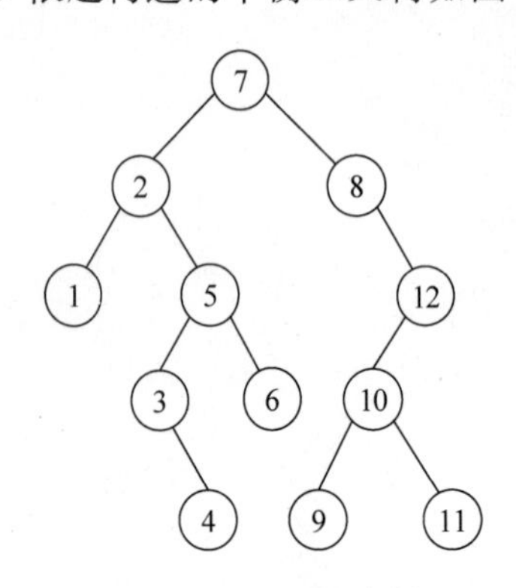

图 8.15 二叉排序树

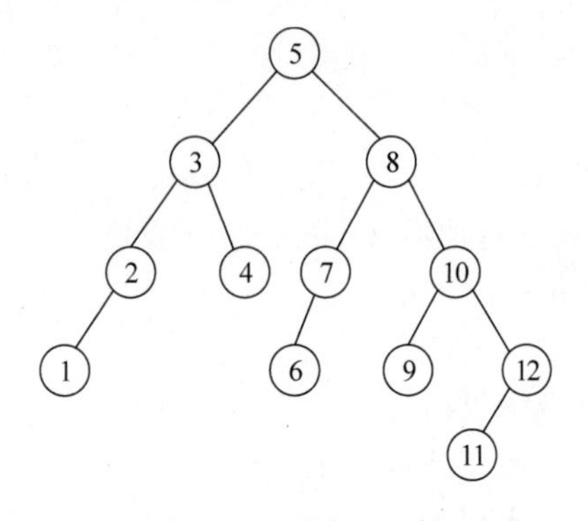

图 8.16 平衡二叉树

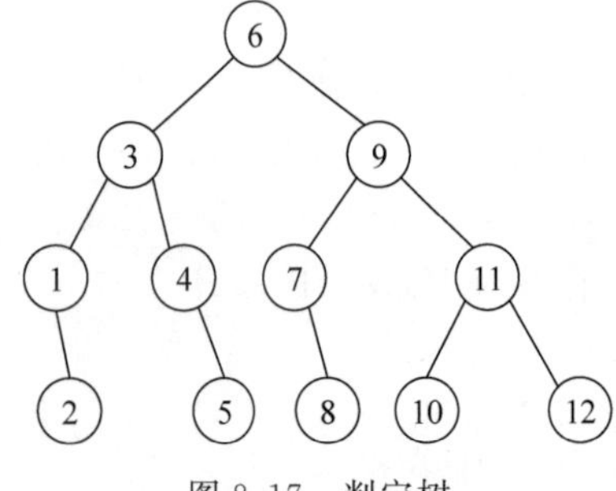

图 8.17 判定树

查找每一元素的概率相同，查找此平衡二叉树中任一结点的平均查找长度为：

$$(1+2\times2+3\times4+4\times4+5)/12=3.17$$

(3) 依题对线性表中的元素排序后，查找得到的判定树如图 8.17 所示。

查找每一元素的概率相同，计算查找成功时的平均查找长度为：

$$(1+2\times2+3\times4+4\times5)/12=3.08$$

4. 在 3 阶 B—树上，插入删除的结果如图 8.18 所示。

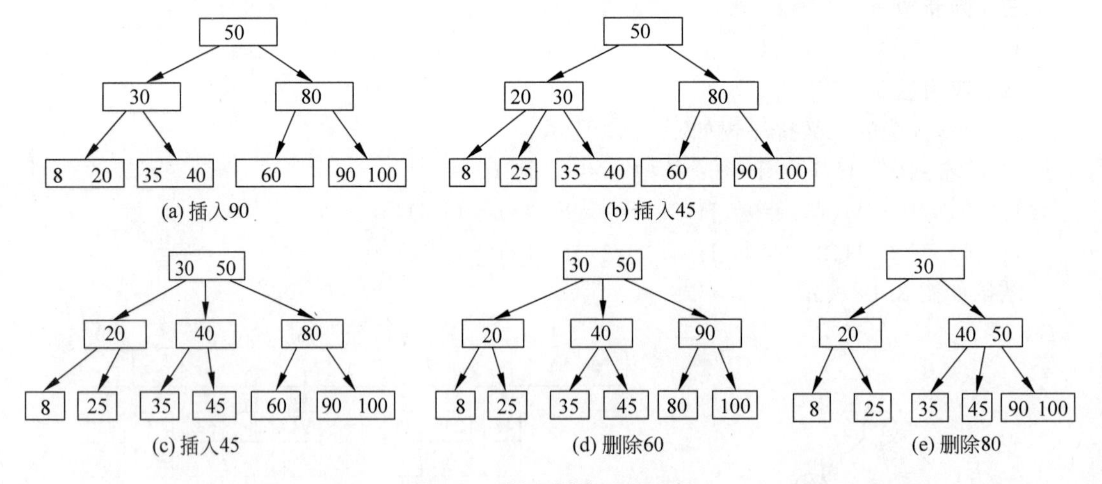

图 8.18 插入删除过程示意

5. (1) 哈希表的存储结构表如表 8.4 所示。

表 8.4 哈希表

地址	0	1	2	3	4	5	6	7	8	9	10
关键字				36	15	27	50	48	19		

(2) 查找关键字 48 时需要比较 4 次。

6. 折半查找的判定树如图 8.19(a)所示。

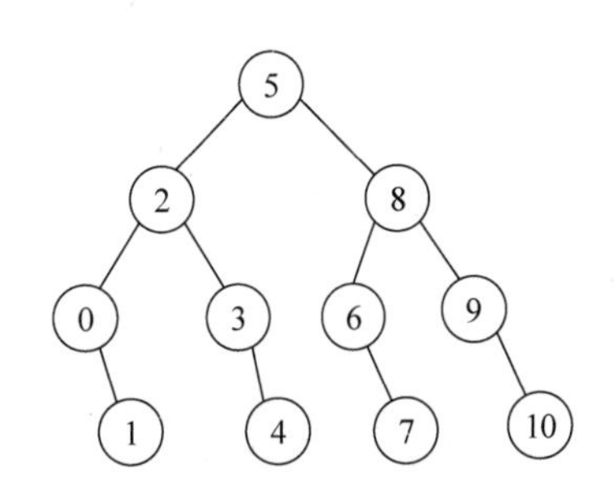

(a) 折半查找的判定树

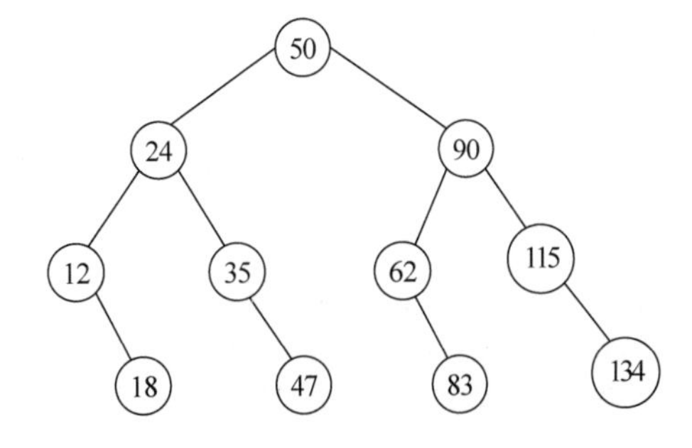

(b) 对有序表构造的判定树

图 8.19 判定树

$$ASL_{succ}=(1+2\times 2+3\times 4+4\times 4)/11=3$$

$$ASL_{unsucc}=(4\times 3+8\times 4)/12=3.67$$

对于题中给定的有序表构造的判定树如图 8.17(b)所示，故答案分别为 2,4,3。

五、算法设计题

1. 将“哨兵”设置在下标高端，表示从数组的低端开始查找，在查找不成功的情况下，算法自动在“哨兵”处终止。具体算法如下：

```
int Search(int r[],int n,int t)
{
    i=1;r[n+1]=k;
    while(r[i]!=k)
      i++;
    return i%(n+1);
}
```

2. 依题意，先在有序表 r 中利用折半查找法查找关键字值等于或小于 x 的结点，mid 指向正好等于 x 的结点或 low 指向关键字正好大于 x 的结点，然后采用移动法插入 x 结点即可。实现本题功能的函数如下：

```
Bininseet(Sqlist r,int x,int n)
{
  int low=1,high=n,mid,inplace,i,find=0;
  while(low<=high&&!find)
   {
      mid=(low+high)/2;
      if (x<r[mid]->key) high=mid-1;
      else if(x>r[mid]-key) low=mid+1;
         else
            {
               i=mid;
               find=1;
```

```
            }
    }
  if (find) inplace=mid;
  else inplace=low;
  for(i=n;i>=inplace;i--)
    r[i+1]->key=r[i]->key;
  r[inplace]->key=x;
}
```

3. 递归方法实现如下：

```
int BSearch(IndexType a[ ] , KeyType key, int low, int high)
{ /* 在下界为 low、上界为 high 的索引表 a 中折半查找关键字等于 key 的数据 */
  if(low>high) return -1;
  mid=(low+high)/2;
  if(key== a[mid].key) return mid;
  if(key<a[mid].key) return (BSearch(a,key,low,mid-1));
  else return (BSearch(a,key,mid+1,high));
}
```

非递归方法实现如下：

```
int BSearch(IndexType a[ ], KeyType key, int n)
{   low=0; high=n-1;
    while(low<high)
     {
       mid=(low+high)/2;
       if(a[mid].key==key) return mid;
       else if(a[mid].key<key) low=mid+1;
       else high=mid-1;
       }
    return -1;
}
```

4. 对二叉排序树进行中序遍历的同时，将当前扫描结点与其前驱结点进行比较，若相同，则不输出。利用中序遍历的递归算法即可实现，这里给出非递归算法。

```
void Incr_prt(BSTree bt)
{   BSTree p,s[maxsize];                                    /* 将 s 作为栈 */
    p=bt;                                                   /* p 指向当前结点 */
    top=0;
    pre=minval;
           /* pre 为当前结点的前驱，初始赋为最小值，其类型同结点关键字的类型 */
    while((p!=NUL)||(top!=0))
    {
       if(p!=NULL)
         {
           s[top++]=p;
           p=p->lchild;
         }
      else
      p=s[--top];
      if(pre!=p->key)
        {
          printf("关键字类型格式符",p->key);
          pre=p->key;                                       /* pre 记录当前结点的前驱的关键字 */
```

```
        }
      p=p->rchild;
    }
}
```

5.

```
int Bstsearch(BSTree bst,KcyType k)
{ BSTree p;                                     /* 返回0时,表示该结点不存在 */
  p=bst;
  d=0;                                          /* d 记录结点的层数 */
  while(p!=NULL && p->key!=k)
  {
      if(k<p->key)
          p=p->lchild;
      else
        p=p->rchld;
    d++;
  }
  if (p==NULL) return(0);
return(d+1);                                    /* 给定的关键字不存在 */
}
```

6.

```
#define NULL '\0'
typedef int KeyType
typedef struct node
{ KeyType key;
  int bf;
  InfoType data;
  struct node *lchild, *rchild;
}BSTNode;
struct node *next;
int abs(int x, int y)
{ int z=x-y;
  return z>0?z:-z;
}
void JudgeAVT(BSTNode *bt, int &balance, int &h)
{
  int bl,br,hl,hr;
  if(bt==NULL)
  {
     h=0;
     balance=1;
   }
 else if(bt->lchild==NULL &&bt->rchild==NULL)
        {
           h=1;
           banlance=1;
         }
        else
        {
         JudgeAVT(bt->lchild,bl,hl);            /* 求出左子树的平衡因子 bl 和高度 hl */
         JudegAVT(bt->rchild,br,hr);            /* 求出右子树的平衡因子 br 和高度 hr */
         h=(hl>hr?hl:hr)+1;
```

```
            if(abs(hl,hr)<2)
             balance=bl&br;                          /*& 为整数的逻辑与*/
            else
             banlance=0;
              }
    }
    void main()
    {
     BSTNode *b=NULL;
     int i,k,h,balance;
     KeyType a[]={16,3,7,11,9,26,18,14,15};
     for(i=0;i<9;i++)
        InsertAVL(b,a[i],k);
     printf("AVL:");
     DispBSTree(b);
     printf("\n");
     JudgeAVT(b,balance,h);
     printf("JudgeAVT=%d,h=%d\n",balance,h);
    }
```

7. 结点 f 是二叉排序树的一个结点，其右孩子为 p，要删除结点 p。当结点 p 无左孩子时，用 p 的右孩子替代；当结点 p 有左孩子时，用其左子树中最大的结点替代 p。

算法描述如下：

```
void Delete(BSTree f)                    /*删除结点 f 的右孩子 p,假设 f 及 f 的右孩子均存在*/
{
   p=f->rchild;
   if(p->lchild==NULL)
     {
        f->rchild=p->rchild;                    /* 若 p 无左孩子,则其右孩子替代 p*/
        free(p);
     }
   else
     {
       q=p->lcild;
       while(q)                                 /*搜索 p 左子树中的最大元素*/
           {
               s=q;
               q=q->rchild;
           }
     if(s==p->lchild)
         {
             p->key=s->key;                     /*p 的左孩子无右孩子*/
             p->lchild=s->lchild;               /*p 的左孩子替代 p*/
             free(s);
         }
      else
         {
             p->key=q->key;                     /*p 的左孩子有右孩子*/
             s->rchild=q->lchild;
             free(q);
         }
     }
}
```

8.5 实验习题

实验目的

(1) 掌握顺序查找、折半查找的递归及非递归算法。

(2) 掌握哈希表上的各种操作。

(3) 熟练掌握二叉排序树上各种操作的实现方法。

(4) 掌握和理解本实验中出现的一些基本的C语言语句。

(5) 体会算法在程序设计中的重要性。

实验内容

(1) 给出顺序表上顺序查找元素的算法。

(2) 给出非递归的折半查找算法。

(3) 编写拉链法处理冲突的查找程序。

参考答案

(1)

```
#define KEYTYPE int                                /*查找表的结点类型定义*/
#define MAXSIZE 100
typedef struct
{KEYTYPE key;
}SEQLIST;
int seq_search(KEYTYPE k,SEQLIST *st,int n)        /*在顺序表中查找元素算法*/
{int j;
j=n;                                               /*顺序表元素个数*/
st[0].key=k;                                       /*st.r[0]单元作为监视哨*/
while(st[j].key!=k)                                /*顺序表从后向前查找*/
j--;
return j;
}
main()
{SEQLIST a[MAXSIZE];
int i,k,n;
scanf("%d",&n);
for(i=1;i<=n;i++)
scanf("%d",&a[i].key);
printf("输入待查元素关键字：");
scanf("%d",&i);
k=seq_search(i,a,n);
if (k==0)
printf("表中待查元素不存在");
else
printf("表中待查元素的位置%d",k);
}
```

(2)

```
#define KEYTYPE int                                    /*查找表的结点类型定义*/
#define MAXSIZE 100
typedef struct
{KEYTYPE key;
}SEQLIST;
int bsearch(SEQLIST *st,KEYTYPE k,int n)               /*有序表上折半查找非递归算法*/
{int low,high,mid;
low=1;high=n;
while (low<=high)
{mid=(low+high)/2;
if (st[mid].key==k)
return mid;
else if (st[mid].key>k)
high=mid-1;
else
low=mid+1;
}
return 0;
}
main()
{SEQLIST a[MAXSIZE];
int i,k,n;
scanf("%d" ,&n);
for(i=1;i<=n;i++)
scanf("%d" ,&a[i].key);
printf("输入待查元素关键字：");
scanf("%d",&i);
k=bsearch(a,i,n);
if (k==0)
printf("表中待查元素不存在");
else
printf("表中待查元素的位置%d",k);
}
```

(3)

```
#define NULL '\0'
#define m 13
typedef struct node
{int key;
struct node *next;
}CHAINHASH;
void creat_chain_hash(CHAINHASH *HTC[])
{CHAINHASH *p;
int i, d;
  scanf("%d",&i);
  while (i != 0) {
    d= i % 13;
    p = (CHAINHASH *) malloc(sizeof(CHAINHASH));
    p->next = HTC[d];
    p->key = i;
    HTC[d] = p;
    scanf("%d",&i); }
```

```
}
void print_chain_hash(CHAINHASH * HTC[ ])
{ int i;
CHAINHASH * p;
for(i =0; i < 13; i++)
{if(HTC[i] == NULL) printf("%3d | ^\n",i);
  else {p = HTC[i];
        printf("%3d | ->",i);
        while(p != NULL)
        {printf("%5d ->",p-> key); p = p-> next; }
        printf("^\n");
       }
  }
}
CHAINHASH * search_chain_hash(CHAINHASH * HTC[], int k)
{CHAINHASH * p;
int d;
d=k%13;
p=HTC[d];
while(p!= NULL&&p-> key!=k)
   p = p-> next;
return p;
}
main()
{CHAINHASH * HTC[m];
int i;
CHAINHASH * p;
printf("\nplease input data\n\n");
for (i = 0; i< m; i++)
HTC[i] = NULL;
printf("biao\n");
creat_chain_hash(HTC);
print_chain_hash(HTC);
printf("\ninput i: ");
scanf("%d", &i);
p = search_chain_hash(HTC, i);
if (p == NULL) printf("no found\n\n");
else printf("exist, %d\n", p-> key);
}
```

第9章 排序

9.1 基本知识提要

9.1.1 本章思维导图

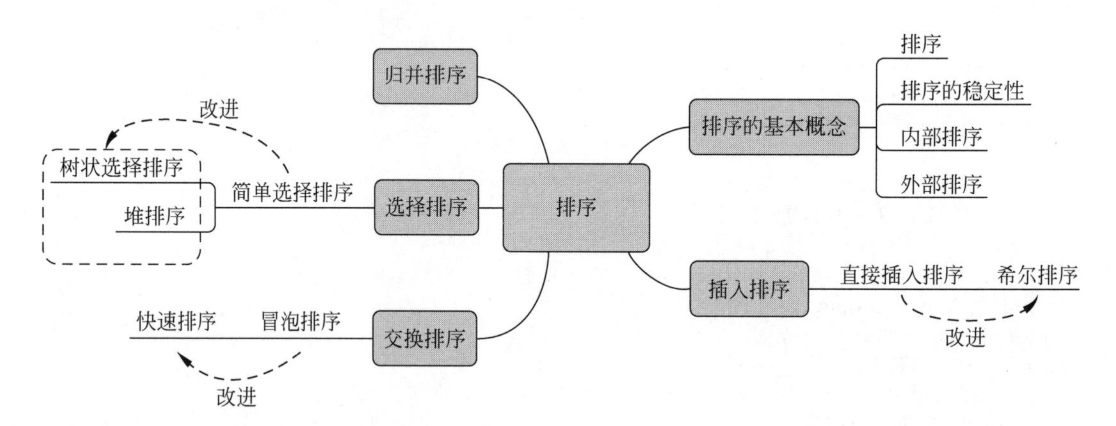

9.1.2 常用术语解析

关键字(Key)：作为排序依据的数据域。

排序(Sort)：将一组杂乱无序的记录按某一关键字的值进行某种顺序的排列。

内部排序：数据存储在内存储器(简称内存)中,并在内存中加以处理的排序方法。

外部排序：在排序过程中,数据的主要部分存放在外存储器(简称外存)中,借助内存进行内、外存数据交换,逐步排列记录之间的顺序。

稳定的排序：排序后具有相同关键字的记录仍维持排序之前的相对次序。

堆(Heap)：一棵完全二叉树,它的每个结点对应于原始数据的一个元素,且规定如果一个结点有孩子结点,若此结点数据必须大于或等于其孩子结点数据,则称为大根堆。若此结点数据必须小于或等于其孩子结点数据,则称为小根堆。

9.1.3 重点知识整理

1. 排序算法的稳定性

如果待排序的记录序列中存在关键字相同的记录,经过排序后,关键字相同的记录的相对位置不改变,则称这种排序方法是稳定的；反之,此排序方法是不稳定的。

稳定性取决于该方法采取的策略，不是由一次具体的排序结果决定的。但是通过列举不稳定的排序实例可以说明该排序算法的不稳定性。

2. 内部排序与外部排序

(1) 在排序过程中，只使用计算机的内存存放待排序的记录，称为内部排序。内部排序用于排序的记录个数较少时，全部排序可在内存中完成，不涉及外存，因此，排序速度快。

(2) 当排序的记录数很大时，全部记录不能同时存放在内存中，需要借助外存，也就是说排序过程中不仅要使用内存，还要使用外存，记录要在内、外存之间移动，这种排序称为外部排序。外部排序运行速度较慢。本章习题只讨论内部排序，不涉及外部排序。

3. 直接插入排序

(1) 思路。

将待排序记录插入有序序列，重复 n－1 次，不断扩大有序序列。

例如，对 52，49，80，36，14，58，61 进行直接插入排序的过程如图 9.1 所示。

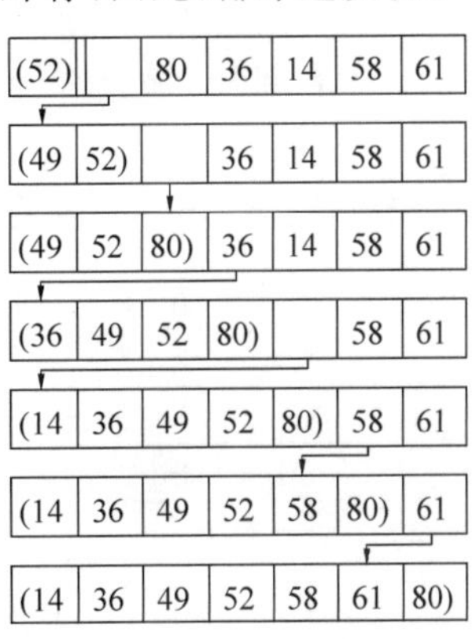

图 9.1 直接插入排序的过程

(2) 分析。

直接插入排序的情况如表 9.1 所示。

表 9.1 直接插入排序的情况

记录排序情况	比较次数	移动次数	
记录顺序有序时	n－1	0	最好
记录逆序有序时	((n+2)(n－1))/2	((n+4)(n－1))/2	最坏

算法的时间复杂度为 $O(n^2)$，直接插入排序是稳定的排序算法。

4. 折半插入排序

(1) 思路。

在直接插入排序中，查找插入位置时采用折半查找的方法。

```
void bininsertsort(RECORDNODE r[], int n)
{
  for ( i=1; i<n; i++ ) {
                    //在 r[0..i-1]中折半查找插入位置使 r[high]≤r[i]<r[high+1..i-1]
    low = 0;
    high = i-1;
    while ( low<=high )
    {m = ( low+high )/2;
     if ( r[i]<r[m] )
         high = m-1;
     else
         low = m+1;
    }
                    //向后移动元素 a[high+1..i-1]，在 a[high+1]处插入 a[i]
    x = r[i];
    for ( j=i-1; j>high; j-- )
      r[j+1] = r[j];
```

```
        r[high+1] = x;                            //完成插入
    }
}
```

（2）分析。

时间复杂度为 $O(n^2)$，比直接插入排序减少了比较次数，折半插入排序是稳定的排序算法。

5. 希尔排序（缩小增量排序）

（1）思路。

先将待排序列分割成若干子序列，分别进行直接插入排序，基本有序后再对整个序列进行直接插入排序。步骤如下：

① 分成子序列（按照增量 d_k）；

② 对子序列排序（直接插入排序）；

③ 缩小增量，重复以上步骤，直到增量 $d_k=1$。

增量序列中最后一个增量一定是1，如：…，9，5，3，2，1和…，13，4，1。如没有明确说明，增量序列可以选择…，3，2，1或…，5，3，2，1。

例如，希尔排序（52，49，80，36，14，58，61）的过程如图9.2所示。

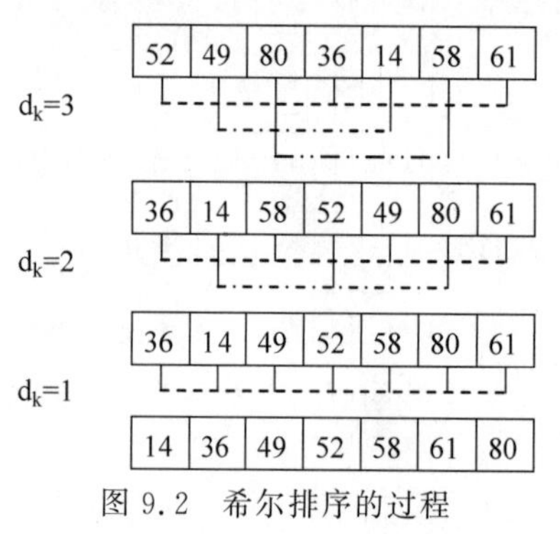

图 9.2　希尔排序的过程

```
void shellsort(RECORDNODE r[], int n)
{dk = n/2;
while (dk>=1) {
                                      //一趟希尔排序,对 dk 个序列分别进行插入排序
    for ( i=dk; i<n; i++ ) {
        x = r[i];
        for ( j=i-dk; j>=0 and x<r[j]; j-=dk )
            r[j+dk] = r[j];
        r[j+dk] = x;
    }
                                      //缩小增量
    dk = dk/2;
  }
}
```

（2）分析。

希尔排序是不稳定的。时间复杂度大约为 $O(n^{3/2})$。

6. 冒泡排序

（1）思路。

依次比较相邻元素，“逆序”则交换，重复 n－1 次。

例如，冒泡排序（52，49，80，36，14，58，61）的过程如图9.3所示。

52	49	80	36	14	58	61
49	52	36	14	58	61	80
49	36	14	52	58	61	80
36	14	49	52	58	61	80
14	36	49	52	58	61	80
14	36	49	52	58	61	80
14	36	49	52	58	61	80

图 9.3　冒泡排序的过程

程序如下：

```
Void Bubblisort(REOKDNODE r[ ],int n)
( * 对表 r[1..n]中的几个记录进行冒泡排序 * )
{int i,j;
```

```
for(j=1;i<n;i++)
for(j=1;j2 =n-i;j++ )
if(r[j].key>r[j+1].key)
{r[0]=r[j];r[j]=r[j+1];r[j+1]f[0];}
}
```

(2) 分析。

比较和交换总是发生在相邻元素之间,是稳定的排序算法,时间复杂度为 $O(n^2)$。

7. 快速排序

(1) 思路。

一趟排序把记录分割成独立的两部分,一部分关键字均比另一部分小,然后再分别对两部分进行快速排序。

例如,初始序列{52,49,80,36,14,58,61}的一次划分如图 9.4 所示。

技巧:选第 1 个记录为轴,分别从后向前、从前向后扫描记录,后面"抓小放大"(如①、②),前面"抓大放小"(如③、④),交替进行直到前后指针相遇(⑤~⑦),最后将轴记录放在中间(⑧),划分成两个序列。

整个快速排序过程如图 9.5 所示。

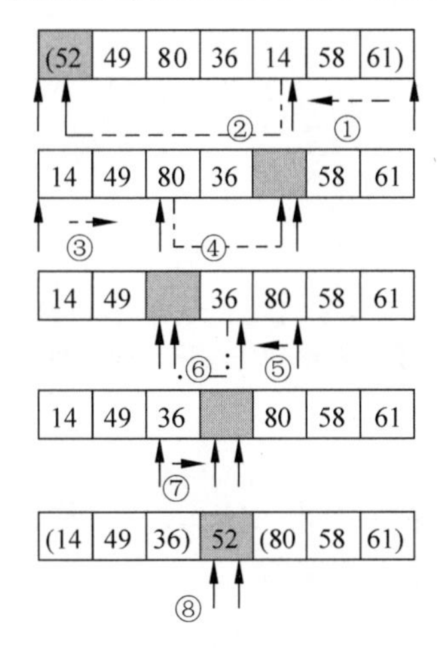

图 9.4 初始序列的一次划分

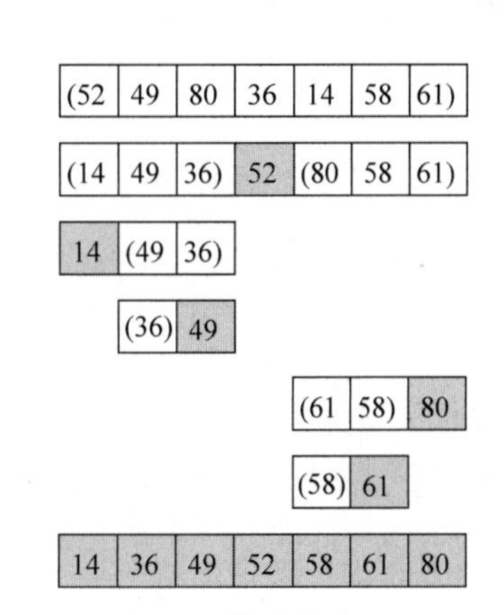

图 9.5 快速排序过程

```
void QuickSort (REOKDNODE r[ ], int low, int high )
{
  if ( low < high ) {
    //划分
    pivot = r[low];
    i = low; j = high;
    while ( i<j ) {
      while ( i<j && r[j] >= pivot ) j--;
      r[i] = r[j];
      while ( i<j && r[i] <= pivot ) i++;
      r[j] = r[i];
    }
    r[i] = pivot;
    //对子序列快排
    QuickSort ( r, low, i-1);
```

```
        QuickSort ( r, i+1, high);
    }
}
```

(2) 分析。

平均情况下，时间复杂度为 O(nlogn)。当记录本来有序时为最坏情况，时间复杂度为 $O(n^2)$。空间复杂度(考虑递归调用的最大深度)在平均情况下为 O(logn)，在最坏情况下为 O(n)。快速排序是不稳定的。

8. 简单选择排序

(1) 思路。

在待排记录中选取最小的，交换到合适位置，重复 n－1 次。第 i 趟排序过程是在剩余的待排记录中选一个最小(大)的，放在第 i 个位置。

例如，对{52,49,80,36,14,58,61}进行简单选择排序的过程如图 9.6 所示。

52	49	80	36	14	58	61
14	49	80	36	52	58	61
14	36	80	49	52	58	61
14	36	49	80	52	58	61
14	36	49	52	80	58	61
14	36	49	52	58	80	61
14	36	49	52	58	61	80

图 9.6 简单选择排序的过程

程序如下：

```
void SelectionSort (REOKDNODE r[ ], int n )
{
  for ( i=0; i<n-1; i++ ) {
    k = i;
    for ( j=i+1; j<n; j++)
      if ( r[j]<r[k] ) k=j;                    //最小记录
    if ( k!=i ) r[i]<--> r[k];                 //r[i]和 r[k]交换位置,此处用伪代码
  }                                            //便于读者记忆排序算法的思想
}
```

(2) 分析。

时间复杂度为 $O(n^2)$，耗费在比较记录上，比较次数始终为 n(n－1)/2，移动次数最小为 0，最大为 3(n－1)，即 n－1 次交换。简单选择排序是不稳定的。

9. 堆排序

(1) 堆及其特点。

序列{K_1,K_2, …, K_n}满足 $K_i \leqslant K_{2i}$,$K_i \leqslant K_{2i}+1$，称为小根堆；若满足 $K_i \geqslant K_{2i}$,$K_i \geqslant K_{2i+1}$，称为大根堆，其中 i=1,2,…,n/2。

特点：小根堆的堆顶(第一个元素)为最小元素，大根堆的堆顶为最大元素。

(2) 判断序列是否构成堆。

用 K_i 作为编号为 i 的结点，画一棵完全二叉树，比较双亲和孩子容易判断是否构成堆。

例如，判断序列(12,36,24,85,47,30,53,91)是否构成堆。

根据图 9.7 判断，该序列构成小根堆。

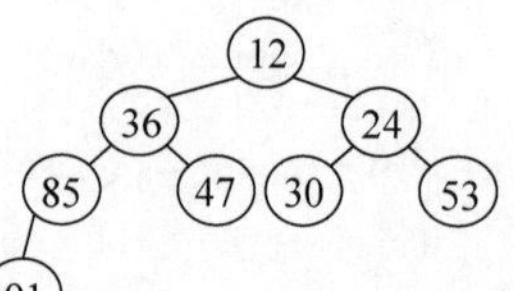

图 9.7 小根堆

(3) 建立堆。

“小堆”变“大堆”，从⌊n/2⌋变到 1；第⌊n/2⌋个元素是最后一个分支结点。

例如，把(24,85,47,53,30,91,12,36)调整成小根堆的过程

如图 9.8 所示。

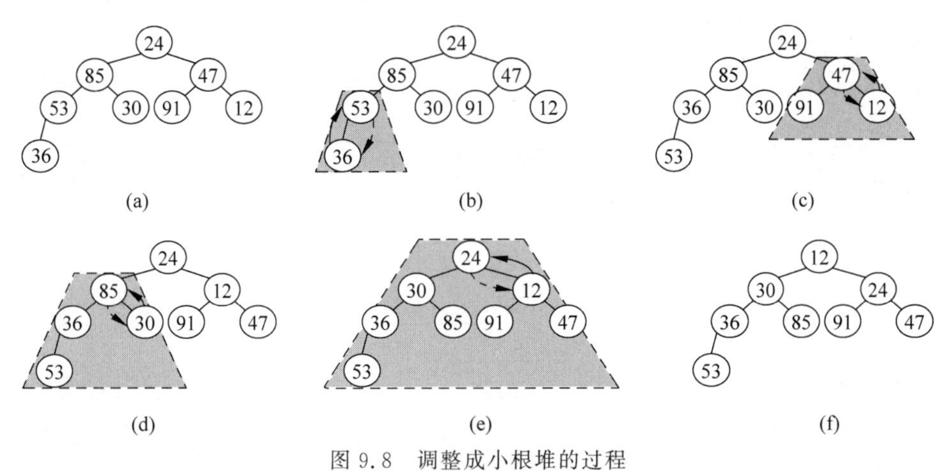

图 9.8 调整成小根堆的过程

(4) 堆排序

例如,对(24,85,47,53,30,91,12,36)进行堆排序的过程如图 9.9 所示。

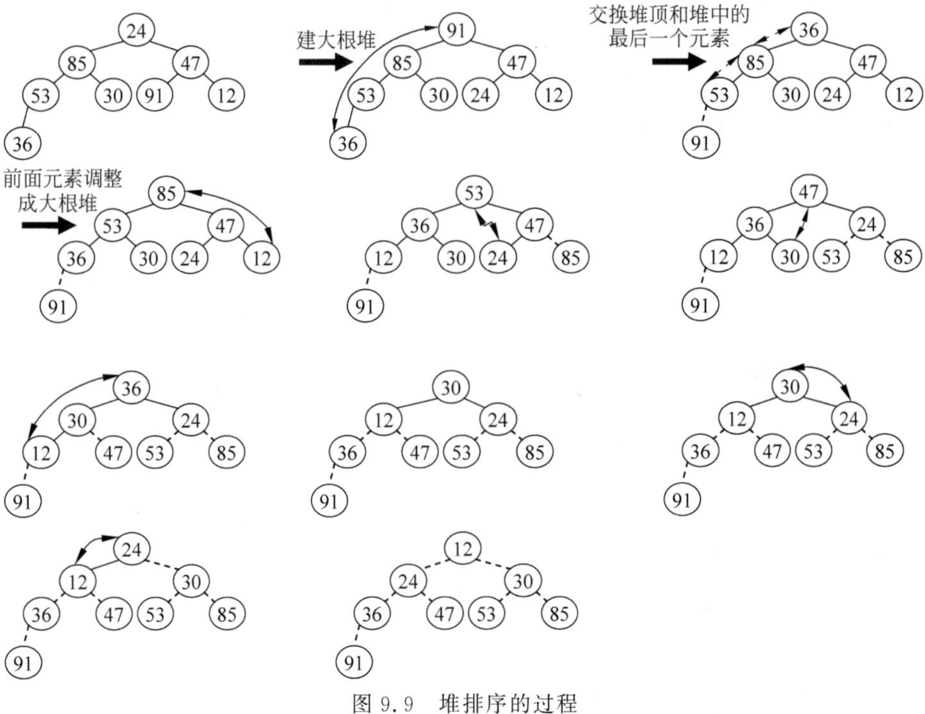

图 9.9 堆排序的过程

采用序列的方式描述上述堆排序的过程如图 9.10 所示。

(5) 分析。

堆排序是不稳定的,时间复杂度是 O(nlogn)。

10. 归并排序

(1) 思路。

归并将两个或多个有序表合并成一个有序表。

例如，对{24,85,47,53,30,91}进行归并排序的过程如图 9.11 所示。

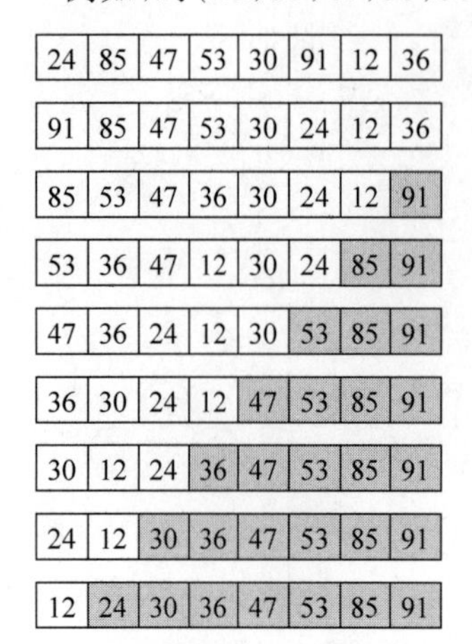

图 9.10 采取序列方式描述堆排序的过程

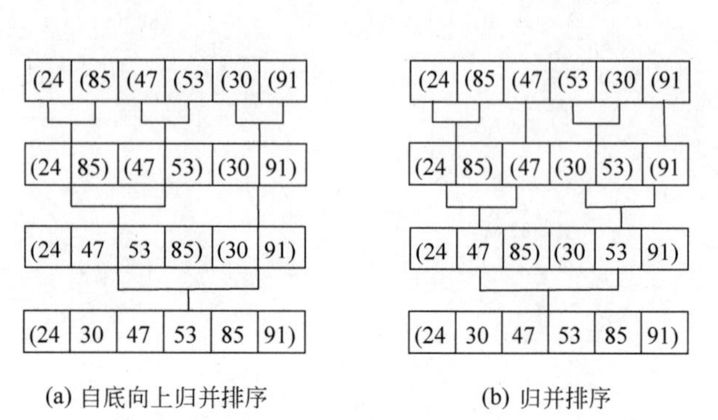

(a) 自底向上归并排序　　(b) 归并排序

图 9.11 归并排序的过程

```
void MergeSort (REOKDNODE r[ ], int low, int high )
{
  if ( low>=high ) return;
  else {
    mid = (low+high)/2;
    MergeSort (r, low, mid );
    MergeSort (r, mid+1, high );
    Merge (r, low, mid, high );
  }
}
```

自底向上的归并排序：

```
void MergeSort (REOKDNODE r[ ], int n )
{
  t = 1;
  while ( t<n ) {
    s = t; t = s * 2;
    for ( i=0; i+t<=n; i+=t )
      Merge (r, i, i+s-1, i+t-1 );
    if ( i+s<n )
      Merge (r, i, i+s-1, n-1 );
  }
}
```

Merge 函数的功能是将有序序列 r[low.. mid]和 r[mid+1.. high]归并到 r[low.. high]。

```
void Merge(REOKDNODE r[ ], int low, int mid, int high )
{ //归并到 b[ ]
  i = low; j = mid+1; k = low;
  while ( i<=mid and j<=high ) {
    if (r[i]<=r[j] ) { b[k] = r[i]; i++; }
    else { b[k] = r[j]; j++; }
    k++;
```

```
    }
    //归并剩余元素
    while ( i<=mid ) b[k++] = r[i++];
    while ( j<=high ) b[k++] = r[j++];
    //从 b[]复制回 r[]
    r[low..high] = b[low..high];
}
```

(2) 分析。

时间复杂度为 O(nlogn)。需要空间多,空间复杂度 O(n)。归并排序是稳定的排序。

11. 各种排序算法的比较

(1) 时间复杂度。

直接插入排序、冒泡排序、直接选择排序这三种简单排序方法的时间复杂度都为 $O(n^2)$,快速排序、堆排序、二路归并排序的时间复杂度都为 O(nlogn),希尔排序的时间复杂度介于这两者之间。若从最好的时间复杂度考虑,则直接插入排序和冒泡排序的时间复杂度最好为 O(n),其他排序算法的最好情况同平均情况相同。若从最坏的时间复杂度考虑,则快速排序为 $O(n^2)$,直接插入排序、冒泡排序、希尔排序同平均情况相同,但系数大约增加一倍,所以运行速度将降低一半,而最坏情况对直接选择排序、堆排序和归并排序影响不大。

(2) 空间复杂度。

归并排序的空间复杂度最大,为 O(n),快速排序的空间复杂度为 O(nlogn),其他排序的空间复杂度为 O(1)。

(3) 稳定性。

一般来说,简单排序算法是稳定的排序算法,如直接插入排序、冒泡排序都是稳定的排序算法,但值得注意的是,直接选择排序是不稳定的。

表 9.2 列举了各排序算法的时间复杂度、空间复杂度和稳定性。

12. 各种排序算法的选择

(1) 当待排序记录数 n 较大时,排序关键字随机分布,同时对稳定性无要求时,则采用快速排序为宜。

(2) 当待排序记录数 n 较大,内存空间允许,且要求排序稳定时,采用二路归并排序为宜。

(3) 当待排序记录数 n 较大,排序关键字可能会出现正序或逆序的情况,同时对稳定性无要求时,则采用堆排序或二路归并排序为宜。

(4) 当待排序记录数 n 较小,元素基本有序或随机分布,且要求稳定时,则采用直接插入排序为宜。

(5) 当待排序记录数 n 较小,同时对稳定性无要求时,则采用直接选择排序为宜;若排序码不接近逆序,也可以采用直接插入排序。

总之,对记录数较多的排序,可以选择快速排序、堆排序、归并排序;当记录数较少时,可以选择简单的排序方法。若从空间的角度上,则尽量选择空间复杂度为 O(1)的排序方法。9 种排序方法的比较如表 9.2 所示。

表 9.2 9种排序方法的比较

排序方法	最好时间	平均时间	最坏时间	辅助空间	稳定性	特 点
直接插入排序	$O(n)$	$O(n^2)$	$O(n^2)$	$O(1)$	稳定	元素少或基本有序时高效
折半插入排序	$O(n\log_2 n)$	$O(n^2)$	$O(n^2)$	$O(1)$	稳定	
希尔排序		$O(n^{1.25})$		$O(1)$	不稳定	
冒泡排序	$O(n)$	$O(n^2)$	$O(n^2)$	$O(1)$	稳定	
快速排序	$O(n\log_2 n)$	$O(n\log_2 n)$	$O(n^2)$	$O(n\log_2 n)$	不稳定	平均时间性能最好
简单选择排序	$O(n^2)$	$O(n^2)$	$O(n^2)$	$O(1)$	不稳定	比较次数最多
堆排序	$O(n\log_2 n)$	$O(n\log_2 n)$	$O(n\log_2 n)$	$O(1)$	不稳定	辅助空间少
归并排序	$O(n\log_2 n)$	$O(n\log_2 n)$	$O(n\log_2 n)$	$O(n)$	稳定	稳定的

9.2 典型题解析

例 9.1 以关键字序列(11,4,9,20,7,31,25)为例，分别写出执行以下排序算法的各趟排序结果。

(1) 直接插入排序　(2) 希尔排序　(3) 冒泡排序　(4) 快速排序
(5) 简单选择排序　(6) 堆排序　(7) 二路归并排序

例题解析：

(1) 直接插入排序过程如下。

初始状态：11 4 9 20 7 31 25
第 1 趟结果：(4 11) 9 20 7 31 25
第 2 趟结果：(4 11 9) 20 7 31 25
第 3 趟结果：(4 11 9 20) 7 31 25
第 4 趟结果：(4 7 11 9 20) 31 25
第 5 趟结果：(4 7 11 9 20 31) 25
第 6 趟结果：(4 7 11 9 20 25 31)

(2) 希尔排序过程如下。

初始状态：11 4 9 20 7 31 25
第 1 趟分组：d=3
第 1 趟结果：11 4 9 20 7 31 25
第 2 趟分组：d=1
第 2 趟结果：4 7 9 11 20 25 31

对间隔值(用 d 表示)的取法有多种，希尔提出的方法是：$d_1=\lfloor n/2 \rfloor$，$d_{i+1}=\lfloor d_i/2 \rfloor$，最后一次排序的间隔值必须为1，其中 n 为记录数。此题中记录数 n=7。

(3) 冒泡排序过程如下。

初始状态：11 4 9 20 7 31 25
第 1 趟结果：4 9 11 7 20 25 (31)
第 2 趟结果：4 9 11 7 20 (25 31)
第 3 趟结果：4 7 9 11 (20 25 31) 第 3 趟无记录交换，说明已有序，
第 4 趟结果：(4 7 9 11 20 25 31) 所以排序停止

(4) 快速排序过程如下。

初始状态： 11 4 9 20 7 31 25
第 1 趟结果：(7 4 9) 11 (20 31 25)
第 2 趟结果：(4) 7 (9) 11 20 (31 25)
第 3 趟结果： 4 7 9 11 20 25 (31)
第 4 趟结果： 4 7 9 11 20 25 31

(5) 简单选择排序过程如下。

初始状态： 11 4 9 20 7 31 25
第 1 趟结果：(4) 11 9 20 7 31 25
第 2 趟结果：(4 7) 9 20 11 31 25
第 3 趟结果：(4 7 9) 20 11 31 25
第 4 趟结果：(4 7 9 11) 20 31 25
第 5 趟结果：(4 7 9 11 20) 31 25
第 6 趟结果：(4 7 9 11 20 25 31)

(6) 堆排序过程如下。

初始状态：11 4 9 20 7 31 25

① 构造堆过程如图 9.12 所示。

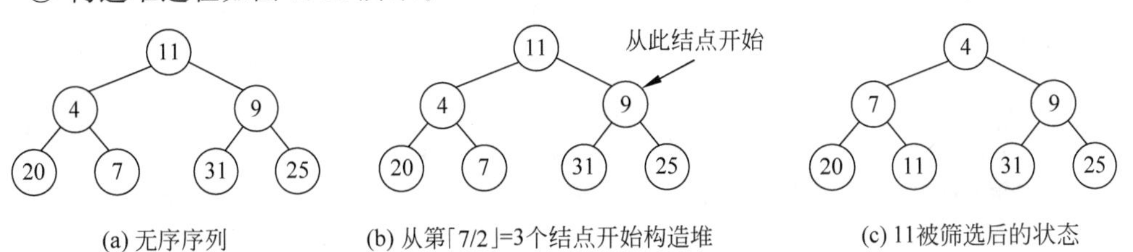

(a) 无序序列　(b) 从第⌊7/2⌋=3个结点开始构造堆　(c) 11被筛选后的状态

图 9.12 构造堆

② 调整堆过程如图 9.13 所示。

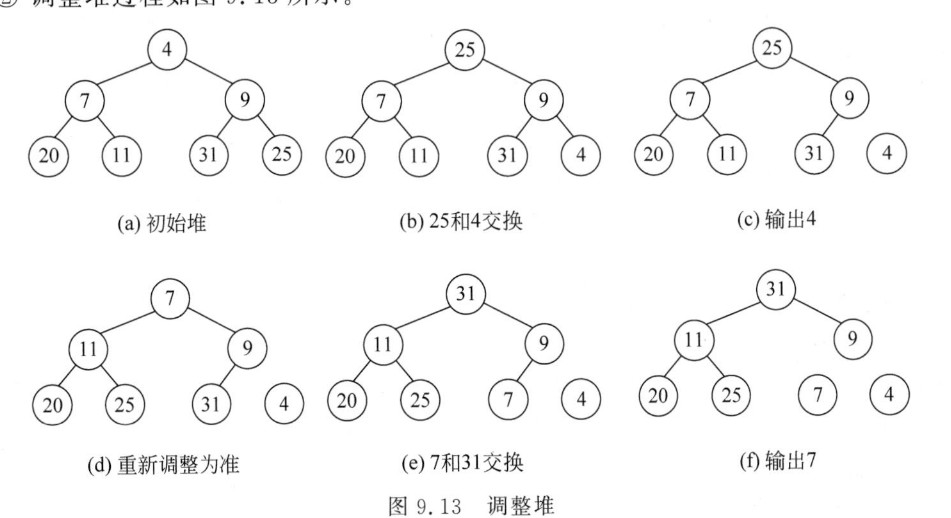
(a) 初始堆　(b) 25和4交换　(c) 输出4

(d) 重新调整为准　(e) 7和31交换　(f) 输出7

图 9.13 调整堆

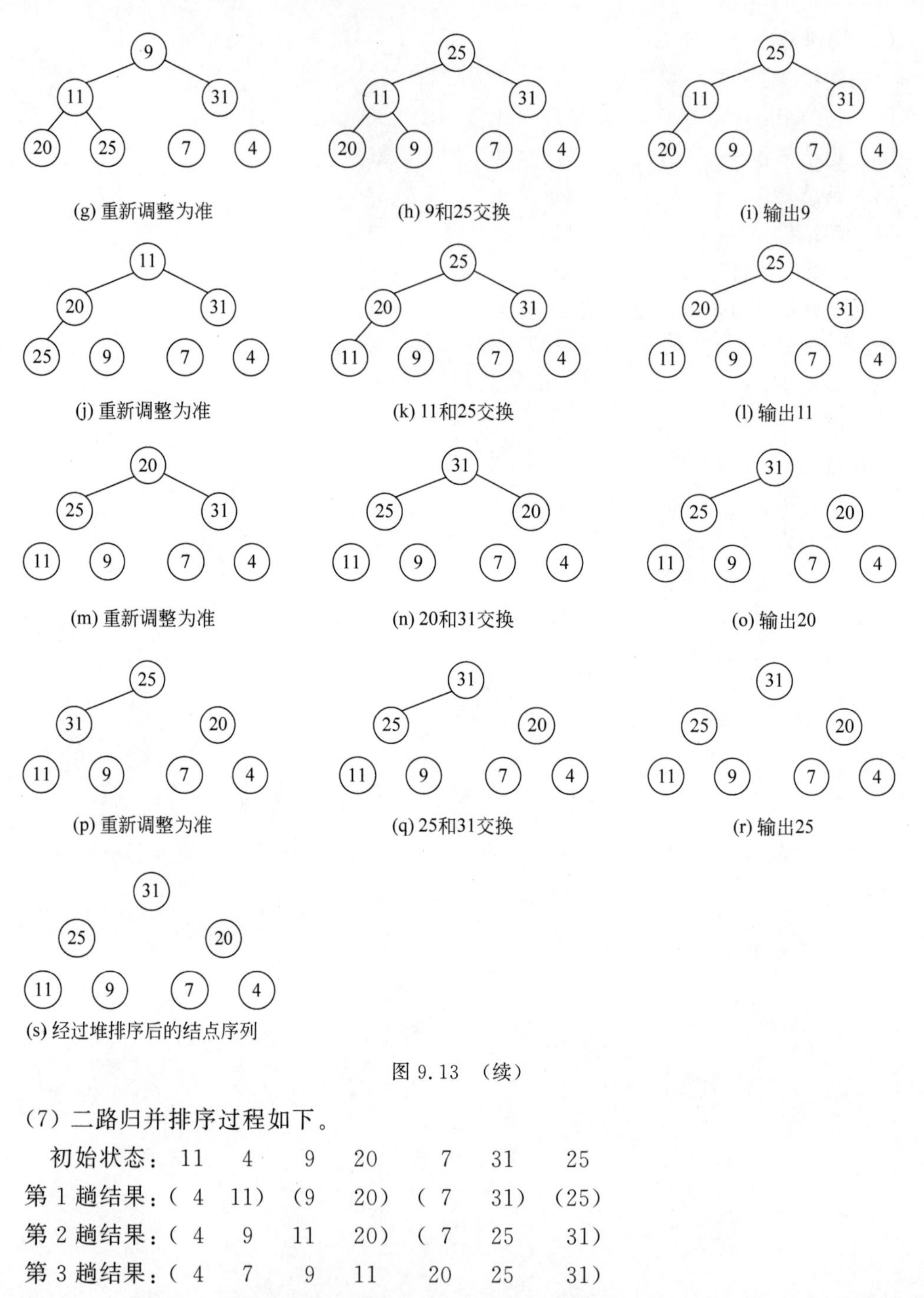

图 9.13 （续）

（7）二路归并排序过程如下。

初始状态： 11 4 9 20 7 31 25

第 1 趟结果：(4 11) (9 20) (7 31) (25)

第 2 趟结果：(4 9 11 20) (7 25 31)

第 3 趟结果：(4 7 9 11 20 25 31)

例 9.2 已知下列各种初始状态的元素，试问当使用直接插入排序方法进行排序时，至少进行多少次比较（要求排序后的文件按照关键字从小到大顺序排列）？

（1）关键字从小到大有序（$key_1 < key_2 < \cdots < key_n$）。

（2）关键字从大到小有序（$key_1 > key_2 > \cdots > key_n$）。

（3）奇数关键字顺序有序，偶数关键字顺序有序（$key_1 < key_3 < \cdots, key_2 < key_4 < \cdots$）。

（4）前半部分元素按照关键字顺序有序，后半部分元素按照关键字顺序有序，即

($key_1 < key_2 < \cdots < key_m, key_{m+1} < key_{m+2} < \cdots < key_n$, m 是中间位置)。

例题解析:

依题意,各种初始状态在最好情况下的比较次数即为最少比较次数。

(1) 插入第 i($2 \leqslant i \leqslant n$)个元素的比较次数为 1,因此比较次数为:

$$1+1+\cdots+1=n-1$$

(2) 插入第 i($2 \leqslant i \leqslant n$)个元素的比较次数为 i,因此比较次数为:

$$2+3+\cdots+n=(n-1)(n+2)/2$$

(3) 比较次数最少的情况是所有记录关键字按照升序排列,总的比较次数为 n−1。

(4) 在后半部分元素的关键字均大于前半部分元素的关键字时需要的比较次数最少,总的比较次数为 n−1。

例 9.3 编写快速排序的非递归算法。

例题解析:

使用一个二维数组 s 作为栈,s[i][0]存储待排序序列第一个记录的下标,s[i][1]存储待排序序列最后一个记录的下标。

```
Void quicksort(RECOKDNODE R[ ], int t1, int t2)        //排序记录 R[0]~R[n-1]
{ int s [n0][2], i, top=1;
  s[top][0]=t1;
  s[top][1]=t2;
  while(top>0)
  {t1=s[top][0];
   t2=s[top][1];
   top--;
   partition(R,t1,t2,i);
   if(t1<i-1)
   {top++;
    s[top][0]=t1;
    s[top][1]=i-1;
   }
   if(i+1<t2)
   {top++;
    s[top][0]=i+1;
    s[top][1]=t2;
   }
  }
}
```

数据分割函数如下:

```
Void partition(RECOKDNODE R[ ], int l, int h, int i)
{int i=l, j=h;
 RECOKDNODE x;
 x=R[i];                                   //x 作为基准
 do                                        //从后向前扫描,查找第一个关键字
 {while(x.key<=R[j].key&&j>i)             //小于 x.key 的记录
   j--;
  if(j>i)                                  //交换 R[i]和 R[j]
  {R[i]=R[j];
   i++;
  }
```

```
        while(x.key>=R[i].key&&i<j)          //从左向右扫描,查找第一个关键字
        i++;                                 //大于 x.key 的记录
        if(i<j)
        {R[j]=R[i];
         j--;
        }
      }while(i!=j);                          //确定基准 x 的最终位置
     R[i]=x;
    }
```

9.3 知识拓展

直接插入算法中监视哨的作用

算法中使用的附加记录 R[0]称为监视哨或哨兵。

监视哨有两个作用：

（1）进入（查找插入位置的）循环之前，它保存了 R[i]的副本，这样不至于因记录后移而丢失 R[i]的内容。

（2）在查找循环中"监视"下标变量 j 是否越界。一旦越界（即 j=0），因为 R[0].key 和自己比较，循环判定条件不成立使得查找循环结束，从而避免了在该循环内的每一次均要检测 j 是否越界（即省略了循环判定条件"j≥1"）。正是因为这个原因，故称为监视哨。

另外：

（1）可以说，一切为简化边界条件而引入的附加结点（元素）均可称为哨兵。例如，单链表中的头结点实际上是一个哨兵。

（2）引入哨兵后使得测试查找循环条件的时间大约减少了一半，所以对于记录数较大的文件节约的时间就相当可观。对于类似于排序这样使用频率非常高的算法，要尽可能地减少其运行时间。所以不能把上述算法中的哨兵视为雕虫小技，而应该深刻理解并掌握这种技巧。

9.4 测试习题与参考答案

测试习题

一、填空题

1. 在对一组记录(54,38,96,23,15,72,60,45,83)进行直接插入排序时，当把第 7 个记录 60 插入有序表时，为寻找插入位置需比较(　　)次。

2. 在插入和选择排序中，若初始数据基本正序，则选用(　　)；若初始数据基本反序，则选用(　　)。

3. 对 n 个元素序列进行冒泡排序时，最少的比较次数是(　　)。

4. 对 n 个元素序列进行冒泡排序，在最坏情况下所需要的时间是(　　)。

5. 在堆排序和快速排序中，若原始记录接近正序或反序，则选用(　　)；若原始记录无序，则最好选用(　　)。

6. 大多数排序的算法都有两个基本的操作(　　)和(　　)。

7. 在选择排序、堆排序、快速排序、直接插入排序中,稳定的排序方法是(　　)。

8. 快速排序在最坏情况下的时间复杂度是(　　)。

9. 对n个记录的表r[1..n]进行简单选择排序,所需进行的关键字比较次数为(　　)。

10. 每趟排序都从序列的未排好序的序列中挑选一个值最小(或最大)的记录,然后将其与未排好序的序列的第一个记录交换位置。这种排序法称为(　　)。

11. 对关键字序列(47, 55, 24, 96, 13, 87, 65, 38, 17)取增量为3,进行一趟希尔排序之后得到的结果为(　　)。

12. 对序列(49,38,65,97,76,13,47,50)采用直接插入排序法进行排序,要把第7个元素47插入已排序序列中,为寻找插入的合适位置需要进行(　　)次元素间的比较。

13. 第i趟排序对序列的前n－i＋1个元素做如下工作:从第一个元素开始,相邻两个元素比较,若前者大于后者,这两个元素交换位置,否则,这两个元素不交换位置。这种排序方法称为(　　)。

14. 排序的方法有许多种:(　　)法从未排序序列中依次取出元素,与排序序列(初始为空)中的元素做比较,将其放入已排序列的正确位置上;(　　)法从未排序序列中挑选元素,并将其依次放入已排序序列(初始时为空)的一端;交换排序法是对序列中的元素进行一系列的比较,当被比较的两元素逆序时进行交换。(　　)是基于这类方法的效率较高的算法。利用某种算法,根据元素的关键值计算出排序位置的方法是(　　)。

二、选择题

1. 在最好的情况下,关键字比较次数最多的排序方法是(　　)。

A. 希尔排序　B. 冒泡排序　C. 直接插入排序　D. 选择排序

2. 将10个不同的数据进行排序,至多需要比较(　　)次。

A. 11　B. 10　C. 45　D. 44

3. 对n个不同的关键字进行冒泡排序,在元素无序的情况下比较的次数为(　　)。

A. n＋1　B. n　C. n－1　D. n(n－1)/2

4. 从未排序序列中挑选元素,将其放在已排序序列的一端,这种排序方法称为(　　)。

A. 选择排序　B. 插入排序　C. 快速排序　D. 冒泡排序

5. 下列排序方法中,不稳定的排序方法是(　　)。

A. 直接插入排序　B. 直接选择排序　C. 冒泡排序　D. 归并排序

6. 堆的形状是一棵(　　)。

A. 二叉排序树　B. 满二叉树　C. 完全二叉树　D. 平衡二叉树

7. 堆排序是一种(　　)排序。

A. 插入　B. 选择　C. 交换　D. 归并

8. 下列排序方法中,排序趟数与序列的原始状态有关的方法是(　　)。

A. 选择排序　B. 希尔排序　C. 堆排序　D. 冒泡排序

9. 若用冒泡排序对关键字序列{18,16,14,12,10,8}进行从小到大的排序,所需进行的关键字比较总次数是(　　)。

A. 10　B. 15　C. 21　D. 34

10. 就平均时间而言,下列排序方法中最差的一种是(　　)。

A. 堆排序　　B. 快速排序　　C. 归并排序　　D. 选择排序

11. 记录的关键字序列为(7,6,8,4,3,5)，采用快速排序以第一个记录为基准得到的第一次划分结果是(　　)。

A. (5,3,6,4,7,8)　　B. (3,5,6,4,7,8)

C. (6,4,3,5,7,8)　　D. (5,6,3,4,7,8)

12. 稳定的排序方法是(　　)。

A. 直接插入排序和快速排序　　B. 直接插入排序和冒泡排序

C. 简单选择排序和直接插入排序　　D. 堆排序和归并排序

13. 对以下几个关键字序列进行快速排序，以第一个元素为轴，一次划分效果不好的是(　　)。

A. 4,1,2,3,6,5,7　　B. 4,3,1,7,6,5,2

C. 4,2,1,3,6,7,5　　D. 1,2,3,4,5,6,7

14. 堆排序属于(　　)。

A. 归并排序　　B. 选择排序　　C. 快速排序　　D. 直接插入排序

15. 若待排序序列已基本有序，要使它完全有序，从关键字比较次数和移动次数考虑，应当使用的排序方法是(　　)。

A. 直接插入排序　　B. 快速排序　　C. 直接选择排序　　D. 归并排序

16. 若一组记录的排序码为(46,79,56,38,40,84)，则利用堆排序的方法建立的初始堆为(　　)。

A. 79,46,56,38,40,84　　B. 84,79,56,38,40,46

C. 84,79,56,46,40,38　　D. 84,56,79,40,46,38

17. 快速排序在最坏情况下的时间复杂度是(　　)。

A. $O(\log n)$　　B. $O(n\log n)$　　C. $O(n^2)$　　D. $O(n^3)$

18. 以下稳定的排序方法是(　　)。

A. 快速排序　　B. 冒泡排序　　C. 直接选择排序　　D. 堆排序

19. 用冒泡排序的方法对 n 个数据进行排序，第一趟共比较(　　)对元素。

A. 1　　B. 2　　C. n－1　　D. n

20. 一个记录的关键字为(46,79,56,38,40,84)，采用快速排序以第一个记录为基准得到的第一次划分结果是(　　)。

A. (38,40,46,56,38,79,84)　　B. (40,38,46,79,56,84)

C. (40,38,46,56,79,84)　　D. (40,38,46,56,79)

21. 快速排序在(　　)情况下最易发挥其长处。

A. 被排序的数据中含有多个相同排序码

B. 被排序的数据已基本有序

C. 被排序的数据完全无序

D. 被排序的数据中的最大值和最小值相差悬殊

22. 以下序列不是堆的是(　　)。

A. 100,85,98,77,80,60,82,40,20,10,66

B. 100,98,85,82,80,77,66,60,40,20,10

C. 10,20,40,60,66,77,80,82,85,98,100

D. 100,85,40,77,80,60,66,98,82,10,20

23. 一个序列中有1000个元素,若只想得到其中前10个最小元素,最好采用(　　)。

A. 快速排序　B. 堆排序　C. 插入排序　D. 二路归并排序

24. 下列排序算法中,(　　)排序在一趟结束后不一定能选出一个元素放在其最终位置上。

A. 冒泡　B. 选择　C. 归并　D. 快速

25. 在待排序的元素序列基本有序的前提下,效率最高的排列方法是(　　)。

A. 插入排序　B. 选择排序　C. 快速排序　D. 二路归并排序

26. 下列排序算法中,(　　)算法可能会出现下面的情况:初始数据有序时,花费时间反而最多。

A. 堆排序　B. 冒泡排序　C. 快速排序　D. 希尔排序

三、判断题

1. 对于n个记录的集合进行冒泡排序,所需要的平均时间是O(n)。(　　)

2. 快速排序是一种稳定的排序方法。(　　)

3. 快速排序算法在每趟排序中都能找到一个元素放到其最终位置上。(　　)

4. 快速排序是基于比较的内部排序方法中最好的。(　　)

5. 当待排序记录规模较小时,选用直接插入排序算法比较好。(　　)

6. 在堆排序和快速排序中,若原始记录已基本有序,则较适合采用堆排序。(　　)

7. 在执行某排序算法过程中,出现了排序码朝着与最终排序序列相反方向移动的现象,则称该算法是不稳定的。(　　)

四、应用题

1. 有一组关键字序列(38,19,65,13,97,49),采用冒泡排序方法由大到小进行排序,请写出每趟排序的结果。

2. 判别下列序列是否为堆(大根堆或小根堆),若不是,则将其调整为堆。

(1) (100,86,48,73,35,39,42,57,66,21);

(2) (12,70,33,65,24,56,48,92,86,33′);

(3) (103,97,56,38,66,23,42,12,30,52,06,20);

(4) (05,56,20,23,40,38,29,61,35,76,28,100)。

3. 有一组关键字序列(41,34,53,38,26,74),采用快速排序方法由大到小进行排序,请写出每趟排序的结果。

4. 有一组关键码序列(12,5,9,20,6,31,24),采用直接插入排序方法由小到大进行排序,请写出每趟排序的结果。

5. 有一组关键码序列(38,19,65,13,97,49),采用选择排序方法由小到大进行排序,请写出每趟排序的结果。

6. 证明:借助比较进行的排序方法,在最坏情况下所能达到的最好的时间复杂度是$O(n\log_2 n)$。

五、算法设计题

1. 编写一个自下往上扫描的冒泡排序算法。

2. 设立高端监视哨，改写直接插入排序算法。

3. 采用插入法将单链表中的元素排序。

4. 采用选择法将单链表中的元素排序。

5. 编写算法，使得在尽可能少的时间内重排数组，将所有取负值的关键字放在所有取非负值的关键字的前面。

参考答案

一、填空题

1. 3

2. 插入排序　选择排序

3. n－1

4. $O(n^2)$

5. 堆排序　快速排序

6. 比较元素大小　移动记录

7. 直接插入排序

8. $O(n^2)$

9. n(n－1)/2

10. 直接选择排序

11. 47,13,17,65,38,24,96,55,87

12. 5

13. 冒泡排序

14. 插入排序　选择排序　快速排序　希尔排序

二、选择题

1. D　2. C　3. D　4. A　5. B　6. C　7. B　8. D　9. B　10. D
11. D　12. B　13. D　14. B　15. A　16. B　17. C　18. B　19. C
20. C　21. C　22. D　23. B　24. C　25. A　26. C

三、判断题

1. ×　2. ×　3. √　4. ×　5. √　6. √　7. ×

四、应用题

1. 假设采用自上往下扫描的冒泡排序方法，排序过程如下。

第1趟排序结果：38　65　19　97　49　[13]
第2趟排序结果：65　38　97　49　[19　13]
第3趟排序结果：65　97　49　[38　19　13]
第4趟排序结果：97　65　[49　38　19　13]
第5趟排序结果：97　[65　49　38　19　13]
最后排序结果：[97　65　49　38　19　13]

2.

(1)和(3)所示序列是大根堆，(2)和(4)所示序列不是堆。

将(2)所示序列调整为小根堆：12,24,33,65,33′,56,48,92,86,70。

将(4)所示序列调整为小根堆：5,23,20,35,28,38,29,61,56,76,40,100。

3.

第 1 趟排序结果：(74　53)　41　(38　26　34)

第 2 趟排序结果：　74　(53)　41　38　(26　34)

第 3 趟排序结果：　74　53　41　38　(34)　26

最后排序结果：　74　53　41　38　34　26

4.

直接插入排序：

　初始状态：　12　5　9　20　6　31　24

第 1 趟结果：(5　12)　9　20　6　31　24

第 2 趟结果：(5　9　12)　20　6　31　24

第 3 趟结果：(5　9　12　20)　6　31　24

第 4 趟结果：(5　6　9　12　20)　31　24

第 5 趟结果：(5　6　9　12　20　31)　24

第 6 趟结果：(5　6　9　12　20　24　31)

5.

选择排序：

　初始状态：　38　19　65　13　97　49

第 1 趟结果：(13)　19　65　38　97　49

第 2 趟结果：(13　19)　65　38　97　49

第 3 趟结果：(13　19　38)　65　97　49

第 4 趟结果：(13　19　38　49)　97　65

第 5 趟结果：(13　19　38　49　65)　97

　最后结果：(13　19　38　49　65　97)

6. 分析：含有 n 个记录的序列排序可能的初始状态有 n! 个，所以描述 n 个记录排序过程的判定树必有 n!个叶子结点，二叉树的高度 $h \geqslant \log_2(n!)+1$。该判定树上必定存在长度为 $\log_2(n!)$的路径。所以借助比较的排序方法在最坏情况下的所需要比较次数至少为 $\log_2(n!)$。时间复杂度为 $O(\log_2(n!))=O(n\log_2 n)$。

五、算法设计题

1.

```
#define KEYTYPE int
#define MAXSIZE 100
typedef struct
{KEYTYPE key;
}RECORDNODE;
void bubblesort(RECORDNODE *r,int n)        //待排序关键字序列放在 r[0]~r[n-1]单元中*/
{int i,j,noswap;
RECORDNODE temp;
for(i=0;i<n-1;i++)
{noswap=1;
for(j=n-2;j>=i;j--)
if (r[j+1].key<r[j].key)
```

```
{temp=r[j+1];
r[j+1]=r[j];
r[j]=temp;
noswap=0;
}
if (noswap)
break;
}
}
```

2.

```
#define KEYTYPE int
#define MAXSIZE 100
typedef struct
{KEYTYPE key;
}RECORDNODE;
void gaosort(RECORDNODE *r,int n)          //待排序关键字序列放在 r[0]～r[n-1]单元中
{int i,j;
for(i=n-2;i>=0;i--)
{r[n]=r[i];
j=i+1;
while(r[n].key>r[j].key)
{r[j-1]=r[j];
j++;
}
r[j-1]=r[n];
}
}
```

3.

```
void InsertionSort ( LinkList &L )
{  h = L->next;                        //原链表
   L->next = NULL;                     //新空表
   while ( h ) {
     //从原链表中取下结点 s
     s = h; h = h->next;
     //在新表中查找插入位置
     p = L;
     while ( p->next && p->next->data <=s->data )
        p = p->next;
     //在 p 之后插入 s
     s->next = p->next;
     p->next = s;
   }
}
```

4.

```
void SelectionSort ( LinkList &L )
{ p = L;
   while ( p->next ) {
     //选择最小(从 p->next 至表尾)
     q = p;                            //最小元素的前驱 q
     s = p;
```

```
    while ( s-> next ) {
      if ( s-> next-> data < q-> next-> data ) q = s;
      s = s-> next;
    }
    m = q-> next;                                //找到最小 m
    //最小元素 m 插入有序序列末尾(p 之后)
    if ( q!=p ) {
      q-> next = m-> next;                       //释放最小 m
      m-> next = p-> next;                       //插入 p 之后
      p-> next = m;
    }
    p = p-> next;                                //L-> next 至 p 为有序序列
  }
}
```

5.

```
#define KEYTYPE int                              //顺序表的类型定义
#define MAXSIZE 100
typedef struct
{KEYTYPE key;
}RECORDNODE;
void part(RECORDNODE *r,int n)
{RECORDNODE temp;
int i=0,j=n-1;
while(i<j)
{while(i<j&&r[j].key>=0)
j--;
while(i<j&&r[i].key<0)
i++;
if (i<j)
{temp=r[i];r[i]=r[j];r[j]=temp;i++;j--;}
}
}
main()
{RECORDNODE a[MAXSIZE];
int i,len;
scanf("%d",&len);
for(i=0;i<len;i++)
scanf("%d" ,&a[i].key);
part(a,len);
for(i=0;i<len;i++)
printf("%4d",a[i].key);
}
```

第10章 文件

10.1 基本知识提要

10.1.1 本章思维导图

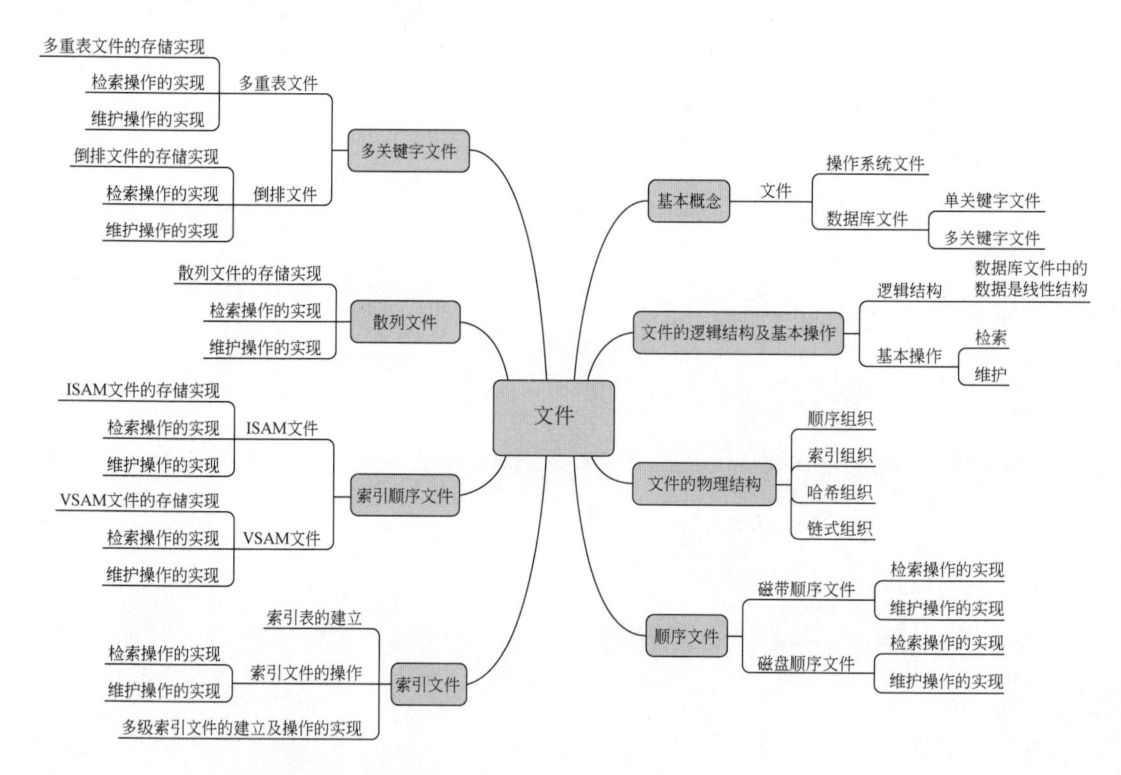

10.1.2 常用术语解析

文件：由大量性质相同的记录组成的集合。

顺序文件：按记录进入文件的先后顺序存放、其逻辑顺序和物理顺序一致的文件。

索引文件：有些文件除了文件(称作主文件或数据区)自身外，另外建立一张指示逻辑记录和物理记录之间一一对应关系的表——索引表，这类包括文件数据区和索引表两部分的文件称为索引文件。

ISAM：Indexed Sequencial Access Method(索引顺序存取方法)的缩写。这种存取方

法是一种采用静态索引结构的磁盘存取文件组织方式。

VSAM：Virtual Storage Access Method（虚拟存储存取方法）的缩写。这种存取方法利用操作系统的虚拟存储器给用户提供方便。VSAM 文件的存储单位是控制区间和控制区域的逻辑存储单位。

散列文件：又称直接存取文件或哈希文件，是指利用散列（Hash）法来组织文件。类似于散列表，即根据文件中关键字的特点设计散列函数和处理冲突的方法，将记录散列地保存到存储设备上，因此称为散列文件。

桶：若干记录组成一个存储单位，在散列文件中这个存储单位称为桶（Bucket）。

基桶和溢出桶：假设一个桶能存放 m 个记录，通常把存放前 m 个同义词的桶称为“基桶”，把存放溢出记录的桶称为“溢出桶”。

多关键字文件：在对文件进行检索操作时，不仅对主关键字进行简单询问，还经常对次关键字进行其他类型的询问检索。要进行此类操作，则需要建立多个次关键字索引，这样的文件称为多关键字文件。

多重表文件：将索引方法和链接方法相结合的一种组织方式。为每个需要查询的次关键字建立一个索引，同时将具有相同次关键字的记录链接成一个链表，将此链表的头指针、链表长度及次关键字作为索引表的一个索引项。

倒排文件：倒排文件和多重表文件的区别在于，倒排文件中具有相同次关键字的记录并不链接，而是在相应的次关键字索引表的该索引项中直接列出这些记录的物理地址或记录号。这样的索引表称为倒排表，主文件和倒排表共同组成倒排文件。

10.1.3 重点知识整理

1. 文件的基本概念

文件分为操作系统文件和数据库文件两类。通常数据结构中研究的文件指的是数据库文件。数据结构主要研究文件中记录的逻辑结构、物理结构及运算。数据库文件中记录的逻辑结构是线性结构，物理结构主要包括顺序组织、索引组织、散列组织和链式组织等形式，文件上记录的运算主要有检索和维护，维护包括记录的插入、删除和修改。

2. 顺序文件

顺序文件根据存储介质不同分为磁带存储的顺序存取文件和磁盘存储的随机存取文件。对磁带文件的检索只能是顺序查找；对磁盘文件可以进行顺序、二分和分块查找。磁带文件的插入、删除和修改操作一般需要对原数据文件和事务文件进行归并操作，整理为一个新的主文件；磁盘上顺序文件的批处理和磁带文件类似，只是当修改项中没有插入，且更新不增加记录的长度时，可以不创建新的主文件，直接修改原主文件中的记录即可。

3. 索引文件

（1）索引文件需要在输入记录的同时建立索引表，检索时先在索引表中进行查找，找到后按照索引表中指示的物理记录地址读取数据文件中的记录。索引文件删除一个记录时，只需要删除相应的索引项；插入一个记录时，将记录置于数据区的末尾，同时在索引表中插入索引项；修改记录时，将修改后的记录置于数据区的末尾，同时修改索引表中相应的索引项。

（2）当记录数目很大时，索引表也很大，此时可以建立多级索引表结构。

4. 索引顺序文件

(1) ISAM是一种索引顺序文件，采用静态索引结构存储，文件的记录在同一盘组上存放时，先集中放在一个柱面上，对同一柱面，按盘面的次序顺序存放在每个磁道上。检索时按照主索引、柱面索引、磁道索引再到数据区进行多级检索。插入记录时需要移动记录并将同一磁道上的最后一个记录移至溢出区，同时修改磁道索引中的溢出索引项。删除记录时，只需要找到待删除的记录，在其存储位置上加删除标记即可。

(2) VSAM文件是采用虚拟存储存取方法实现文件组织的，采用B+树作为动态索引结构。VSAM文件既可以在顺序集中进行顺序存取，又可以从最高层的索引(B+树的根结点)出发进行按关键字存取。VSAM文件在控制区域内留有空闲空间，便于记录的插入，如果空闲空间用完了，则需要对控制区域进行分裂操作。进行删除操作时需要将控制区域内较大的记录向前移动。

5. 散列文件

散列文件是利用散列函数将记录散列存放到存储设备上，散列文件的存储单位称为桶。当同义词占满了基桶之后，再发生冲突时，就将同义词散列存放到溢出桶。基桶和溢出桶采用链式存储结构存储。记录的查找类似于散列查找。

6. 多关键字文件

(1) 多重表文件是将索引方法和链接方法相结合的一种组织方式。它为每个需要查询的次关键字建立一个索引，同时将具有相同次关键字的记录链接成一个链表，并将此链表的头指针、链表长度及次关键字作为索引表的一个索引项。多重表文件在检索时先查询索引表，然后在主文件中按数据的链式组织方式读出待查记录。

(2) 倒排文件在索引表中按照次关键字建立索引，同时列出这些记录的物理地址或记录号，主文件中则不需要形成链表。

7. 文件组织方式

不同的文件组织方式适用于不同的应用，采取何种存储方式取决于存储介质的性质、对文件记录经常进行什么操作以及对文件中记录的使用方式和频繁程度等因素。

10.2 典型题解析

例 10.1

例 10.1 已知职工数据文件中包括职工号、职工姓名、职务和职称4个数据项(见表10.1)，职务有校长、系主任、室主任和教员。校长领导所有系主任，系主任领导所在系的室主任，室主任领导所在室的所有教员。职称有教授、副教授、讲师3种。请在职工数据文件的数据结构中设置若干指针和索引，以满足下列两种查找的需要：

(1) 能够检索出全体职工间领导与被领导的情况；

(2) 能够分别检索出全体教授、全体副教授和全体讲师。

要求指针数量尽可能少，给出各指针项索引的名称及含义即可。【北京航空航天大学1996】

表 10.1 职工数据文件

职工号	职工姓名	职　务	职　称
001	张军	教员	讲师
002	沈灵	系主任	教授

续表

职工号	职工姓名	职　　务	职　　称
003	叶明	校长	副教授
004	张莲	室主任	副教授
005	叶宏	系主任	教授
006	周芳	教员	教授
007	刘光	系主任	教授
008	黄兵	教员	讲师
009	李民	室主任	教授
010	赵松	教员	副教授
…	…	…	…

例题解析：

(1) 在原表文件中增加一列“职务链”，表示职工之间领导与被领导的情况，对应指针指向其领导者。由于题目中没有给出具体的隶属关系，如哪个教员隶属于哪个室主任，哪个室主任隶属于哪个系主任，这里假设每个室主任隶属于前面距离最近的那个系主任，教员隶属于前面距离最近的那个室主任，得到如表 10.2 所示的新职工数据表文件。

表 10.2　新职工数据表文件

记录号 (或物理地址)	职工号	职工姓名	职务	职务链	职称
01	001	张军	教员	04	讲师
02	002	沈灵	系主任	03	教授
03	003	叶明	校长	∧	副教授
04	004	张莲	室主任	02	副教授
05	005	叶宏	系主任	03	教授
06	006	周芳	教员	04	教授
07	007	刘光	系主任	03	教授
08	008	黄兵	教员	04	讲师
09	009	李民	室主任	07	教授
10	010	赵松	教员	09	副教授
…	…	…	…	…	…

(2) 由于题目中要求指针数量尽可能少，因此可以建立关于职称字段的倒排表。本题目职称索引的倒排表如表 10.3 所示，倒排表的优点是检索速度快。

表 10.3　职称倒排表

职称	记录号
教授	02,05,06,07,09
副教授	03,04,10
讲师	01, 08

例 10.2　设有一个职工文件，包含职工号、姓名、性别、职务、年龄、工资字段，其中职工号为主关键字，并设该文件包含 5 个记录，如表 10.4 所示。

例 10.2

表 10.4 职工信息表

地址	职工号	姓名	性别	职务	年龄	工资
A	39	张恒珊	男	程序员	25	3270
B	50	王莉	女	分析员	31	5685
C	10	季迎宾	男	程序员	28	3575
D	75	丁达芬	女	操作员	18	1650
E	27	赵军	男	分析员	33	6280

(1) 若该文件为顺序文件,请写出文件的存储结构;

(2) 若该文件为索引顺序文件,请写出索引表;

(3) 若该文件为倒排序文件,请写出关于性别的倒排表和关于职务的倒排表。

例题解析:

(1) 已知顺序文件是指按记录进入文件的先后顺序存放、其逻辑顺序和物理顺序一致的文件。因此,按照题中给出的逻辑结构把 5 个记录依次排列起来,形成的线性结构即其存储结构。

表 10.5 职工索引表

职工号(关键字)	地址
10	C
27	E
39	A
50	B
75	D

(2) 已知索引表是在文件自身之外建立的一张表,它指明逻辑记录和物理记录之间的一一对应关系。索引表由若干索引项组成。一般索引项由主关键字和该关键字所在记录的物理地址组成。索引表必须按主关键字有序,而主文件本身则可以按主关键字有序或无序。因此,以职工号为关键字建立的索引表如表 10.5 所示。

(3) 倒排文件是一种多关键字文件,主数据文件按关键字顺序构成串联文件,并建立主关键字索引。对次关键字也建立索引,该索引称为倒排表。倒排表包括两项:一项是次关键字;另一项是具有同一次关键字值的记录的物理记录号。因此,根据本题目题意创建的性别倒排表和职务倒排表分别如表 10.6、表 10.7 所示。

表 10.6 性别倒排表

次关键字(性别)	地址
男	A C E
女	B D

表 10.7 职务倒排表

次关键字(职务)	地址
程序员	A C
分析员	B E
操作员	D

例 10.3

例 10.3 已知两个分别包含 N 和 M 个记录的排好序的文件能在 O(N+M)时间内合并为一个包含 N+M 个记录的排好序的文件。当有多于两个排好序的文件要被合并在一起时,只需要重复成对地合并便可完成。合并的步骤不同,所需要的记录移动次数也不同。现有文件 F1、F2、F3、F4、F5,记录数分别为 20、30、10、5 和 30,试给出记录移动次数最少的合并步骤。【重庆大学 2000 二、3】

例题解析:

类似于最优二叉树(哈夫曼树),可先合并含较少记录的文件,后合并含较多记录的文件,使移动次数最少。以文件记录数为叶子结点建立哈夫曼树,如图 10.1 所示。

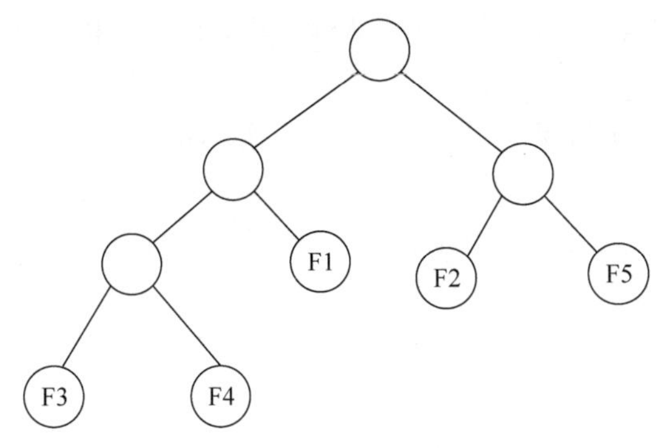

图 10.1 对应的哈夫曼树

10.3 知识拓展

倒排文件的具体应用

在搜索引擎收集完数据的预处理阶段，搜索引擎往往需要一种高效的数据结构来对外提供检索服务。而现行最高效的数据结构就是“倒排文件”。倒排文件可以简单定义为“用文档的关键词作为索引，文档作为索引目标”的一种结构。

由于倒排索引支持高效检索，因此应用很广泛。当然，对倒排表进行集合运算需要一些运算空间。倒排文件更大的缺点在于当文件发生变化时，要同时维护更新这些索引，而这种更新的工作量很大，所以倒排文件比较适合于内容比较稳定的大文件，如光盘上的数据检索是它最理想的应用场景之一。

10.4 测试习题与参考答案

测试习题

一、填空题

1. 文件可按其记录的类型不同而分成两类，即(　　)和(　　)文件。【西安电子科技大学 1998 二、6(3 分)】

2. 文件的基本运算有(　　)和(　　)两类。

3. 文件由(　　)组成，记录由(　　)组成。【大连海事大学 1996(2 分)】

4. 磁盘存储器既适用于顺序存取，又适用于(　　)存取。

5. 在(　　)上的顺序文件中插入新的记录时，必须复制整个文件。

6. 顺序文件中，要存取第 i 个记录，必须先存取(　　)个记录。【哈尔滨工业大学 2001 一、4(2 分)】

7. 索引顺序文件既可以顺序存取，又可以(　　)存取。【武汉大学 2000 一、10】

8. 建立索引文件的目的是(　　)。【中山大学 1998 一、12(1 分)】

9. 索引顺序文件是最常用的文件组织方式之一，通常用(　　)结构来组织索引。

10. 倒排文件的主要优点在于(　　)。【山东工业大学 1995 一、3(1 分)】

11. 检索是为了在文件中寻找满足一定条件的记录而提供的操作。检索可以按(　　)

检索，也可以按（　　）检索；按（　　）检索又可以分为（　　）检索和（　　）检索。【山东大学 1999 一、1(5 分)】

12. 散列检索技术的关键是（　　）和（　　）。【山东工业大学 1995 一、2(2 分)】

13. VSAM 系统是由（　　）、（　　）、（　　）构成的。【北京科技大学 1997 一、9】

14. VSAM 文件的优点是：动态地（　　），不需要文件进行（　　），并能较快地（　　）进行查找。【山东大学 2001 三、4(2 分)】

15. 在散列文件中，主要采用（　　）法处理散列表中的冲突。

16. 衡量文件操作质量的重要标志是（　　）功能的强弱和速度的快慢。

17. 多关键字文件是不仅对主关键字进行索引，还对其他次关键字进行（　　）。

二、选择题

1. 存储在外存中的数据的组织结构是（　　）。

A. 数组　　B. 表　　C. 文件　　D. 链表

2. 顺序文件的主要优点是（　　），适用于顺序存取和成批处理。

A. 顺序存取速度快　　B. 随机存取

C. 随机存取速度快　　D. 具有顺序与随机的优点

3. 顺序文件的缺点是（　　）。

A. 不利于修改　　B. 读取速度慢

C. 只能写不能读　　D. 写文件慢

4. 索引顺序文件中的记录在逻辑上按关键字排列，但物理上不一定按关键字顺序存储。对这种文件需要建立一张指示逻辑记录和物理记录之间一一对应关系的（　　），它一般用树结构来组织。

A. 符号表　　B. 索引表　　C. 交叉访问表　　D. 链接表

5. 散列文件使用散列函数将记录的关键字值计算转换为记录的存放地址，因为散列函数是一对一的关系，则选择好的（　　）方法是散列文件的关键。【哈尔滨工业大学 2001 二、5(2 分)】

A. 散列函数　　B. 除余法中的质数

C. 冲突处理　　D. 散列函数和冲突处理

6. 顺序文件采用顺序结构实现文件的存储，对大型顺序文件的少量修改，要求重新复制整个文件，代价很高，采用（　　）的方法可以降低所需的代价。【北京邮电大学 2000 二、8】

A. 附加文件　　B. 按关键字大小排序

C. 按记录输入先后排序　　D. 连续排序

7. 用 ISAM 组织文件适合于（　　）。【中科院软件所 1998】

A. 磁带　　B. 磁盘　　C. 光盘　　D. 内存

8. 下列文件中适合于磁带存储的是（　　）。【中科院计算所 2000 一、7(2 分)】

A. 顺序文件　　B. 索引文件　　C. 哈希文件　　D. 多关键字文件

9. 用 ISAM 和 VSAM 组织文件属于（　　）。【中国科技大学 1998 二、5(2 分)中科院计算所 1998 二、5(2 分)】

A. 顺序文件　　B. 索引文件　　C. 哈希文件　　D. 数据库文件

10. ISAM 文件由多级主索引、柱面索引、（　　）和主文件组成。

A. 索引非顺序文件 B. 磁道索引 C. 扇区索引 D. 位图索引

11. B+树应用在( )文件系统中。【北京邮电大学 2001 一、1(2 分)】

A. ISAM B. VSAM C. 光盘 D. 内存

12. 倒排文件包含若干倒排表,倒排表的内容是( )。【哈尔滨工业大学 2005 二、8(1 分)】

A. 一个关键字值和该关键字的记录地址

B. 一个属性值和该属性的一个记录地址

C. 一个属性值和该属性的全部记录地址

D. 多个关键字和它们相对应的某个记录的地址

13. 文件的基本组织方式有顺序组织、索引组织、( )和链组织。

A. 桶组织 B. 网状组织 C. 散列组织 D. 树形组织

14. 下列关于散列文件的表述中错误的是( )。

A. 文件随机存放,记录不需要进行排序

B. 插入和删除方便,存取速度快

C. 不需要索引区,节省存储空间

D. 可以按照关键字存取,也可以进行顺序存取

15. 倒排文件的主要优点是( )。

A. 便于进行插入和删除操作

B. 便于进行文件的合并

C. 能大大提高基于非关键码数据项的查找速度

D. 能大大节省存储空间

16. 下列应用中,适合使用 B+树的是( )。【2017 年全国硕士研究生招生考试计算机科学与技术学科联考计算机学科专业基础试题】

A. 编译器中的词法分析 B. 关系数据库系统中的索引

C. 网络中的路由表快速查找 D. 操作系统的磁盘空闲块管理

三、判断题

1. 若在磁盘上的顺序文件中插入新的记录,不一定要复制整个文件【哈尔滨工业大学 2005 三 4、(1 分)】。 ( )

2. 倒排文件是对次关键字建立索引。【南京航空航天大学 1997 一、10(1 分)】 ( )

3. 倒排文件的优点是维护简单。【南京航空航天大学 1995 五、10(1 分)】 ( )

4. 倒排文件与多重表文件的次关键字索引结构是不同的。【西安交通大学 1996 二、6(3 分)】 ( )

5. 散列表与散列文件的唯一区别是散列文件引入了“桶”的概念。【南京航空航天大学 1996 六、10(1 分)】 ( )

6. 文件系统采用索引结构是为了节省存储空间。【北京邮电大学 2000 一、10(1 分)】 ( )

7. 对处理大量数据的外存介质而言,索引顺序存取方法是一种方便的文件组织方法。【东南大学 2001 一、1-10(1 分)】 ( )

8. 对磁带机而言,ISAM 是一种方便的文件组织方法。【中科院软件所 1997 一、10(1 分)】 ( )

9. 直接访问文件也可以顺序访问，只是一般效率不高。【北京邮电大学 2002 一、10(1分)】 ( )

10. 存放在磁盘和磁带上的文件既可以是顺序文件，又可以是索引结构或其他结构类型的文件。【山东大学 2001 一、7(1 分)】 ( )

11. 检索出文件中关键码值落在某个连续范围内的全部记录，这种操作称作范围检索。对经常需要进行范围检索的文件进行组织，采用散列法优于顺序检索法。【中山大学 1994 一、5(2 分)】 ( )

12. 倒排文件的目的是便于多关键字查找。【北京邮电大学 2006 二、10(1 分)】 ( )

13. 索引顺序文件是一种特殊的顺序文件，通常存放在磁带上。 ( )

四、应用题

1. 文件存储结构通常有哪几类？一个文件采用何种存储结构应考虑哪些因素？

2. 索引顺序存取方法(ISAM)中，主文件已按关键字排序，为何还需要主关键字索引？【东南大学 1995 四(6 分)】

3. 分析 ISAM 文件和 VSAM 文件的应用场合、优缺点等。【华南理工大学 2001 一、4(4 分)】

4. 为什么在倒排文件组织中，可删除实际记录中的关键字域(Key Fields)以节约空间，而在多表(Multilists)结构中这样做会牺牲性能？【东南大学 1997 一、4(8 分)】

5. 简单比较文件的多重表和倒排表组织方式的各自特点。【东南大学 2000 一、2(6 分)】

6. 组织待检索文件的倒排表的优点是什么？【北京科技大学 2001 一、10(2 分)】

7. 为什么文件的倒排表比多重表组织方式节省空间？【东南大学 2001 一、2(6 分)】

8. 试比较顺序文件、索引非顺序文件、索引顺序文件和散列文件的存储代价，以及检索、插入和删除记录时的优点和缺点。【西北工业大学 1999 四(8 分)】

9. 某文件包含 20 个记录，关键字分别为 285、176、516、268、013、070、128、115、211、376、718、137、309、239、792、171、362、061、413、617，桶的容量 m=3，b=7，用除留余数法构造散列函数 H(key)=key%7。

(1) 试构造散列文件。

(2) 新加入 3 个关键字值分别为 221、908、538 的记录，如何存放它们？画出示意图。

10. 简要叙述在如图 10.2 所示的 B+树上查找键值为 75 的记录的查找路径。

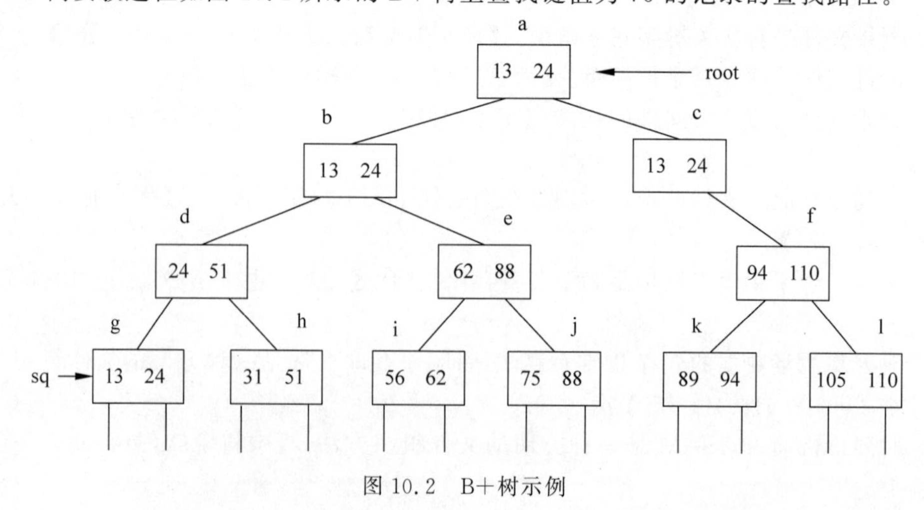

图 10.2 B+树示例

参考答案

一、填空题

1. 操作系统文件　数据库
2. 检索　维护
3. 记录　数据项
4. 随机
5. 磁带
6. 前 i－1
7. 随机
8. 提高查找速度
9. 树
10. 检索记录快
11. 关键字　记录号　记录号　顺序　直接
12. 构造散列函数　解决冲突的方法
13. 索引集　顺序集　数据集
14. 分配和释放存储空间　重组　对插入的记录
15. 拉链
16. 检索
17. 索引

二、选择题

1. C　2. A　3. A　4. B　5. D　6. A　7. B　8. A
9. B　10. B　11. B　12. C　13. C　14. D　15. C　16. B

三、判断题

1. ×　2. √　3. ×　4. √　5. ×
6. ×　7. ×　8. ×　9. ×　10. ×
11. √　12. √　13. ×

四、应用题

1. 文件的基本组织方式有顺序组织、索引组织、散列组织和链组织。文件的存储结构可以采用将基本组织相结合的方法，常用的结构有顺序结构、索引结构和散列结构。

(1) 顺序结构：相应文件为顺序文件，其记录按存入文件的先后次序顺序存放。顺序文件本质上就是顺序表。若逻辑上相邻的两个记录在存储位置上相邻，则为连续文件；若记录之间以指针相链接，则称为串联文件。顺序文件只能顺序存取，要更新某个记录，必须复制整个文件。顺序文件连续存取的速度快，主要适用于顺序存取、批量修改的情况。

(2) 带索引的结构：相应文件为索引文件。索引文件包括索引表和数据表，索引表中的索引项包括数据表中数据的关键字和相应地址，索引表有序，其物理顺序体现了文件的逻辑次序，实现了文件的线性结构。索引文件只能是磁盘文件，既能顺序存取，又能随机存取。

(3) 散列结构：也称计算寻址结构，相应文件称为散列文件。其记录是根据关键字值经散列函数计算确定地址，存取速度快，不需要索引，节省存储空间。不能顺序存取，只能随机存取。

其他文件类型均由上述几类文件派生而得。

文件采用何种存储结构应综合考虑各种因素，如存储介质类型、记录的类型、大小和关键字的数目以及对文件进行何种操作。

2. ISAM是专为磁盘存取设计的文件组织方式。即使主文件关键字有序，但由于磁盘是按盘组、柱面和磁道(盘面)三级地址存取的设备，因此通常对磁盘上的数据文件建立盘组、柱面和磁道(盘面)三级索引。在ISAM文件上检索记录时，先从主索引(柱面索引的索引)找到相应柱面索引，再从柱面索引找到记录所在柱面的磁道索引，最后从磁道索引找到记录所在磁道的第一个记录的位置，由此出发在该磁道上进行顺序查找，直到找到为止；反之，若找遍该磁道而未找到所查记录，则文件中无此记录。

3. ISAM是一种专为磁盘存取设计的文件组织形式，采用静态索引结构，对磁盘上的数据文件建立盘组、柱面、磁道三级索引。ISAM文件中记录按关键字顺序存放，插入记录时需要移动记录并将同一磁道上的最后一个记录移至溢出区，同时修改磁道索引项，删除记录只需在存储位置作标记，不需移动记录和修改指针。经过多次插入和删除记录操作后，文件结构变得不合理，需要周期性地整理ISAM文件。

VSAM文件采用B+树动态索引结构，文件只有控制区间和控制区域等逻辑存储单位，与外存储器中柱面、磁道等具体存储单位没有必然联系。VSAM文件结构包括索引集、顺序集和数据集三部分，记录存于数据集中，顺序集和索引集构成B+树，作为文件的索引部分可实现顺链查找和从根结点开始的随机查找。

与ISAM文件相比，VSAM文件有如下优点：动态分配和释放存储空间，不需要对文件进行重组；能保持较高的查找效率，且查找先后插入的记录所需时间相同。因此，基于B+树的VSAM文件通常作为大型索引顺序文件的标准组织形式。

4. 倒排文件组织中，倒排表有关键字值及同一关键字值的记录的所有物理记录号，可以方便地查询具有同一关键字值的所有记录；而多重表文件中次关键字索引结构不同，删除关键字域后查询性能受到影响。

5. 多重表文件是把索引与链接结合而形成的组织方式。记录按主关键字顺序构成一个串联文件，建立主关键字的索引(主索引)。对每个次关键字建立次关键字索引，具有同一关键字的记录构成一个链表。主索引为非稠密索引，次索引为稠密索引，每个索引项包括次关键字、头指针和链表长度。多重表文件易于编程，也易于插入，但删除烦琐，需要在各次关键字链表中删除。倒排文件的特点见应用题第6题。

6. 倒排表作索引的优点是索引记录快，因为从次关键字值直接找到各相关记录的物理记录号，因此得名“倒排”(一般的查询是由关键字查找到记录)。在插入和删除记录时，倒排表随之修改。倒排表中具有相同次关键字的记录号是有序的。

7. 倒排表有两项，一是次关键字值，二是具有相同次关键字值的物理记录号，这些记录号有序且顺序存储，不使用多重表中的指针链接，因而节省了空间。

8. (1) 顺序文件只能顺序查找，优点是批量检索速度快，不适于单个记录的检索。顺序文件不能像顺序表那样插入、删除和修改，因文件中的记录不能像向量空间中的元素那样“移动”，只能通过复制整个文件实现上述操作。

(2) 索引非顺序文件适合随机存取，不适合顺序存取，因主关键字未排序，若顺序存取会引起磁头频繁移动。索引顺序文件是最常用的文件组织，因主文件有序，既可顺序存取又可随机存取。索引非顺序文件是稠密索引，可以“预查找”，索引顺序文件是稀疏索引，不能“预查找”，但由于索引占空间较少，管理要求低，提高了索引的查找速度。

(3) 散列文件也称直接存取文件，根据关键字的散列函数值和处理冲突的方法，将记录散列到外存上。这种文件组织只适用于像磁盘那样的直接存取设备，其优点是文件随机存放，记录不必排序，插入、删除方便，存取速度快，无须索引区，节省存储空间；缺点是散列文件不能顺序存取，且只限于简单查询。经多次插入、删除后，文件结构不合理，需要重组文件，这很费时间。

9. (1) 散列文件如图 10.3 所示。

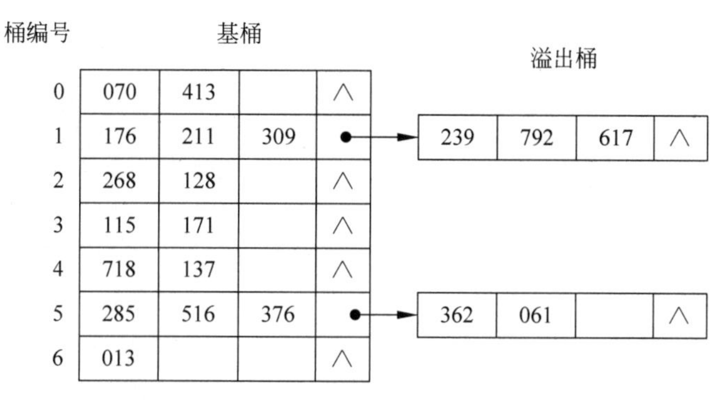

图 10.3 散列文件示意图

(2) 插入新的关键字后散列文件如图 10.4 所示。

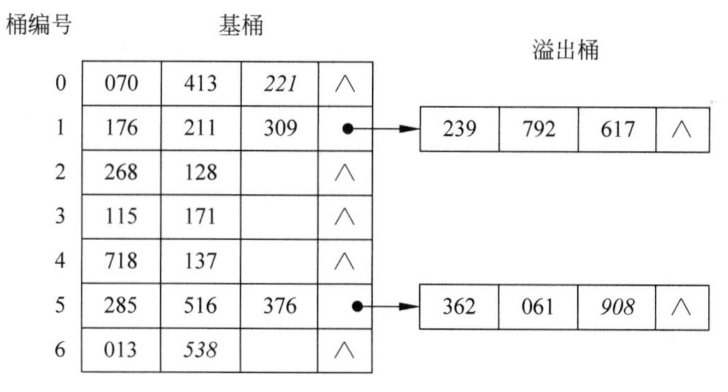

图 10.4 插入新关键字后散列文件示意图

10. 在 B+树中所有关键字都在叶子结点上，叶子结点上面的其他各层关键字均是下一层结点中的最大关键字。B+树中对键值的查找从根结点开始，查找路径如下：第一层 a 结点中关键字 80 大于键值 75，因此找到 b 结点，又因为 51<75<80，选择到 e 结点继续查找，又因为 62<75<80，选择到 j 结点查找，在 j 中进行顺序查找，第一个数据即是要查找的键值 75。

下　篇
数据结构实验

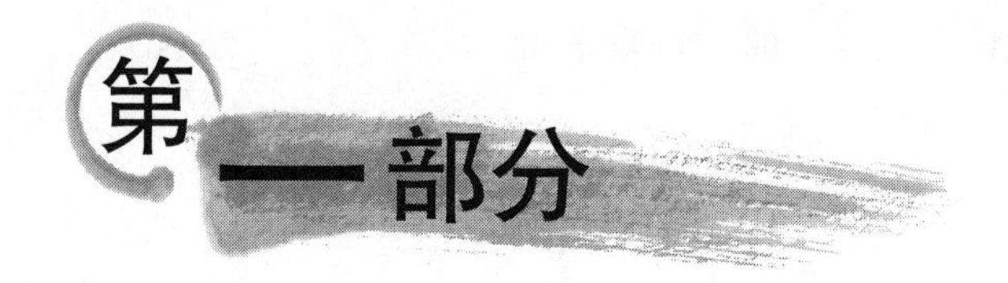

实验内容

实验教学大纲

1. 实验教学目标

实验目的在于更深入地理解和掌握课程教学中的有关基本概念，应用基本技术解决实际问题，从而进一步提高分析和解决问题的能力。因此必须明确实验的目的，以保证达到课程所指定的基本要求。在实验小结中，要进一步确认是否达到了预期的目的，并总结调试程序所取得的经验与体会，如果程序未能通过，应分析其原因。

2. 实验要求

能够按要求编写课程设计，能正确阐述设计的算法和实验结果、正确绘制程序框图和编写算法核心语句。培养学生程序设计能力，逐步建立正确的程序编写风格。

3. 实验课时安排

序号	实 验 名 称	课时	必(选)做
实验一	顺序存储的线性表	4	必做
实验二	单链表	6	必做
实验三	栈和队列	4	必做
实验四	串	2	选做
实验五	二叉树	4	必做
实验六	图	4	选做
实验七	查找	4	必做
实验八	排序	6	必做

4. 实验内容

不带“*”的上机实验题目主要是为帮助学生深化理解教学内容，澄清基本概念，并以基本程序设计技能训练为主要目的而设；而带“*”号的上机实验题目可激发学生的学习潜能，并对广泛开拓思路有益。

实验一　顺序存储的线性表

实验目的

(1) 了解线性表的逻辑结构特征。

(2) 熟练掌握线性表的顺序存储结构的描述方法，及在其上实现各种基本运算的方法。

(3) 掌握和理解本实验中出现的一些基本的C语言语句。

(4) 体会算法在程序设计中的重要性。

实验内容

(1) 将顺序表A中的元素逆置。要求算法仅用一个辅助结点。

(2) 求顺序表中的元素的最大值和次最大值。

(3) 试设计一个算法,仅用一个辅助结点,实现将顺序表A中的结点循环右移K位的运算。

*(4) 设一顺序表中元素值递增有序。试设计一算法,将元素x插入表中适当的位置上,并保持顺序表的有序性。

实验二 单链表

实验目的

(1) 熟练掌握线性表的单链式存储结构及在其上实现线性表的各种基本运算的方法。

(2) 掌握和理解本实验中出现的一些基本的C语言语句。

(3) 体会算法在程序设计中的重要性。

实验内容

(1) 设计一个算法,逆置带头结点的动态单链表head。要求利用原表的结点空间,并要求用尽可能少的时间完成。

(2) 设有两个按元素值递增有序的单链表A和B,编写程序将A表和B表归并成一个新的递增有序的单链表C(值相同的元素均保留在C表中),并要求利用原表的空间存放C。

实验三 栈和队列

实验目的

(1) 掌握栈和队列的数据结构的特点。

(2) 熟练掌握在两种存储结构上实现栈和队列的基本运算。

(3) 学会利用栈和队列解决一些实际问题。

(4) 掌握和理解本实验中出现的一些基本的C语言语句。

(5) 体会算法在程序设计中的重要性。

实验内容

*(1) 编写一个算法将一个顺序栈中的元素依次取出,并打印元素值。

*(2) 编写一个算法将一个链栈中的元素依次取出,并打印元素值。

*(3) 编写一个算法将一个顺序队列中的元素依次取出,并打印元素值。

*(4) 编写一个算法将一个链队列中的元素依次取出,并打印元素值。

实验四　串

实验目的

(1) 掌握串的顺序和链接存储结构的实现方法。

(2) 掌握串的模式匹配算法。

(3) 掌握和理解本实验中出现的一些基本的C语言语句。

(4) 体会算法在程序设计中的重要性。

实验内容

(1) 设计串的模式匹配算法(子串定位)。

(2) 若s和t是两个采用顺序结构存储的串,编写一个比较两个串大小的算法,若s>t,则返回1;若s<t,则返回-1,否则返回0。

实验五　二叉树

实验目的

(1) 熟悉二叉树的各种存储结构及适用范围。

(2) 掌握建立二叉树的存储结构的方法。

(3) 熟练掌握二叉树的前序、中序、后序遍历的递归算法和非递归算法。

(4) 灵活运用递归的遍历算法实现二叉树的各种其他运算。

(5) 掌握和理解本实验中出现的一些基本的C语言语句。

(6) 体会非递归遍历与遍历图的递归。

实验内容

(1) 以二叉链表为存储结构,设计求二叉树高度的算法。

(2) 以二叉链表为存储结构,编写递归的中序遍历算法。

*(3) 以二叉链表为存储结构,编写非递归的中序遍历算法。

*(4) 以二叉链表为存储结构,编写求二叉树中叶子结点的个数算法。

实验六　图

实验目的

(1) 掌握图的两种存储结构的实现方法。

(2) 掌握遍历图的递归和非递归算法。

(3) 掌握和理解本实验中出现的一些基本的C语言语句。

(4) 体会算法在程序设计中的重要性。

实验内容

(1) 设计算法，构造无向图的邻接链表，并递归地实现基于邻接链表的图的深度优先搜索遍历。

(2) 设计算法，构造无向图的邻接矩阵，并递归地实现基于邻接矩阵的图的深度优先搜索遍历。

实验七　查找

实验目的

(1) 掌握顺序查找、折半查找的递归及非递归算法。

(2) 掌握散列表上的各种操作。

(3) 熟练掌握在二叉排序树上各种操作的实现方法。

(4) 掌握和理解本实验中出现的一些基本的C语言语句。

(5) 体会算法在程序设计中的重要性。

实验内容

(1) 给出顺序表上顺序查找元素的算法。

(2) 给出非递归的折半查找算法。

*(3) 编写拉链法处理冲突的查找程序。

实验八　排序

实验目的

(1) 熟练掌握在顺序表上实现排序的各种方法。

(2) 深刻理解各种排序方法的特点，并能灵活运用。

(3) 掌握和理解本实验中出现的一些基本的C语言语句。

(4) 体会算法在程序设计中的重要性。

实验内容

编写一个排序菜单程序，在其中调用不同的排序算法，实现对任意无序序列的递增排序操作。在主程序中输入初始序列，分别调用直接插入排序、冒泡排序、直接选择排序、快速排序等排序算法，输出排序后的结果。题目要求：在所有的排序算法中，待排序数据均从数组的0单元放起。

实验参考答案

实验一　顺序存储的线性表

(1)

```
#define MAXSIZE 100
typedef struct
{int len;
int data[MAXSIZE];
}SEQUENLIST;                                     /* 顺序表结构类型定义 */
void rev(SEQUENLIST *q)                          /* 逆置顺序表元素算法 */
{int i,j,t;
for(i=0,j=q->len-1;i<q->len/2;i++,j--)
{t=q->data[i];
q->data[i]=q->data[j];
q->data[j]=t;
}
}
main()                                           /* 主函数 */
{int i;
SEQUENLIST a;
a.len=7;                                         /* 假设顺序表中有 7 个元素 */
for(i=0;i<a.len;i++)                             /* 输入顺序表元素 */
scanf("%d",&a.data[i]);
rev(&a);                                         /* 调用逆置顺序表元素函数 */
for(i=0;i<a.len;i++)                             /* 逆置后顺序表元素显示 */
printf("%4d",a.data[i]);
}
```

(2)

```
#define MAXSIZE 100
typedef struct
{int len;
int data[MAXSIZE];
}SEQUENLIST;
SEQUENLIST p;
void sort(SEQUENLIST *q)                         /* 采用冒泡排序的方法对数组进行降序排序 */
{int i,j,t;
for(i=0;i<q->len-1;i++)
for(j=i+1;j<q->len;j++)
if (q->data[i]<q->data[j])
```

```
{t=q->data[i];q->data[i]=q->data[j];q->data[j]=t;}
}
main()
{int i;
p.len=7;
for(i=0;i<p.len;i++)
scanf("%d",&p.data[i]);
sort(&p);
for(i=0;i<2;i++)                          /*输出数组中的前两个元素值*/
printf("%4d",p.data[i]);}
```

(3)

```
#define MAXSIZE 100
typedef struct
{int len;
int data[MAXSIZE];
}SEQUENLIST;                              /*顺序表结构类型定义*/
void move(SEQUENLIST *q,int k)            /*结点循环右移k位运算的算法*/
{int i,j=0,t;
while(j<k)
{t=q->data[q->len-1];                     /*把最后一个元素放在单元t中*/
for(i=q->len-2;i>=0;i--)                  /*从倒数第二个元素开始依次后移*/
q->data[i+1]=q->data[i];
q->data[0]=t;                             /*把最后一个元素放在第一个元素位置*/
j++;
}
}
main()
{int i,k;
SEQUENLIST a;
a.len=5;                                  /*假设顺序表中有5个元素*/
for(i=0;i<a.len;i++)                      /*输入顺序表元素*/
scanf("%d",&a.data[i]);
scanf("%d",&k);                           /*输入循环右移的位数k*/
move(&a,k);                               /*调用结点循环右移k位运算函数*/
for(i=0;i<a.len;i++)                      /*输出结点循环右移k位运算后的顺序表*/
printf("%4d",a.data[i]);
}
```

(4)

```
#define MAXSIZE 100
typedef struct
{int len;
int data[MAXSIZE];
}SEQUENLIST;                              /*顺序表结构类型定义*/
void insert(SEQUENLIST *q,int x)          /*插入元素x,保持顺序表有序性算法*/
{int i;
for(i=q->len-1;q->data[i]>=x&&i>=0;i--)
q->data[i+1]=q->data[i];
q->data[i+1]=x;
q->len++;
}
main()
{int i,x;
```

```
SEQUENLIST p;
p.len=7;                                   /* 假设顺序表中有 7 个元素 */
for(i=0;i<p.len;i++)                       /* 输入顺序表元素 */
scanf("%d",&p.data[i]);
scanf("%d",&x);                            /* 输入待插入元素 x */
insert(&p,x);                              /* 调用插入元素 x 函数 */
for(i=0;i<p.len;i++)                       /* 插入元素 x 后的顺序表显示 */
printf("%4d",p.data[i]);
}
```

实验二　单链表

(1)

```
#define NULL '\0'
#define DATATYPE2 char
typedef struct node
{DATATYPE2 data;
struct node *next;
}LINKLIST;                                 /* 单链表类型定义 */
LINKLIST *init()                           /* 单链表初始化函数 */
{LINKLIST *head;
head=(LINKLIST *)malloc(sizeof(LINKLIST));
head->next=NULL;
return head;
}
LINKLIST *creat()                          /* 尾插法建立动态单链表 head 函数 */
{LINKLIST *head, *p, *q;                   /* q 是尾指针 */
char n;
head=init();
q=head;                                    /* 初始时尾指针指向头结点 */
scanf("%c",&n);
while(n!='$')                              /* 输入 $,单链表结束 */
{p=(LINKLIST *)malloc(sizeof(LINKLIST));
p->data=n;
p->next=q->next;
q->next=p;
q=p;                                       /* q 始终指向最后一个结点 */
scanf("%c",&n);
}
return head;
}
void rev(head)                             /* 逆置单链表函数 */
LINKLIST *head;
{LINKLIST *p, *q;
p=head->next;                              /* p 指针用来下移结点 */
head->next=NULL;
while(p!=NULL)
{q=p;                                      /* q 指向待插入结点,头插法插入 */
p=p->next;
q->next=head->next;
head->next=q;
}
```

```
}
void print(head)                                 /* 输出单链表 head 中的结点函数 */
LINKLIST *head;
{LINKLIST *p;
p=head->next;
while(p!=NULL)
{printf("%4c",p->data);
p=p->next;
}
}
main()
{LINKLIST *head;
head=creat();                                    /* 调用建立单链表函数 */
rev(head);                                       /* 调用逆置单链表函数 */
print(head);                                     /* 调用输出单链表函数 */
}
```

(2)

```
#define NULL 0
#define DATATYPE2 int
typedef struct node
{DATATYPE2 data;
struct node *next;
}LINKLIST;
LINKLIST *init()                                 /* 单链表初始化函数 */
{LINKLIST *head;
head=(LINKLIST *)malloc(sizeof(LINKLIST));
head->next=NULL;
return head;
}
LINKLIST *creat()                                /* 尾插法建立动态单链表函数 */
{LINKLIST *head, *p, *q;
int n;
head=init();
q=head;
scanf("%d",&n);
while(n!=0)                                      /* 输入 0,单链表结束 */
{p=(LINKLIST *)malloc(sizeof(LINKLIST));
p->data=n;
p->next=q->next;
q->next=p;
q=p;
scanf("%d",&n);
}
return head;
}
LINKLIST *join(LINKLIST *A,LINKLIST *B)          /* 两个单链表归并函数 */
{LINKLIST *p1, *p2, *q, *r, *C;
p1=A->next;
p2=B->next;
C=A;
C->next=NULL;
r=C;
while((p1!=NULL)&&(p2!=NULL))
```

```
{if (p1-> data < p2-> data)                 /* p1 所指结点 * q 准备插入 */
    {q=p1;p1=p1-> next;}
else                                         /* p2 所指结点 * q 准备插入 */
    {q=p2;p2=p2-> next;}
q-> next=r-> next;                           /* 尾插法插入 q 所指结点 */
r-> next=q;
r=q;
}
while(p1!=NULL)                              /* 若 A 表未扫完,依次把它的结点插入 C 表尾部 */
{q=p1;p1=p1-> next;
q-> next=r-> next;
r-> next=q;
r=q;
}
while(p2!=NULL)                              /* 若 B 表未扫完,依次把它的结点插入 C 表尾部 */
{q=p2;p2=p2-> next;
q-> next=r-> next;
r-> next=q;
r=q;
}
return C;
}
void print(head)                             /* 输出单链表中的结点函数 */
LINKLIST  * head;
{LINKLIST  * p;
p=head-> next;
while(p!=NULL)
{printf("%4d",p-> data);
p=p-> next;
}
}
main()
{LINKLIST  * A, * B, * C;
A=creat();                                   /* 调用函数建立单链表 A */
B=creat();                                   /* 调用函数建立单链表 B */
C=join(A,B);                                 /* 调用归并函数 */
print(C);                                    /* 输出归并后的单链表 C 中的结点 */
}
```

实验三　栈和队列

(1)

```
#define NULL '\0'                            /* 用顺序栈处理元素按逆序输出 */
#define DATATYPE char
#define MAXSIZE 100
#include "stdio.h"
typedef struct
{DATATYPE data[MAXSIZE];
int top;
}SEQSTACK;
void initstack(SEQSTACK  * s)                /* 顺序栈初始化算法 */
{s-> top=-1;}
```

```
void push(SEQSTACK *s,DATATYPE x)              /*顺序栈入栈算法*/
{if (s->top==MAXSIZE-1)
{printf("overflow\n");exit(0);}
else
{s->top++;
s->data[s->top]=x;
}
}
int empty(SEQSTACK *s)                          /*顺序栈判栈空算法*/
{if (s->top==-1)
return 1;
else
return 0;
}
DATATYPE pop(SEQSTACK *s)                       /*顺序栈出栈算法*/
{DATATYPE x;
if (empty(s))
{printf("underflow\n");x=NULL;}
else
{x=s->data[s->top];
s->top--;
}
return x;
}
main()
{SEQSTACK s, *p;
char x,y;
p=&s;
initstack(p);
while((x=getchar())!='$')
push(p,x);
while(!empty(p))
{y=pop(p);
printf("%3c",y);
}
}
```

(2)

```
#define DATATYPE int                            /*用链栈处理整数序列按逆序输出*/
#define NULL 0
typedef struct snode
{DATATYPE data;
struct snode *next;
}LINKSTACK;
LINKSTACK *top=NULL;
void pushstack(DATATYPE x)                      /*链栈入栈算法*/
{LINKSTACK *p;
p=(LINKSTACK *)malloc(sizeof(LINKSTACK));
p->data=x;
p->next=top;
top=p;
}
DATATYPE popstack()                             /*链栈出栈算法*/
{LINKSTACK *p;
```

```
DATATYPE v;
if (top==NULL)
{printf("underflow\n");v=NULL;
}
else
{v=top->data;
p=top;
top=top->next;
free(p);
}
return v;
}
main()
{int x,y;
scanf("%d",&x);
while(x!=0)
{pushstack(x);scanf("%d",&x);
}
while(top!=NULL)
{y=popstack();
printf("%4d",y);}}
```

(3)

```
#define NULL '\0'                              /*用循环队列处理元素顺序输出*/
#define DATATYPE char
#define MAXSIZE 100
#include "stdio.h"
typedef struct
{DATATYPE data[MAXSIZE];
int front,rear;
}SEQUEUE;
void initqueue(SEQUEUE *q)                      /*循环队列初始化算法*/
{q->front=-1;q->rear=-1;}
void enqueue(SEQUEUE *q,DATATYPE x)             /*循环队列入队算法*/
{if (q->front==(q->rear+1)%MAXSIZE)
{printf("queue is full\n");exit(0);}
else
{q->rear=(q->rear+1)%MAXSIZE;
q->data[q->rear]=x;
}
}
int empty(SEQUEUE *q)                           /*循环队列判队空算法*/
{if (q->rear==q->front)
return 1;
else
return 0;
}
DATATYPE dequeue(SEQUEUE *q)                    /*循环队列出队算法*/
{DATATYPE v;
if (empty(q))
{printf(" queue is null\n");v=NULL;}
else
{q->front=(q->front+1)%MAXSIZE;
v=q->data[q->front];
```

```
}
return v;
}
main()
{SEQUEUE a, * q;
char x,y;
q=&a;
initqueue(q);
while((x=getchar())!='$')
enqueue(q,x);
while(!empty(q))
{y=dequeue(q);
printf("%3c",y);
}
}
```

(4)

```
#define DATATYPE int                                    /*用链队列处理整数序列顺序输出*/
#define NULL 0
typedef struct qnode
{DATATYPE data;
struct qnode * next;
}LINKNODE;
typedef struct
{LINKNODE * front, * rear;}LINKQUEUE;
void initlinkqueue(LINKQUEUE * q)                       /*链队列初始化算法*/
{q->front=(LINKNODE *)malloc(sizeof(LINKNODE));
q->front->next=NULL;q->rear=q->front;
}
int emptylinkqueue(LINKQUEUE * q)                       /*链队列判队空算法*/
{int v;
if (q->front==q->rear)
v=1;
else
v=0;
return v;
}
void enlinkqueue(LINKQUEUE * q,DATATYPE x)              /*链队列入队算法*/
{q->rear->next=(LINKNODE *)malloc(sizeof(LINKNODE));
q->rear=q->rear->next;
q->rear->data=x;
q->rear->next=NULL;
}
DATATYPE dellinkqueue(LINKQUEUE * q)                    /*链队列出队算法*/
{LINKNODE * p;
DATATYPE v;
if (emptylinkqueue(q))
{printf(" queue if empty\n");v=NULL;}
else
{p=q->front->next;
q->front->next=p->next;
if (p->next==NULL)
q->rear=q->front;
v=p->data;
```

```
free(p);
}
return v;
}
main()
{LINKQUEUE *q,a;
int x,y;
q=&a;
initlinkqueue(q);
scanf("%d",&x);
while(x!=0)
{enlinkqueue(q,x);scanf("%d",&x);
}
while(!emptylinkqueue(q))
{y=dellinkqueue(q);
printf("%4d",y);
}
}
```

实验四　串

(1)

```
#define MAXSIZE 100                                   /*定义符号常量 MAXSIZE 为 100*/
typedef struct
{char str[MAXSIZE];                                   /*定义可容纳 100 个字符的字符数组*/
int curlen;                                           /*存放当前串的实际串长*/
} string;
int matchstr(string *s,string *t){ int i,j;
i=0;                                                  /*指向串 s 的第 1 个字符*/
j=0;                                                  /*指向串 t 的第 1 个字符*/
while(i<s->curlen&&j<t->curlen)if(s->str[i]==t->str[j])
                                                      /*比较两个子串是否相等*/
  { i++;                                              /*继续比较后继字符*/
    j++;
    }else { i=i-j+1;                                  /*指针 i 回溯,j 重新开始下一次的匹配*/
    j=0;
    }if(j==t->curlen) return(i-j+1);
                                        /*匹配成功,返回模式串 t 在串 s 中的起始位置(序号)*/
else return (0);                                      /*匹配失败,返回 0*/
}
main()                                                /*求 t 在 s 中出现的位置*/
{string *s,*t,a,b;
int k;
s=&a;t=&b;
gets(s->str);
gets(t->str);
s->curlen=strlen(s->str);
t->curlen=strlen(t->str);
k=matchstr(s,t);if(k!=0)
printf(" t de weizhi is %d",k);
else
printf(" noexist");
}
```

（2）

```
#define MAXSIZE 100                    /* 定义符号常量 MAXSIZE 为 100 */
typedef struct
{char str[MAXSIZE];                    /* 定义可容纳 100 个字符的字符数组 */
int curlen;                            /* 存放当前串的实际串长 */
} string;
int cmpstr(string *s,string *t)
{int i,minlen;
if(s->curlen<t->curlen)
  minlen=s->curlen;
else
  minlen=t->curlen;
i=0;
while(i<minlen)
{ if(s->str[i]<t->str[i])              /* s 小于 t */
    return(-1);
 else if (s->str[i]>t->str[i])         /* s 大于 t */
        return(1);
      else
        i++;
}
if(s->curlen==t->curlen)
  return(0);
else if(s->curlen<t->curlen)
    return(-1);
else
    return(1);
}
main()
{string *s,*t,q,a;
int i;
s=&q;t=&a;
gets(s->str);
gets(t->str);
s->curlen=strlen(s->str);
t->curlen=strlen(t->str);
i=cmpstr(s,t);
if(i==1)
  printf("s>t");
if(i==0)
  printf("s=t");
if(i==-1)
  printf("s<t");
}
```

实验五　二叉树

（1）

```
#define DATATYPE2 char                 /* 二叉树结点类型定义 */
#define NULL '\0'
typedef struct node
{DATATYPE2 data;
struct node *lchild, *rchild;
```

```
}BTLINK;
BTLINK * creat()                          /* 以二叉链表为存储结构的二叉树的建立算法 */
{BTLINK * q;
BTLINK * s[30];
int j,i;
char x;
printf("i,x = ");
scanf("%d,%c",&i,&x);
while(i != 0 && x != '$')
{q=(BTLINK *)malloc(sizeof(BTLINK));
 q->data=x;
 q->lchild=NULL;
 q->rchild=NULL;
 s[i]=q;
 if(i!= 1)
 {j=i/2;
 if(i%2==0)
 s[j]->lchild=q;
 else s[j]->rchild=q;
 }
 printf("i,x = ");
 scanf("%d,%c",&i,&x);}
 return s[1];
 }
int depthtree(BTLINK * bt)                     /* 求二叉树的高度算法 */
{int dep,depl,depr;
if (bt=NULL)
dep=0;
else
{depl=depthtree(bt->lchild);
depr=depthtree(bt->rchild);
if (depl>depr)
dep=depl+1;
else
dep=depr+1;
}
return dep;
}
main()
{BTLINK * bt;
int treeh;
bt=creat();
treeh=depthtree(bt);
printf("\n二叉树高度=%d",treeh);
}
```

(2)

```
#define DATATYPE2 char                         /* 二叉树结点类型定义 */
#define NULL '\0'
typedef struct node
{DATATYPE2 data;
struct node * lchild, * rchild;
}BTLINK;
BTLINK * creat()                          /* 以二叉链表为存储结构的二叉树的建立算法 */
```

```
{BTLINK *q;
BTLINK *s[30];
int j,i;
char x;
printf("i,x = ");
scanf("%d,%c",&i,&x);
while(i != 0 && x != '$')
{q=(BTLINK *)malloc(sizeof(BTLINK));
 q->data=x;
 q->lchild=NULL;
 q->rchild=NULL;
 s[i]=q;
 if(i!= 1)
 {j=i/2;
 if(i%2==0)
 s[j]->lchild=q;
 else s[j]->rchild=q;
 }
 printf("i,x = ");
 scanf("%d,%c",&i,&x);}
 return s[1];
 }
 void digui(BTLINK *bt)                    /*二叉树的中序遍历递归算法*/
 {if(bt != NULL)
 {digui(bt->lchild);
 printf("%c ",bt->data);
 digui(bt->rchild); }
 }
main()
{BTLINK *bt;
 bt=creat();
 digui(bt);
 }
```

(3)

```
#define DATATYPE2 char                     /*二叉树结点类型定义*/
#define NULL '\0'
typedef struct node
{DATATYPE2 data;
struct node *lchild, *rchild;
}BTLINK;
BTLINK *creat()                            /*以二叉链表为存储结构的二叉树的建立算法*/
{BTLINK *q;
BTLINK *s[30];
int j,i;
char x;
printf("i,x = ");
scanf("%d,%c",&i,&x);
while(i != 0 && x != '$')
{q=(BTLINK *)malloc(sizeof(BTLINK));
 q->data=x;
 q->lchild=NULL;
 q->rchild=NULL;
 s[i]=q;
```

```
 if(i!= 1)
 {j=i/2;
 if(i%2==0)
 s[j]->lchild=q;
 else s[j]->rchild=q;
 }
 printf("i,x = ");
 scanf("%d,%c",&i,&x);}
 return s[1];
 }
void zhxuf(BTLINK * bt)                    /*二叉树的中序遍历非递归算法*/
{BTLINK *q, *s[20];
int top=0;
int bool=1;
q=bt;
do
{while(q!= NULL)
 {top++; s[top]=q; q=q->lchild; }
if (top==0) bool=0;
else
{q=s[top];
 top--;
 printf("%c ",q->data);
 q=q->rchild;
 }}while(bool);
 }
main()
{BTLINK *bt;
 bt=creat();
 zhxuf(bt);
 }
```

(4)

```
#define DATATYPE2 char                     /*二叉树结点类型定义*/
#define NULL '\0'
typedef struct node
{DATATYPE2 data;
struct node *lchild, *rchild;
}BTLINK;
int k;
BTLINK *creat()                            /*以二叉链表为存储结构的二叉树的建立算法*/
{BTLINK *q;
BTLINK *s[30];
int j,i;
char x;
printf("i,x = ");
scanf("%d,%c",&i,&x);
while(i != 0 && x != '$')
{q=(BTLINK *)malloc(sizeof(BTLINK));
 q->data=x;
 q->lchild=NULL;
 q->rchild=NULL;
 s[i]=q;
 if(i!= 1)
```

```
 {j=i/2;
 if(i%2==0)
 s[j]->lchild=q;
 else s[j]->rchild=q;
 }
 printf("i,x = ");
 scanf("%d,%c",&i,&x);}
 return s[1];
 }
void geshu(BTLINK * bt)                          /*求二叉树的叶子结点个数算法*/
{if (bt!=NULL)
{geshu(bt->lchild);
if(bt->lchild==NULL&&bt->rchild==NULL)
k++;
geshu(bt->rchild);}
}
main()
{BTLINK * bt;
k=0;
bt=creat();
geshu(bt);
printf(" 二叉树叶子结点的个数=%d",k);
}
```

实验六　图

(1)

```
#define MAXLEN 30                    /*基于邻接表存储结构的无向图的结点类型定义*/
#define NULL '\0'
int visited[MAXLEN]={0};
typedef struct node
{int vertex;
struct node * next;
}ANODE;
typedef struct
{int data;
ANODE * first;
}VNODE;
typedef struct
{VNODE adjlist[MAXLEN];
int vexnum,arcnum;
}ADJGRAPH;
ADJGRAPH creat()                       /*基于邻接表存储结构的无向图的建立算法*/
{ANODE * p;
int i, s, d;
ADJGRAPH ag;
printf("input vexnum,input arcnum: ");
scanf("%d,%d", &ag.vexnum, &ag.arcnum);
printf("input gege dingdian zhi:");
for(i=0; i<ag.vexnum; i++)
{scanf("%d", &ag.adjlist[i].data);
 ag.adjlist[i].first=NULL;
```

```
  }
 for(i=0; i<ag.arcnum; i++)
 {printf("input bian de dingdian xuhao: ");
 scanf("%d,%d", &s, &d);
  s--;
  d--;
  p=(ANODE *)malloc(sizeof(ANODE));
  p->vertex=d;
  p->next=ag.adjlist[s].first;
  ag.adjlist[s].first=p;
  p=(ANODE *)malloc(sizeof(ANODE));
  p->vertex=s;
  p->next=ag.adjlist[d].first;
  ag.adjlist[d].first=p;
  }
  return ag;
  }
void dfs(ADJGRAPH ag, int i)                    /*无向图的深度优先搜索遍历算法*/
{ANODE *p;
visited[i-1]=1;
printf("%3d", ag.adjlist[i-1].data);
p=ag.adjlist[i-1].first;
while(p!=NULL)
{if(visited[p->vertex]==0)
 dfs(ag,(p->vertex)+1);
 p=p->next;}
 }
main()
{ADJGRAPH ag;
 int i;
 ag=creat();
 printf("cong di i ge jirdian kaishi:");
 scanf("%d",&i);
 dfs(ag,i);
}
```

(2)

```
#define maxlen 10                     /*基于邻接矩阵存储结构的无向图的结点类型定义*/
int visited[maxlen]={0};
typedef struct
{int vexs[maxlen];
int arcs[maxlen][maxlen];
int vexnum,arcnum;
}MGRAPH;
void creat(MGRAPH *g)                      /*基于邻接矩阵存储结构的无向图的建立算法*/
{int i,j;
printf("input vexnum,arcnum:");
scanf("%d%d",&g->vexnum,&g->arcnum);
for(i=0;i<g->vexnum;i++)
for(j=0;j<g->vexnum;j++)
g->arcs[i][j]=0;
for(i=0;i<g->arcnum;i++)
{printf("bian de dingdian:");
scanf("%d%d",&i,&j);
```

```
g->arcs[i-1][j-1]=1;
g->arcs[j-1][i-1]=1;
}
}
void print(MGRAPH *g)
{int i,j;
for(i=0;i<g->vexnum;i++)
{for(j=0;j<g->vexnum;j++)
printf("%3d",g->arcs[i][j]);
printf("\n");
}
}
void dfs(MGRAPH *g,int i)                    /*无向图的深度优先搜索遍历算法*/
{int j;
printf("%3d",i);
visited[i-1]=1;
for(j=0;j<g->vexnum;j++)
if (g->arcs[i-1][j]==1&&(!visited[j]))
dfs(g,j+1);
}
main()
{MGRAPH *g,k;
int i;
g=&k;
creat(g);
print(g);
printf("cong di i ge jiedian fangwen: ");
scanf("%d",&i);
dfs(g,i);
}
```

实验七　查找

（1）

```
#define KEYTYPE int                          /*查找表的结点类型定义*/
#define MAXSIZE 100
typedef struct
{KEYTYPE key;
}SEQLIST;
int seq_search(KEYTYPE k,SEQLIST *st,int n)  /*顺序表中查找元素算法*/
{int j;
j=n;                                         /*顺序表元素个数*/
st[0].key=k;                                 /*st.r[0]单元作为监视哨*/
while(st[j].key!=k)                          /*顺序表从后向前查找*/
j--;
return j;
}
main()
{SEQLIST a[MAXSIZE];
int i,k,n;
scanf("%d",&n);
for(i=1;i<=n;i++)
```

```
scanf("%d" ,&a[i].key);
printf("输入待查元素关键字: ");
scanf("%d",&i);
k=seq_search(i,a,n);
if (k==0)
printf("表中待查元素不存在");
else
printf("表中待查元素的位置%d",k);
}
```

(2)

```
#define KEYTYPE int                             /*查找表的结点类型定义*/
#define MAXSIZE 100
typedef struct
{KEYTYPE key;
}SEQLIST;
int bsearch(SEQLIST *st,KEYTYPE k,int n)        /*有序表上折半查找非递归算法*/
{int low,high,mid;
low=1;high=n;
while (low <=high)
{mid=(low+high)/2;
if (st[mid].key==k)
return mid;
else if (st[mid].key > k)
high=mid-1;
else
low=mid+1;
}
return 0;
}
main()
{SEQLIST a[MAXSIZE];
int i,k,n;
scanf("%d" ,&n);
for(i=1;i<=n;i++)
scanf("%d" ,&a[i].key);
printf("输入待查元素关键字: ");
scanf("%d",&i);
k=bsearch(a,i,n);
if (k==0)
printf("表中待查元素不存在");
else
printf("表中待查元素的位置%d",k);
}
```

(3)

```
#define NULL '\0'
#define m 13
typedef struct node
{int key;
struct node *next;
}CHAINHASH;
void creat_chain_hash(CHAINHASH *HTC[])
{CHAINHASH *p;
```

```
int i, d;
  scanf("%d", &i);
  while (i != 0) {
     d= i % 13;
     p = (CHAINHASH * ) malloc(sizeof(CHAINHASH));
     p-> next = HTC[d];
     p-> key = i;
     HTC[d] = p;
     scanf("%d", &i); }
}
void print_chain_hash(CHAINHASH * HTC[])
{ int i;
CHAINHASH * p;
for(i =0; i < 13; i++)
 {if(HTC[i] == NULL) printf("   %3d | ^\n", i);
  else {p = HTC[i];
        printf("   %3d | ->", i);
        while(p != NULL)
      {printf("%5d ->", p-> key); p = p-> next; }
        printf("^\n");
      }
  }
}
CHAINHASH * search_chain_hash(CHAINHASH * HTC[], int k)
{CHAINHASH * p;
int d;
d=k%13;
p=HTC[d];
while(p!= NULL&&p-> key!=k)
    p = p-> next;
return p;
}
main()
{CHAINHASH * HTC[m];
int i;
CHAINHASH * p;
printf("\nplease input data\n\n");
for (i = 0; i< m; i++)
HTC[i] = NULL;
printf("biao\n");
creat_chain_hash(HTC);
print_chain_hash(HTC);
printf("\ninput i: ");
scanf("%d", &i);
p = search_chain_hash(HTC, i);
if (p == NULL) printf("no found\n\n");
else printf("exist, %d\n", p-> key);
}
```

实验八　排序

```
/＊在以下所有的排序算法中,待排序数据均放在 r[0]～r[n－1]单元中＊/
#define KEYTYPE int                                /＊顺序表的类型定义＊/
#define MAXSIZE 100
typedef struct
{KEYTYPE key;
}RECORDNODE;
void gaosort(RECORDNODE *r, int n)                /＊设立高端监视哨的直接插入排序算法＊/
{int i,j;
for(i=n-2;i>=0;i--)
{r[n]=r[i];
j=i+1;
while(r[n].key>r[j].key)
{r[j-1]=r[j];
j++;
}
r[j-1]=r[n];
}
}

void maosort(RECORDNODE *r,int n)                 /＊自下向上扫描的冒泡排序算法＊/
{RECORDNODE temp;
int i,j,noswap;
for(i=0;i<n-1;i++)
{noswap=1;
for(j=n-2;j>=i ;j--)
if (r[j].key>r[j+1].key)
{temp=r[j];r[j]=r[j+1];r[j+1]=temp;noswap=0;}
if(noswap)
break;
}
}

void xuansort(RECORDNODE *r,int n)                /＊直接选择排序算法＊/
{RECORDNODE temp;
int i,j,k;
for(i=0;i<n-1;i++)
{k=i;
for(j=i+1;j<=n-1;j++)
if (r[j].key<r[k].key)
k=j;
if (k!=i)
{temp=r[i];r[i]=r[k];r[k]=temp;}
}
}

int part(RECORDNODE *r,int *low,int *high)        /＊一趟快速排序算法＊/
{int i,j;
RECORDNODE temp;
i=*low;j=*high;
temp=r[i];
do{while(r[j].key>=temp.key&&i<j)
```

```
j--;
if(i<j)
{r[i]=r[j];i++;}
while(r[i].key<=temp.key&&i<j)
i++;
if(i<j)
{r[j]=r[i];j--;}
}while(i!=j);
r[i]=temp;
return i;
}
void quicksort(RECORDNODE *r,int start,int end)     /*快速排序算法*/
{int i;
if(start<end)
{i=part(r,&start,&end);
quicksort(r,start,i-1);
quicksort(r,i+1,end);
}
}

void paixuhou(RECORDNODE *r,int n)
{int i;
printf("排序后：");
for(i=0;i<n;i++)                                   /*输出排序后的有序序列*/
printf("%4d" ,r[i].key);
}

main()
{RECORDNODE r[MAXSIZE];
int i,len,start=0;
int haoma,flag=1;
scanf("%d" ,&len);
for(i=0;i<len;i++)
scanf("%d" ,&r[i].key);
while(flag)
{printf("排序综合练习\n");
printf("1.直接插入排序\n");                         /*系统菜单*/
printf("2.冒泡排序\n");
printf("3.直接选择排序\n");
printf("4.快速排序\n");
printf("0.退出\n");
printf("input:");
scanf("%d",&haoma);                                /*输入菜单选项值*/
if(haoma>=0&&haoma<=4)                             /*确定输入的号码范围为0~4*/
switch(haoma)                             /*根据输入的haoma值,调用不同的排序算法*/
{case 1:gaosort(r,len);paixuhou(r,len);break;
case 2:maosort(r,len); paixuhou(r,len);break;
case 3:xuansort(r,len); paixuhou(r,len);break;
case 4:quicksort(r,start,len-1); paixuhou(r,len);break;
case 0:flag=0; break;
}
printf("结束此练习吗?(0—结束,1—继续)");
scanf("%d",&flag);
}
}
```

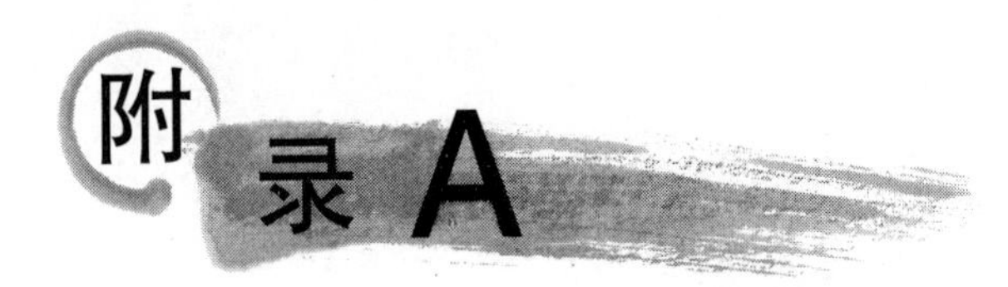

附录A 常用术语中英文对照

为方便检索,以下术语按英文字母顺序排序。

2_way insertion sort　二路插入排序

2_way Merge　二路归并

Abstract Data Type　抽象数据类型

Adjacency List　邻接表

Adjacency Matrix　邻接矩阵

Adjacency Multilist　邻接多重表

Adjacent　邻接点

Algorithm　算法

Array　数组

Backtrackin　回溯

Balanced Factor　平衡因子

Best Wishes, Alanced Binary Tree　平衡二叉树

Binary Insertion Sort　折半插入排序

Binary Search　折半检索

Binary Search Tree　二叉搜索树

Binary Sort Tree　二叉排序树

Binary Tree　二叉树

Blocking Search　分块检索

Botton　栈底

Breath-First Search　广度优先索引

Bubble Sort　冒泡排序

Chaining　链地址法

Circylar Linked List　循环链表

Column Major Order　列为主序

Complete Binary Tree　完全二叉树

Connected Component　连通分支

Connected Graph　连通图

Correctness　正确性

Data　数据

Data Element　数据元素
Data Item　数据项
Data Structure　数据结构
Data Type　数据类型
Degree　度
Dense Graph　稠密图
Dense Index　稠密索引
Depth-First Search　深度优先索引
Digit Analysis Method　数字分析法
Diminishing Increment Sort　缩小增量排序
Directed Acycline Graph　有向无环图
Directed Complete Graph　无向完全图
Directed Graph（Digraph）　有向图
Division Method　除留余数法
Double Circular Linked List　双向循环链表
Double Linked List　双向链表
Files　文件
First In Last Out　先进后出
Folding Method　折叠法
Frequency Count　频度
Front　队头
Full Binary Tree　满二叉树
Generalized List　广义表
Graph　图
Hashed File　散列文件
Heap Sort　堆排序
Huffman Tree　哈夫曼树
Immediate Predecessor　直接前驱
Immediate Successor　直接后继
Immediately Allocate　直接定址
Indegree　入度
Indexed File　索引文件
Indexed Sequential Access Method　索引顺序存取方法
Inorder Traversal　中序遍历
Inverted File　倒排文件
Key　关键字
Last In First Out　后进先出
Least Significant Digit First　最低位优先(LSD)
Linear List　线性表

Linear Probing 线性探查
Linked Storage Structure 链状存储结构
List of 3_tuple 三元组表
Logical Structure 逻辑结构
Merging Sort 归并排序
Mid-square Method 平方取中法
Minimum Spanning Tree 最小生成树
Most Significant Digit First 最高位优先(MSD)
Multi_way Merge 多路归并
Multilist File 多重表文件
Network 网点
Open Addressing 开放定址法
Orthogonal List 十字链表
Outdegree 出度
Overflow 上溢
Pattern Matching 模式匹配
Pointer 指针
Postorder Traversal 后序遍历
Preorder Traversal 前序遍历
Primary Key 主关键字
Queue 队列
Quick Sort 快速排序
Radix Sorting 基数排序
Readability 可读性
Rear 队尾
Robustness 健壮性
Row Major Order 行为主序
Searching 检索
Selection Sort 选择排序
Sequenatial List 顺序表
Sequential File 顺序文件
Sequential Search 顺序检索
Sequential Storage Structure 顺序存储结构
Shared 共享
Shared Insertion Sort 共享插入排序
Shell Sort 希尔排序
Shortest Path 最短路径
Singly Linked List 单链表
Sorting 排序

Space Complexity　空间复杂度
Spanning Tree　生成树
Sparse Graph　稀疏图
Sparse Index　稀疏索引
Sparse Matrice　稀疏矩阵
Special Matrice　特殊矩阵
Stack　栈
Straight Insertion Sort　直接插入排序
Straight Selection Sort　直接选择排序
String　串
Strong Graph　强连通图
Substring　子串
Time Complexity　时间复杂度
Top　栈顶
Topological Sort　拓扑排序
Tournament Sort　锦标赛排序
Tree　树
Tree Selection Sort　树状选择排序
Underflow　下溢
Undirected Complete Graph　有向完全图
Undirected Graph（Undigraph）　无向图
Virtual Storage Access Method　虚拟存储存取方法
With More Than One Key　多关键字文件

参考文献

[1] 张长富.数据结构(C语言版)1000个问题与解答[M].北京：清华大学出版社,2010.

[2] 严蔚敏,吴伟民,米宁.数据结构题集[M].北京：清华大学出版社,2011.

[3] 率辉.数据结构高分笔记之习题精析扩展[M].北京：机械工业出版社,2014.

[4] 陈德裕.数据结构学习指导与习题集[M].北京：清华大学出版社,2010.

[5] 陈守礼,陈守孔,胡潇琨,等.算法与数据结构考研试题精析[M].北京：清华大学出版社,2007.

[6] 李春葆,尹为民,等.数据结构教程(第3版)学习指导[M].北京：清华大学出版社,2009.

[7] 吴志坚,陶东辉,周则明,等.数据结构辅导及习题精解(C语言版)[M].西安：陕西师范大学出版社,2006.

[8] 陈慧南.数据结构学习指导和习题解析——C++语言描述[M].北京：人民邮电出版社,2009.

[9] 王红梅,胡明,王涛.数据结构(C++版)学习辅导与实验指导[M].北京：清华大学出版社,2009.

图书资源支持

感谢您一直以来对清华版图书的支持和爱护。为了配合本书的使用，本书提供配套的资源，有需求的读者请扫描下方的“书圈”微信公众号二维码，在图书专区下载，也可以拨打电话或发送电子邮件咨询。

如果您在使用本书的过程中遇到了什么问题，或者有相关图书出版计划，也请您发邮件告诉我们，以便我们更好地为您服务。

我们的联系方式：

清华大学出版社计算机与信息分社网站：https://www.shuimushuhui.com/

地　　址：北京市海淀区双清路学研大厦 A 座 714

邮　　编：100084

电　　话：010-83470236　010-83470237

客服邮箱：2301891038@qq.com

QQ：2301891038（请写明您的单位和姓名）

资源下载：关注公众号“书圈”下载配套资源。

资源下载、样书申请

书圈

图书案例

清华计算机学堂

观看课程直播